华中昆虫研究

（第十七卷）

尹新明　王高平　席玉强　主编

中国农业科学技术出版社

图书在版编目(CIP)数据

华中昆虫研究. 第十七卷 / 尹新明，王高平，席玉强主编. --北京：中国农业科学技术出版社，2023.12

ISBN 978-7-5116-6691-8

I.①华… Ⅱ.①尹…②王…③席… Ⅲ.①昆虫-中国-文集 Ⅳ.①Q968.22-53

中国国家版本馆 CIP 数据核字(2023)第 256168 号

责任编辑　姚　欢
责任校对　王　彦
责任印制　姜义伟　王思文

出 版 者　中国农业科学技术出版社
　　　　　北京市中关村南大街 12 号　　邮编：100081
电　　话　(010) 82106638 (编辑室)　　(010) 82106624 (发行部)
　　　　　(010) 82109709 (读者服务部)
网　　址　https://castp.caas.cn
经 销 者　各地新华书店
印 刷 者　北京建宏印刷有限公司
开　　本　185 mm×260 mm　1/16
印　　张　16
字　　数　380 千字
版　　次　2023 年 12 月第 1 版　2023 年 12 月第 1 次印刷
定　　价　60.00 元

《华中昆虫研究（第十七卷）》

编 委 会

前　言

　　华中地区地跨东洋区、古北区两大动物区系，境内山脉绵延起伏、江河曲折蜿蜒，粮油丰盛、植被繁茂，是昆虫学基础研究的重要地域，也是农林害虫监测与防控的核心地带。由河南省、湖北省、湖南省和江西省昆虫学会组织的区域性学术交流——华中昆虫学术研讨会，自 2001 年 11 月至 2023 年 7 月已经举办了 17 次，出版了 16 卷《华中昆虫研究》，对增进华中地区昆虫学工作者的相互了解、推动华中地区昆虫学进步乃至我国昆虫学事业的发展发挥了重要的作用。将 2023 年征集的研究综述、研究论文和研究简报结集出版《华中昆虫研究（第十七卷）》，反映了近年来华中四省昆虫学工作者、特别是青年昆虫学工作者的研究动态，可以促进昆虫学的发展、有利于引导区域性协作研究。

　　本卷论文集共收录 16 篇研究综述、18 篇研究论文和 13 篇研究简报（摘要）。这些论文和研究进展按研究层次可分为基础性研究、应用基础研究和应用研究，按研究和涉及的对象则包含了大田作物昆虫、果树昆虫、蔬菜昆虫、茶园昆虫、植物病原媒介昆虫天敌、国家一级重点保护野生昆虫、外来入侵昆虫、嗜尸性昆虫、螨类等，如草地贪夜蛾、葡萄根瘤蚜、小菜蛾、茶银尺蠖、松褐天牛天敌花绒寄甲、金斑喙凤蝶、红棕象甲等；基础性研究和应用基础研究论文涉及昆虫生态、昆虫生理、昆虫分类、学科交叉等，应用研究论文则涵盖了害虫的生物防治、物理机械防治、农业防治和化学防治等害虫综合治理措施的各个方面。论文作者单位包含高等院校、科研机构和技术推广部门，论文第一作者则既有长期在农林一线工作、经验丰富的专家，也有大量初入昆虫学研究门槛的研究生。本着文责自负、重在交流原则组编的论文集，本书可作为农林科研单位、农林院校、农林技术推广部门同行的参考资料。

　　本书的编辑与审稿得到了河南省科学技术协会"科创中原"行动项目"一流学术平台建设提升计划"（2023KCZY209）的支持，在此表示感谢！

《华中昆虫研究（第十七卷）》编委会

2023 年 9 月 28 日

目　录

研究综述

研究论文

研究简报

研究综述

草地贪夜蛾在我国的发生分布与为害*

罗　泉**，张　琦，赵　曼，李为争，郭线茹***

（河南省害虫绿色防控国际联合实验室/河南省害虫生物防控工程实验室/
河南农业大学植物保护学院，郑州　450002）

摘　要：草地贪夜蛾是一种世界性农业害虫，2019 年初入侵我国。草地贪夜蛾在传入我国当年就迅速扩散并对多种农作物特别是玉米造成严重为害，导致玉米产量下降、品质降低等一系列问题。本文总结前人研究资料，阐述了草地贪夜蛾在我国的首次发现、迁飞扩散、发生分布、寄主植物及潜在风险等，以期为草地贪夜蛾的综合治理提供参考依据。

关键词：草地贪夜蛾；入侵；迁飞路径；分布；寄主；为害

The Occurrence，Distribution and Damage of the Fall Armyworm in China*

Luo Quan**，Zhang Qi，Zhao Man，Li Weizheng，Guo Xianru***

（*College of Plant Protection*，*Henan Agricultural University*，*Zhengzhou* 450002，*China*）

Abstract：Fall armyworm （*Spodoptera frugiperda*） is a globally recognized agricultural pest. It first entered China in early 2019 and quickly spread throughout the country，causing significant damage to various crops，especially corn，leading to a series of problems such as reduced maize yield and quality. This article summarizes previous research to explain the first discovery，migration and spread，occurrence and distribution，host plants，and potential risks of fall armyworm in China，so as to provide reference materials for the comprehensive management of fall armyworm in China.

Key words：*Spodoptera frugiperda*；Invade；Flight path；Distribution；Host；Harm

草地贪夜蛾［*Spodoptera frugiperda* （J. E. Smith）］属鳞翅目 （Lepidoptera） 夜蛾科 （Noctuidae），原产于美洲，主要分布于热带和亚热带地区，具有强大迁飞能力，是世界性重大迁飞性农业害虫（邹兰等，2021），寄主植物多达 76 科 353 种 （Montezano *et al.*，2018）。早在 2018 年就有研究者提出警惕危险性害虫草地贪夜蛾入侵我国以及传入后的风险预测及应对措施（郭井菲等，2018），2019 年 1 月就确认草地贪夜蛾侵入我国云南普洱，并在普洱市多地玉米田发现有草地贪夜蛾幼虫取食玉米（姜玉英等，2019b）。我国地理环境多种多样，南北跨度大，温度梯度变化多，作物种类多，植物种类丰富，这为多食性的草地贪夜蛾提供了充分的食物来源，再加上新入侵害虫缺少有

---

　* 基金项目：河南省重大科技专项"河南省草地贪夜蛾发生规律及防控技术研究与示范"（201300111500）
　** 第一作者：罗泉，硕士研究生，主要从事农业昆虫与害虫防治研究；E-mail：lq-luoquan@qq.com
　*** 通信作者：郭线茹，教授，主要从事昆虫生态与害虫综合治理研究；E-mail：guoxianru@126.com

效的天敌生物，夏秋季节适宜的环境，使草地贪夜蛾入侵后当年的种群数量就呈暴发式增长而扩散到全国多个省份。草地贪夜蛾的入侵严重破坏当地的生态系统、威胁农作物的生长发育，导致作物产量损失和品质下降，对我国农业发展造成巨大的冲击。

1 草地贪夜蛾在我国的首次发现

2018年12月26日陈辉等（2020b）在云南江城县宝藏乡玉米地中发现未知夜蛾类幼虫为害玉米，后经过鉴定确认为草地贪夜蛾，这是我国最早发现草地贪夜蛾入侵为害的案例。根据当时发现的幼虫龄期推算的其亲代成虫迁入我国的时间大致在2018年11月21—23日，迁入虫源来自泰国和缅甸交界区域。也有报道显示与云南接壤的缅甸南部、中部和中北部地区分别于2018年11月、7月和9月在玉米或高粱上就已发现草地贪夜蛾幼虫为害（李向永等，2019），幼虫为害时间早于云南发现的幼虫为害时间。由于云南省和缅甸处于迁飞性昆虫的同一迁飞带（场），缅甸是云南省重大迁飞性害虫的重要虫源，这也从侧面验证了云南省虫源来自缅甸。吴秋琳等（2019）根据2017年至2018年3—8月的气象数据模拟草地贪夜蛾的迁飞轨迹，确定了早期迁入我国的虫源最初来自缅甸东部克耶邦和掸邦地区。

自云南出现草地贪夜蛾为害之后，短时间内全国各地陆续报道发现草地贪夜蛾成虫或幼虫为害。如2019年3月广西河池宜州发现草地贪夜蛾成虫，此后一个月的时间里广西多地相继发现草地贪夜蛾为害（黄芊等，2019）。同年4月在广州市增城区玉米田也发现草地贪夜蛾为害玉米（廖永林等，2019），同时期在海南省也发现草地贪夜蛾为害的事例（卢辉等，2019），5月在安徽黄山（徐丽娜等，2019）和河南信阳（徐永伟等，2021）分别发现草地贪夜蛾为害玉米等。

2 草地贪夜蛾在我国的迁飞扩散及发生区域

迁飞是各类生物快速扩散而占据适宜生存地的生物学基础，草地贪夜蛾具有远距离迁飞能力，其分布遍及北美洲、南美洲、非洲和亚洲多地。谢殿杰等（2019）研究了入侵我国的草地贪夜蛾种群在不同温度下成虫的迁飞能力，发现32℃环境下成虫迁飞能力最强，低于20℃或高于36℃的环境条件下迁飞能力均有所下降。不同日龄的成虫的飞行能力也不同，其中3日龄成虫的飞行能力最强，在吊飞试验中24 h内平均飞行速度可达2.69 km/h，每头成虫平均飞行时间为11 h，飞行距离29.21 km，个体最长飞行时间达20.56 h，最远距离达到62.89 km（葛世帅等，2019）。

草地贪夜蛾传入云南后随着温度的升高而逐渐向北迁飞，依次到达四川、重庆、陕西、甘肃、宁夏等地区，据调查最远可达内蒙古地区。在东亚季风和印度季风气候的影响下，草地贪夜蛾也可以从中国东部区域迁飞至西部区域（张雪艳等，2019；吴秋琳等，2022）。有研究者按照迁飞区域和发育世代的不同把草地贪夜蛾在国内的分布分为4个大区，分别为华南南部9~12代区，也称为常年越冬；长江以南地区6~8代区，迁入时间集中在4—5月；黄淮海及西南地区为3~5代区，迁入时间集中在5—6月，但黄河以北地区主要迁入时间为7月；北方地区为1~2代区，该区域7月才出现成虫迁入（陈辉等，2020a）。也有研究者根据草地贪夜蛾在我国生长发育过程按照不同区域进行划分，1 月平均温度 10℃ 等温线以南的区域称为冬繁区或周年繁殖区；1 月平均温度 6℃ 等温线至 10℃ 等温线之间的地区称之为越冬区（姜玉英等，2020）；1 月平均温度 6℃ 等温线以北的地区则为冬季死亡区，该区域发生的草地贪夜蛾均自越冬区或周年繁殖区迁飞而来。至今，草地贪夜蛾在我国分布包括云南、海南、广东等 26 个省份（姜玉英等，2019a）。

通过分析 2019 年广东各地草地贪夜蛾发生时的气候条件，即越南北部到华南地区之间存在西南低空急流，草地贪夜蛾可以借助西南低空急流迁飞至我国西南地区，同时也存在风切变、降雨和下沉气流等其他有利于草地贪夜蛾迁入的天气条件，由此确定了第一批草地贪夜蛾成虫迁飞进入广东的虫源和路径（齐国君等，2019）。

入侵我国的草地贪夜蛾生物型属于玉米型。黄淮海夏玉米种植区是我国夏玉米主产区，因此明确该地区草地贪夜蛾的虫源，对草地贪夜蛾的预测预报和科学防控具有重要指导意义。孙旭军等（2021）利用基于 WRF 模式的昆虫轨迹分析方法，通过对河南省 88 个监测点高空灯诱集的草地贪夜蛾成虫数据进行分析，提出河南省草地贪夜蛾迁入种群来自东、西两条路线。东线主要来源于广东和江南丘陵区，以 6—8 月迁入为主；西线为主要迁入路线，虫源来自云贵高原，经西南山地玉米种植区迁入，迁入高峰在 7—8 月。张晴晴等（2021）对山东省 30 个性诱剂监测点 2019 年的监测数据分析发现，当年 6 月 20 日月第一次在山东监测到草地贪夜蛾成虫，成虫出现时间集中于 9 月中旬至 10 月中旬，期间可能存在 4 次迁入。陈辉等（2021）对人工监测数据和气象资料的综合分析发现，山东省草地贪夜蛾虫源来自其南部邻接省区，迁入时间集中于 7 月的后半月，持续的西南气流是草地贪夜蛾迁入的关键因子。8 月在山东当地羽化的成虫向北迁至河北、辽宁，在迁入地繁殖 1 代后，9 月羽化的成虫向南回迁至江苏、安徽、湖北地区越冬。

3 草地贪夜蛾的寄主及其潜在风险

草地贪夜蛾为多食性害虫，可为害的植物种类多达 350 余种（Montezano et al.，2018），最喜取食玉米。自 2019 年入侵我国后，在我国已发现至少可取食为害 21 种作物和 7 种杂草（郭井菲等，2022），其中亦以对玉米的为害最重，造成的产量损失和品质下降最大。

草地贪夜蛾发生为害具有趋嫩性、隐蔽性和世代重叠等特点，低龄幼虫群集性强，高龄幼虫食量大、个体间相互残杀，在玉米苗期至灌浆末期均可为害，尤其在玉米苗期和灌浆初期为害最重。自 2019 年侵入我国以来，对我国南方多地的玉米生产造成了严重为害，如在福建一些地区玉米从苗期到成熟期被害株率从 30.5% 上升到 97%，百株虫量从苗期的 41~44 头上升到灌浆期的 72~91 头，果穗受害率高达 30.2%，玉米产量损失 24.3%（田新湖等，2020）；在云南德宏州，因草地贪夜蛾为害玉米带来的直接经济损失高达 360 多万元，对玉米生产制造业带来的损失更是高达 1 399.29 万元（万敏等，2019）；秦誉嘉等（2020）评估了草地贪夜蛾对我国玉米产业造成的损失，得出在不采取任何防治措施的情况下可造成的平均经济损失为 1 432.26 亿元；即使在采取防治措施后，依然可造成 249.23 亿元的经济损失。

除玉米之外，草地贪夜蛾对同属禾本科的小麦（李艳朋等，2020）、水稻（徐丽娜等，2022）、高粱（顾偌铖等，2019）、穆子（何在林等，2020）、薏苡（邹春华和杨俊杰，2019）、皇竹草（吴正伟等，2022）、甘蔗（刘杰等，2019；孙东磊等，2019；李德伟等，2021）、大麦（杨现明等，2020b）、燕麦、青稞、糜子（赵雪晴等，2020）等作物也存在巨大为害风险。如徐丽娜等（2019）在安徽淮南市发现草地贪夜蛾为害早播小麦，任学祥等（2020）在安徽涡阳与玉米轮作的小麦田也发现草地贪夜蛾为害小麦。此后在云南寻甸县和江苏北部东辛农场也相继发现有草地贪夜蛾为害小麦（杨现明等，2020a；李艳朋等，2020）。用小麦叶片饲养草地贪夜蛾幼虫时，其幼虫的存活率与取食玉米叶片的幼虫无显著差异，表明幼虫对小麦的潜在风险（王芹芹等，2020）。在福建、湖北、安徽等水稻种植地区，草地贪夜蛾幼虫可为害水稻秧苗（张宏，2020；杨俊杰等，2020；徐丽娜等，2022）。在广东、云南和广西甘蔗产区，草地贪夜蛾有为害甘蔗的现象，为害时间可从甘蔗苗期至拔节初期，并且也会为害甘蔗田禾本科杂草如筒轴茅和象草（孙东磊等，2019；仓晓燕等，2019；刘杰等，2019；李德伟等，2021）。

除禾本科植物外，草地贪夜蛾幼虫还可取食为害其他农作物或杂草。根据已有研究报道，在我国草地贪夜蛾可取食豆科的大豆（白一苇等，2020）和花生（何莉梅等，2020），百合科的小葱和洋葱（汤印等，2020），十字花科的甘蓝（刘银泉等，2019），茄科的马铃薯（赵猛等，2019）和甜椒（黄晓莹等，2020），睡莲科的莲藕（周利琳等，2022），姜科的生姜（太红坤等，2022），竹芋科的冬粉薯（周上朝等，2020）等，且可在小麦、水稻、高粱、皇竹草、甘蔗、大麦、燕麦、青稞、糜子、筒轴茅、大豆、花生、小葱、洋葱等植物上完成生活史，说明草地贪夜蛾对这些作物存在巨大的潜在风险。

4　小结

综上所述，草地贪夜蛾的入侵对于我国农业生产是一个重大挑战，如果不能有效控制其扩散和为害，不仅会对粮食生产造成巨大损失，而且也会危及当地的生态系统。明确草地贪夜蛾的来源、迁飞扩散路线、寄主范围、越冬区域等发生为害规律对于防治草地贪夜蛾有着重大意义。通过掌握这些信息，一方面可采取措施避开草地贪夜蛾的主要为害时期，降低作物受害程度，达到减少受害的目的，另一方面实施相应的方法对策进行防治，降低种群密度，将为害损失控制在可接受的范围内，确保粮食生产安全。草地贪夜蛾在我国发生为害以来，众多的植保工作者和科研人员围绕草地贪夜蛾的生物学、生态学、生理学、综合防治等各个方面开展了全面、系统、深入研究，这些研究结果已为草地贪夜蛾的及时、有效、安全防控提供了强大的理论和技术支撑，对草地贪夜蛾的可持续治理具有重要作用。

参考文献

白一苇，李玄霜，拉巴普尺，等，2020. 草地贪夜蛾侵害我国大豆的风险预警 [J]. 植物保护学报，47（4）：729-734.

仓晓燕，张荣跃，尹炯，等，2019. 我国蔗区草地贪夜蛾发生动态监测与防控措施 [J]. 中国糖料，41（3）：77-80.

陈辉，黄乐，格桑玉珍，等，2021. 2019 年山东省草地贪夜蛾迁飞过程及气象背景场分析 [J]. 环境昆虫学报，43（4）：867-878.

陈辉，武明飞，刘杰，等，2020a. 我国草地贪夜蛾迁飞路径及其发生区划 [J]. 植物保护学报，47（4）：747-757.

陈辉，杨学礼，谌爱东，等，2020b. 我国最早发现为害地草地贪夜蛾的入侵时间及其虫源分布 [J]. 应用昆虫学报，57（6）：1270-1278.

葛世帅，何莉梅，和伟，等，2019. 草地贪夜蛾的飞行能力测定 [J]. 植物保护，45（4）：28-33.

顾偌铖，唐运林，吴燕燕，等，2019. 重庆地区取食高粱的草地贪夜蛾与玉米黏虫肠道细菌比较 [J]. 西南大学学报（自然科学版），41（8）：6-13.

郭井菲，张永军，王振营，2022. 中国应对草地贪夜蛾入侵研究的主要进展 [J]. 植物保护，48（4）：79-87.

郭井菲，赵建周，何康来，等，2018. 警惕危险性害虫草地贪夜蛾入侵中国 [J]. 植物保护，44（6）：1-10.

何莉梅，赵胜园，吴孔明，2020. 草地贪夜蛾取食为害花生的研究 [J]. 植物保护，46（1）：28-33.

何在林，荣本强，罗慧芬，等，2020. 广西草地贪夜蛾为害稷子初报 [J]. 广西植保，33（4）：33-34.

黄芊，凌炎，蒋婷，等，2019. 草地贪夜蛾对三种寄主植物的取食选择性及其适应性研究 [J]. 环境昆虫学报，41（6）：1141-1146.

黄晓莹，林保平，庄稼祥，等，2020. 草地贪夜蛾为害甜椒初报 [J]. 中国植保导刊，40（4）：43-44.

姜玉英，刘杰，吴秋琳，等，2020. 我国草地贪夜蛾冬繁区和越冬区调查 [J]. 植物保护，47（1）：212-217.

姜玉英，刘杰，谢茂昌，等，2019a. 2019 年我国草地贪夜蛾扩散为害规律观测 [J]. 植物保护，45（6）：10-19.

姜玉英，刘杰，朱晓明，2019b. 草地贪夜蛾侵入我国的发生动态和未来趋势分析 [J]. 中国植保导刊，39（2）：33-35.

李德伟，罗亚伟，覃振强，等，2021. 广西崇左蔗田草地贪夜蛾发生为害调查及其药剂防治 [J]. 热带农业科学，41（5）：55-60.

李向永，尹艳琼，吴阔，等，2019. 2019 年缅甸草地贪夜蛾发生情况考察报告 [J]. 植物保护，45（4）：69-73.

李艳朋，李猛，刘鸿恒，等，2020. 草地贪夜蛾在江苏北部早播麦田的发生与防治 [J]. 植物保护，46（2）：212-215.

廖永林，李传瑛，黄少华，等，2019. 草地贪夜蛾首次入侵广东地区发生为害调查 [J]. 环境昆虫学报，41（3）：497-502.

刘杰，姜玉英，李虎，等，2019. 草地贪夜蛾为害甘蔗初报 [J]. 中国植保导刊，39（6）：35-36，66.

刘银泉，王雪倩，钟宇巍，2019. 草地贪夜蛾在浙江为害甘蓝 [J]. 植物保护，45（6）：90-91.

卢辉，唐继洪，吕宝乾，等，2019. 草地贪夜蛾的生物防治及潜在入侵风险 [J]. 热带作物学报，

40（6）：1237-1244.

齐国君，马健，胡高，等，2019. 首次入侵广东的草地贪夜蛾迁入路径及天气背景分析 [J]. 环境昆虫学报，41（3）：488-496.

秦誉嘉，杨冬才，康德琳，等，2020. 草地贪夜蛾对我国玉米产业的潜在经济损失评估 [J]. 植物保护，46（1）：69-73.

任学祥，胡本进，苏贤岩，等，2020. 安徽发现草地贪夜蛾区别为害麦玉/麦豆轮作田小麦 [J]. 植物保护，46（2）：287-288.

孙东磊，文明富，李继虎，等，2019. 广东蔗区草地贪夜蛾为害调查初报 [J]. 环境昆虫学报，41（6）：1155-1162.

孙旭军，张国彦，刘一，等，2021. 河南省草地贪夜蛾迁入路径及虫源地分析 [J]. 应用昆虫学报，58（3）：579-591.

太红坤，银馨，刘宏珺，等，2022. 草地贪夜蛾在云南德宏为害生姜初报 [J]. 植物保护，48（4）：374-376.

汤印，郭井菲，王勤英，等，2020. 草地贪夜蛾对小葱和洋葱的潜在为害风险 [J]. 应用昆虫学报，57（6）：1311-1318.

田新湖，陈益生，谢锦秀，等，2020. 草地贪夜蛾对秋玉米为害特性及其对产量的影响 [J]. 农业科技通讯（7）：184-187.

万敏，太红坤，顾蕊，等，2022. 草地贪夜蛾对云南德宏玉米经济损失评估及防治措施调查 [J]. 植物保护，48（1）：220-226，233.

王芹芹，崔丽，王立，等，2020. 草地贪夜蛾对小麦的为害风险：取食为害性及解毒酶活性变化初探 [J]. 植物保护，46（1）：63-68.

吴秋琳，姜玉英，刘媛，等，2022. 草地贪夜蛾在中国西北地区的迁飞路径 [J]. 中国农业科学，55（10）：1949-1960.

吴秋琳，姜玉英，吴孔明，2019. 草地贪夜蛾缅甸虫源迁入中国的路径分析 [J]. 植物保护，45（2）：1-6，18.

吴正伟，邹悦，关乾炯，等，2022. 皇竹草上草地贪夜蛾的发生与防治 [J]. 中国植保导刊，42（9）：90-92，102.

谢殿杰，张蕾，程云霞，等，2019. 温度对草地贪夜蛾飞行能力的影响 [J]. 植物保护，45（5）：13-17.

徐丽娜，陈永田，徐婷婷，等，2022. 安徽发现草地贪夜蛾为害水稻秧苗 [J]. 植物保护，48（5）：310-313.

徐丽娜，胡本进，苏卫华，等，2019. 安徽发现草地贪夜蛾为害早播小麦 [J]. 植物保护，45（6）：87-89.

徐永伟，张国彦，郝瑞，等，2021. 2019—2020 年河南省草地贪夜蛾发生情况分析 [J]. 中国植保导刊，41（7）：44-47.

杨俊杰，陶亚群，刘芹，等，2020. 湖北武穴发现草地贪夜蛾为害水稻秧苗 [J]. 中国植保导刊，40（12）：44-45.

杨普云，朱晓明，郭井菲，等，2019. 我国草地贪夜蛾的防控对策与建议 [J]. 植物保护，45（4）：1-6.

杨现明，孙小旭，赵胜园，等，2020a. 小麦田草地贪夜蛾的发生为害、空间分布与抽样技术 [J]. 植物保护，46（1）：10-16，23.

杨现明，赵胜园，姜玉英，等，2020b. 大麦田草地贪夜蛾的发生为害及抽样技术 [J]. 植物保护，46（2）：18-23.

张宏，2020. 福建云霄草地贪夜蛾为害水稻秧苗初报及生物型鉴定 ［J］. 中国植保导刊，40（12）：41-43，53.

张晴晴，李丽莉，曲明静，等，2020. 2019 年性诱监测草地贪夜蛾在山东省的分布与发生动态 ［J］. 植物保护，47（1）：222-226.

张雪艳，封传红，万宣伍，等，2020. 2019 年四川省草地贪夜蛾迁入虫源地分布及迁飞路径 ［J］. 植物保护学报，47（4）：770-779.

赵猛，杨建国，王振营，等，2019. 山东发现草地贪夜蛾为害马铃薯 ［J］. 植物保护，45（6）：84-86，97.

赵雪晴，陈福寿，尹艳琼，等，2020. 草地贪夜蛾在云南元谋县青稞、燕麦、糜子田的发生为害特征 ［J］. 植物保护，46（2）：216-221.

郑彬，彭斌，望勇，等，2020. 武汉地区甘蓝新害虫：草地贪夜蛾 ［J］. 长江蔬菜（1）：51-52.

周利琳，蔡翔，杨绍丽，等，2022. 湖北武汉发现草地贪夜蛾为害莲藕初报 ［J］. 中国蔬菜（1）：114-117.

周上朝，栗圣博，苏冉冉，等，2020. 广西草地贪夜蛾为害冬粉薯初报 ［J］. 植物保护，46（2）：209-211，221.

邹春华，杨俊杰，2019. 草地贪夜蛾为害薏苡 ［J］. 中国植保导刊，39（8）：47.

邹兰，赵朝阳，丁亦非，等，2021. 草地贪夜蛾对玉米的危害及防控对策 ［J］. 陕西农业科学，67（3）：91-93.

Montezano D，Specht A，Sosa-Gómez D R，*et al*.，2018. Host plants of *Spodoptera frugiperda*（Lepidoptera：Noctuidae）in the Americas ［J］. African Entomology，26（2）：286-300.

小菜蛾防治的研究进展与展望[*]

代　玄[1][**]，邓龙飞[2]，肖　鑫[2]，余孝俊[2]，熊红英[3]，

黄　庆[2]，粟永峰[4]，丁立君[2][***]，王　星[5][***]

（1. 湖南农业大学植物保护学院，长沙　410128；2. 汉寿县农业农村局，
常德　415999；3. 汉寿县辰阳街道农业综合站，常德　415999；
4. 汉寿县丰家铺镇农业综合站，常德　415999；5. 琼台师范学院
野生动植物资源保护与利用中心，海口　571100）

摘　要：小菜蛾具有趋光性和远距离迁飞性，是一种严重为害十字花科蔬菜的世界性
害虫。其幼虫以蔬菜叶肉为食并且常啃食心叶，影响包心，造成蔬菜生长发育不良和品质
低下，严重时可将菜叶吃成网状，给广大农户造成巨大经济损失。目前对小菜蛾采取的防
治手段还是以化学防治为主，其他防治手段相对较少，综合防治在农户中则应用更少。本
文系统归纳了小菜蛾各种预防和治理对策研究情况，阐述了未来小菜蛾防治手段的发展方
向，旨在为今后小菜蛾高效低污染防控提供一定的理论支持。

关键词：小菜蛾；十字花科蔬菜；防控对策；研究进展

Research Progress and Outlook on the Control of *Plutella xylostella*

Dai Xuan[1][**]，Deng Longfei[2]，Xiao Xin[2]，Yu Xiaojun[2]，Xiong Hongying[3]，Huang Qing[2]，
Su Yongfeng[4]，Ding Lijun[2][***]，Wang Xing[5][***]

（1. *College of Plant Protection，Hunan Agricultural University，Changsha 410128，China*；
2. *Hanshou Agriculture and Rural Bureau，Changde 415999，China*；3. *Hanshou Chenyang
Street Comprehensive Agricultural Station，Changde 415999，China*；4. *Hanshou Fengjiapu Town
Comprehensive Agricultural Station，Changde 415999，China*；5. *Wildlife Conservation and
Utilization Center，College of Science，Qiongtai Normal University，Haikou 571100，China*）

Abstract：The *Plutella xylostella* is a cosmopolitan pest with phototropism and long－distance migration that severely damages cruciferous vegetables. Its larvae feed on the flesh of vegetable leaves and often gnaw on the heart leaves，affecting the heart，causing poor growth and quality of vegetables. In severe cases，the vegetable leaves can be eaten into a network，causing huge economic losses to farmers. At present，chemical control is still the main means of control for the *P. xylostella*，with relatively few other means of control，and integrated control is less applied in

　* 基金项目：国家自然科学基金（32111540167）
　** 第一作者：代玄，硕士研究生，主要从事生物多样性相关研究；E-mail：2878544609@ qq. com
　*** 通信作者：丁立君，总农艺师，主要从事蔬菜产业相关工作；E-mail：1969254402@ qq. com
　　　王星，教授，主要从事生物多样性保护相关工作；E-mail：wangxing@ hunau. edu. cn

farmers. This paper systematically summarises the research on various countermeasures for various prevention and control strategies of the *P. xylostella*, elaborates on the development direction of *P. xylostella* control methods, aiming to provide theoretical support for efficient and low pollution prevention and control of *P. xylostella* in the future.

Key words：*Plutella xylostella*；Cruciferous vegetables；Control measures；Research progress

小菜蛾（*Plutella xylostella* Linnaeus，1758）俗称两头尖、吊丝虫，又名方块虫、小青虫，属昆虫纲（Insecta）鳞翅目（Lepidoptera）菜蛾科（Plutellidae）。体长5~7 mm，翅展11~15 mm；触角丝状，褐色，具白色条纹，静止时向身体前方伸出。前翅具长缘毛，像鸡尾形状一样翘起。当翅闭合时，背部显现3个连续的似菱形黄白色斑块（柯礼道等，1979）。

小菜蛾最早被发现在地中海区域，因为其可借风远距离迁飞，加之适应性强、繁殖力强以及抗药性强等，目前在世界各地均有分布，为害严重的地区最主要集中于亚热带和热带（李振宇等，2020）。在我国，小菜蛾南北方各省份广泛分布，严重为害长江中下游及其以南地区的蔬菜。该虫几乎全年可见，1年发生多代，发生代数随地区不同而有所差异（Ma *et al.*，2021）。如我国华北地区每年发生4~6代，合肥每年发生10~11代，广东20代，存在严重的世代重叠现象。在北方以蛹越冬，在南方则以成虫在残株落叶下越冬（Fu *et al.*，2014）。成虫昼伏夜出，具趋光性，21：00—23：00为扑灯高峰期，对黄色具有一定趋性。白天偶尔可见其在花上取食花蜜，受惊扰时，在株间作短距离飞行。成虫羽化后很快就能交配，且无论雌雄，都可多次交配。交配当天即可产卵，产卵期长，尤其是越冬代。卵散产，数量多。幼虫活泼，动作敏捷，喜干旱条件，受惊扰时激烈扭曲身体后退或吐丝下垂，其发育适宜温度为20~30℃。

小菜蛾喜食甘蓝和白菜，也取食萝卜、花椰菜、芥菜、豆瓣菜、油菜和芥菜等。此外，还可为害番茄、马铃薯、洋葱、生姜以及一些花卉与药用植物（沈修婧等，2021）。小菜蛾以幼虫食害蔬菜叶片，初孵幼虫钻入叶片中蛀食，稍大则取食叶片上表皮及叶肉，残留下表皮，形成半透明小孔洞。3~4龄以后食量增大，将叶片啃食出较大孔洞和缺刻，严重时仅留下网状叶脉甚至整株吃光。小菜蛾除了取食叶片外还可取食嫩茎、角果和籽粒。在留种田里会钻食幼荚、食空种荚（尤民生等，2007）。据统计，每年全世界在防治小菜蛾上需要花费约45亿美元，给世界蔬菜产业造成了巨大的经济损失（Furlong *et al.*，2013）。

1 小菜蛾防治现状

由于农户缺乏科学的种植理论和只重视品相不关心农药残留，对田间的管理方面不到位，常以单一的化学防治手段防治小菜蛾，即发现小菜蛾为害后立即大面积大剂量用药，不顾虫量是否已经达到了需要防治的地步和未来可能造成的农药污染以及残留情况，凭自己想法随意提高农药的浓度、剂量、比例等，而忽视了菜地清理和精耕的重要性。不及时清毁菜地的枯叶残枝，不换茬，大面积栽种同一种蔬菜都无意间给小菜蛾提供了适宜的生存繁殖条件，在湖南长沙的豆瓣菜田中就发生过小菜蛾大暴发（黄国华等，2013；张玉等，2021）。另外，由于部分菜农缺乏防治虫害的知识储备，对"化肥农药减量增效"的新思路和新方法难以理解和快速接受，加上现阶段生物农药存在价格较高，生物防治还需一定的技术支撑和使用特定科技设备、控制效果缓慢等问题，许多农民更倾向于使用价格便宜、见效快的传统高毒农药来控制小菜蛾（伍东等，2021）。大量化学农药的使用导致出现了小菜蛾抗药性上升，天敌昆虫被毒害等诸多问题（刘霞等，2013）。据统计，在广东省不同地区，小菜蛾 2004—2009 年对沙蚕毒素类杀虫剂（比如杀虫单）的抗性逐渐增加，最大倍数可达 129.1 倍。其中在广东省南部，小菜蛾对苯甲酰基脲类杀虫剂（比如氟啶脲）的抗性程度可达 157.3 倍（Zhou et al.，2011）。在广州，小菜蛾对有机磷类杀虫剂（比如辛硫磷）的抗性程度达 15.2 倍至 40.5 倍（陈焕瑜等，2010）。在陕西，小菜蛾 2012—2013 年对拟除虫菊酯类杀虫剂（比如高效氯氰菊酯）的抗性逐渐增加，最大倍数可达 113.00～161.87 倍（殷劭鑫等，2016）。滥用及不合理使用化学农药严重影响了蔬菜安全，使生态平衡遭受了破坏，对人类健康构成了威胁，也使小菜蛾的防治越来越困难。

2 小菜蛾的防控对策

防控小菜蛾应该依据"预防为主、综合防治"的植保方针，同时综合考虑小菜蛾的发生情况和耐药性水平。从整个蔬菜地生态系统入手，对蔬菜地进行科学管理，保护和利用好天敌，在蔬菜品种上选择抗小菜蛾的品种，合理轮作不同蔬菜品种，减少小菜蛾的基数；使用防虫网减少小菜蛾入侵蔬菜地的数量，采用诱虫灯夜间捕杀小菜蛾，采取性引诱技术诱杀小菜蛾。随着生物技术的发展，未来或许还可种植转基因的蔬菜（目前安全性还有待验证）、利用遗传技术使小菜蛾雄虫不育来达到防治的效果。避免高毒高残留化学农药的使用，综合利用多种防治方法，当非化学防治方法不能控制小菜蛾危害的时候，可以辅助使用生物农药和低毒低污染低残留的化学农药减少经济损失。

2.1 农业防治

由于小菜蛾倾向于取食不光滑的叶片，所以可以通过栽种光滑叶片的蔬菜品种，达到驱避小菜蛾的效果，从而减少虫害损失（符伟等，2021）。不要贪图省事、价格高或是其他原因而连续种植同一类蔬菜，要经常换茬，科学轮作，有效减少蔬菜地的虫源；改善土壤的结构和理化性质，有利于蔬菜的生长（吴逸群等，2017）。将育好的蔬菜苗移栽到大田前或者直播蔬菜种之前，应将露天地用水漫灌或利用太阳暴晒 13 d 左右，杀死土地里的小菜蛾幼虫和蛹（许克龙，2015）。在收获完蔬菜后，要及时处理残株落叶，及时翻耕土地，将残株落叶全部销毁或者集中进行处理使其再次利用；注意加强苗床管理，高温时覆盖遮阳网，及时清洁田园，中耕、深耙，消灭虫源（张守军等，2013）。研究表明气温湿度可以预测小菜蛾的发生，也可联合气象部门提前预防小菜蛾的发生，做好防治策略（林静等，2022）。

2.2 物理防治

小菜蛾成虫具有趋光性，可使用频振式杀虫灯、黑光灯、黄光灯、紫光灯等来诱杀小菜蛾成虫。最佳的做法是每 15 亩蔬菜地放置 2 个灯泡距离地 1 m，波长为 400 nm 的紫光灯（陈延望，2018）；也可使用 550 W 汞灯吸引小菜蛾成虫到白布上，然后用氨水毒瓶进行毒杀；还可使用性信息素诱捕器诱捕小菜蛾，诱杀小菜蛾成虫最佳的做法是每亩蔬菜地放置 3 个小菜蛾诱捕器在蔬菜上方 30 cm 左右，同时注意及时检查和替换诱芯（李硕等，2020）。还可以使用粘虫板对小菜蛾进行诱杀，不同的昆虫对颜色的趋性具有差异性（傅建炜等，2005），研究表明黄板诱杀小菜蛾的效果较好，每张黄板可以诱杀近 3 500 头小菜蛾（陈祯等，2014）。使用 20~22 目防虫网全生育期覆盖也可有效防止外源小菜蛾侵入。综合多种手段结合防治小菜蛾的效果更佳，如将诱芯和紫光灯结合进行诱杀（魏建荣等，2022；李硕等，2020）。

2.3 生物防治及生物技术

保护涵养当地的天敌（捕食性天敌和寄生性天敌）或通过释放天敌来防治小菜蛾。比如可以保护小菜蛾的天敌昆虫有拟澳洲赤眼蜂（*Trichogramma confusum* Viggiani，1976）和短管赤眼蜂（*Trichogramma pretiosum* Riley，1879），它们可以寄生小菜蛾的卵降低虫口数量（何余容等，2005）。还可以通过使用 20% 虫酰肼悬浮剂、1.6% 狼毒素水乳剂或 0.5% 虫菊·苦参碱可溶液剂防治小菜蛾，1.6% 狼毒素水乳剂 500 倍液效果最好，防治效果可达 90%，有效期在 7d 以上（高宜明等，2022）。王砚妮等（2023）从草地贪夜蛾上分离出了 Bbyn-1、Bbyn-2 和 Bbyn-3 三株球孢白僵菌，在室内进行毒力测定发现 Bbyn-1 菌株的毒力最高，在室内适宜的条件下，小菜蛾的死亡率可以达到 97.66%，待其发展成商品制剂可用来防治小菜蛾。多杀霉素是一种高效无公害的生物杀虫剂，10% 多杀霉素悬浮剂有效量 22.5 g/hm² 是最佳施用量（徐建祥等，2005）。苏云金杆菌 Bt 制剂或复方 Bt 乳剂、杀螟杆菌在小菜蛾卵孵盛期于蔬菜背面喷雾施药效果佳，此外，病原微生物、病毒颗粒、线虫等都可防治小菜蛾（苏植，2021）。使用昆虫生长调节剂，如双酰肼类杀虫剂等对靶标生物——小菜蛾毒性高，对非靶标生物毒性低（李越等，2023）。

据研究，息半夏皮乙醇提取物能让小菜蛾幼虫出现拒食反应，还能起到胃毒的作用（谷清义等，2022）。木瓜、刺果番荔枝、印楝、肿柄菊等植物的叶片分别和蚯蚓混合后进行堆肥，然后施肥在甘蓝地，发现有防治小菜蛾的效果，而且效果与化学农药同效，产出的甘蓝无化学残留（Nurhidayati，2020）。高剂量的牛至挥发物可影响小菜蛾幼虫取食（Nasr *et al.*，2017）；香叶天竺葵挥发油对小菜蛾的幼虫拒食活性为 100%（Song *et al.*，2017）；紫茎泽兰挥发油可以高效抑制小菜蛾幼虫的取食（Mayanglambam *et al.*，2022）。但目前，国内利用植物源提取物防控小菜蛾技术还不成熟，有待进一步研究发展（李珊珊等，2022）。

^{60}Co-γ 亚不育剂量辐照能影响小菜蛾幼虫个体的存活，使小菜蛾雌性个体数目下降，减少小菜蛾群体发生数量（杨雨航等，2023）。敲除小菜蛾 fl(2)d 的等位基因，可影响其胚胎发育和生殖，使子代数量减少（李飞飞等，2021）。此外，可利用雌性特异性 RIDL（释放携带显性致死基因的昆虫）手段来控制小菜蛾（Chen *et al.*，2019）。亦

---

* 1 亩 ≈ 667 m²，全书同。

可考虑种植转基因蔬菜防治小菜蛾，当然目前转基因蔬菜的安全性还有待验证（Shakeel *et al.*，2017）。还可以利用雌性特异性 RIDL（释放携带显性致死基因的昆虫）手段来控制小菜蛾（Chen *et al.*，2019）。

2.4 化学防治

卵孵化盛期至 2 龄前喷药防治最佳，药剂可选用 6%阿维·氯苯酰悬浮剂 750～1 300 倍液，或 10%虫螨腈悬浮剂 750～1 200 倍液，或 100 g/L 顺式氯氰菊酯乳油 4 000~8 000 倍液，或 60 g/L 乙基多杀菌素悬浮剂 1 000~2 000 倍液，或 2.4%阿维·高氯微乳剂 1 000 倍液，或 2.5%多杀霉素乳油 1 000 倍液，或 5%氟啶脲乳油 1 000 倍液，或 5%印楝素乳油 500 倍液。不同农药交替轮换施用，每茬蔬菜使用同种药剂不要超过 2 次，可减缓小菜蛾抗药性的产生（刘斌等，2021）。

3 展望

随着小菜蛾抗药性不断增加，人们食品安全意识和环境保护意识增强，生物防治、低毒杀虫剂、综合防控和生物技术未来势必会成为防治小菜蛾和对蔬菜保质保量的重要手段。"绿水青山就是金山银山""化肥农药减量增效""预防为主，综合防控"等国家政策方针在不久的未来一定可以由上至下，深入到每一个农户心中，使其从思想上认可高效低毒低污染的防控手段，摒弃使用单一传统的高毒高残留的化学农药。

利用虫情测报灯和互联网技术实时监控，不断深入研究深挖小菜蛾生物学特性、分布、为害情况、不同虫态习性、抗药性情况和各地发生规律，采取多种防控手段综合防控，能使小菜蛾的防治工作起到事半功倍的效果。但目前，昆虫生长调节剂种类较少、生物技术防治手段不成熟等问题都还有待未来解决。政府部门要不断加强对农户的宣传，尽快改变传统老旧的防治思想。广大昆虫研究工作者要不断努力，发现更多高效低毒环境友好的防治手段。科技工作者要更加接地气，多在广大农民群众中开设科技小院，对科技水平高的防治手段政府要联合科技工作者进行有效的推广。做好小菜蛾的防治，既是为了守护好我们的菜篮子，让每个人都吃上放心菜，也是为了保护好我们赖以生存的地球，让文明长久延续。

参考文献

陈焕瑜，胡珍娣，冯夏，等，2010. 粤中地区小菜蛾对啶虫隆的抗性监测及治理对策［J］. 广东农业科学，37（9）：30-31.

陈延望，2018. 不同波段和光强的 LED 灯光对小菜蛾的捕获效果及诱捕装置的研发［D］. 福州：福建农林大学.

陈祯，郑传伟，陈旷，等，2014. 黄板和性引诱剂对斑潜蝇和小菜蛾防治效果的综合评价［J］. 安徽农业科学，42（30）：10553-10555，10557.

傅建炜，徐敦明，吴玮，等，2005. 不同蔬菜害虫对色彩的趋性差异［J］. 昆虫知识，42（5）：532-533.

高宜明，李文德，张文斌，等，2022. 3 种生物农药防治娃娃菜小菜蛾的效果试验［J］. 农业科技通讯（6）：172-174.

谷清义，刘林东，王博宇，等，2022. 息半夏皮乙醇提取物对小菜蛾的杀虫活性［J］. 现代农业

科技 (19)：108-111.

徐建祥，乔静，仲崇翔，2005. 多杀菌素对小菜蛾及其天敌的毒力研究 [J]. 中国生态农业学报，13 (4)：161-163.

黄国华，李建洪，2013. 中国水生蔬菜主要害虫彩色图谱 [M]. 武汉：湖北科学技术出社.

柯礼道，方菊莲，1979. 小菜蛾生物学的研究：生活史、世代数及温度关系 [J]. 昆虫学报 (3)：310-319.

李飞飞，王贝贝，赖颖芳，等，2021. $fl(2)d$ 单等位基因的敲除显著降低小菜蛾的生殖力和育性 [J]. 中国农业科学，54 (14)：3029-3042.

李珊珊，杨敏，吴维坚，2022. 植物源提取物对小菜蛾抑制作用研究进展 [J]. 生物灾害科学，45 (3)：305-310.

李硕，徐学军，2020. 小菜蛾灯板药"三位一体"防治技术 [J]. 甘肃农业科技 (8)：76-78.

李越，朱鹤，单莹，等，2023. 双酰肼类杀虫剂及对小菜蛾的防治研究进展 [J]. 农药，62 (5)：1-6.

李振宇，肖勇，吴青君，等，2020. 小菜蛾种群灾变及抗药性治理研究进展 [J]. 应用昆虫学报，57 (3)：19.

林静，孟翠丽，王攀，2022. 武汉地区春甘蓝小菜蛾发生动态与气象因子关系研究 [J]. 农业技术与装备 (11)：130-131，134.

刘斌，张晶，韩鸣花，等，2021. 不同药剂对小菜蛾的防效研究 [J]. 现代农业科技 (19)：120，126.

刘霞，牛芳，王开运，2013. 小菜蛾抗药性研究现状及防治措施 [J]. 农药科学与管理，34 (2)：51-55.

沈修婧，虞国跃，2021. 小菜蛾的识别与防治 [J]. 蔬菜 (12)：82-85.

苏植，2021. 菜青虫、小菜蛾绿色防控措施 [J]. 农家致富 (12)：31.

何余容，吕利华，陈科伟，2005. 两种赤眼蜂对小菜蛾卵的寄生能力和种间竞争 [J]. 生态学报，25 (4)：5.

王砚妮，李敏，段先莉，等，2023. 三株球孢白僵菌对小菜蛾室内毒力测定 [J]. 湖北工业大学学报，38 (2)：40-43.

魏建荣，徐生海，曹莹，等，2022. 不同物理措施对娃娃菜小菜蛾的诱杀效果 [J]. 甘肃农业科技，53 (8)：96-98.

吴逸群，许秀，2017. 蔬菜虫害及其防治技术 [J]. 现代园艺 (6)：68-69.

伍东，魏周秀，陶宗军，等，2021. 几种药剂防治蔬菜田小菜蛾试验结果初报 [J]. 种子科技，39 (22)：4-5.

许克龙，2015. 十字花科蔬菜几种虫害的发生规律及防治 [J]. 吉林蔬菜 (11)：32-33.

杨雨航，陈雅余，王梦然，等，2023. 小菜蛾响应^{60}Co-γ辐照的实验室种群生命表 [J]. 植物保护学报，50 (2)：493-500.

殷劭鑫，张春妮，张雅林，等，2016. 陕西小菜蛾对9种杀虫剂的抗药性监测 [J]. 西北农林科技大学学报（自然科学版），44 (1)：102-110.

尤民生，魏辉，2007. 小菜蛾的研究 [M]. 北京：中国农业出版社.

张守军，王林，2013. 大豆田间管理及常见虫害的防治 [J]. 吉林农业 (11)：45.

张玉，陈永明，王苹，等，2021. 我国小菜蛾登记防治杀虫剂产品现状与展望 [J]. 农药，60 (12)：866-871.

Chen W，Yang Y，Xu X J，*et al.*，2019. Genetic control of *Plutella xylostella* in omics era [J]. Archives of Insect Biochemistry and Physiology, 102 (3): 21621.

Fu X W, Xing Z L, Liu Z F, *et al.*, 2014. Migration of diamondback moth, *Plutella xylostella*, across the Bohai Sea in northern China [J]. Crop Protection, 64: 143-149.

Furlong M J, Wright D J, Dosdall L M, *et al.*, 2013. Diamondback moth ecology and management: problems, progress and prospects [J]. Annual review of entomology, 58 (1): 517-541.

Ma C S, Zhang W, Peng Y, *et al.*, 2021. Climate warming promotes pesticide resistance through expanding overwintering range of a global pest [J]. Nature Communications, 12 (1): 5351.

Mayanglambam S, Raghavendra A, Rajashekar Y, 2022. Use of *Ageratina adenophora* (Spreng.) essential oil as insecticidal and antifeedant agents against diamondback moth, *Plutella xylostella* (L.) [J]. Journal of plant diseases and protection, 129 (2): 439-448.

Nasr M, Sendi J J, Moharramipour S, *et al.*, 2017. Evaluation of *Origanum vulgare* L. essential oil as a source of toxicant and an inhibitor of physiological parameters in diamondback moth, *Plutella xylostella* L. (Lepidoptera: Pyralidae) [J]. Journal of the saudi society of agricultural sciences, 16 (2): 184-190.

Nurhidayati N, 2020. Effectiveness of vermicompost with additives of various botanical pesticides in controlling *Plutella xylostella* and their effects on the yield of cabbage (*Brassica oleracea* L. var. Capitata) [J]. Asian journal of agriculture and biology, 8 (3): 223-232.

Shakeel M, Farooq M, Nasim W, *et al.*, 2017. Environment polluting conventional chemical control compared to an environmentally friendly IPM approach for control of diamondback moth, *Plutella xylostella* (L.) in China: a review [J]. Environmental Science and Pollution Research International, 24 (17): 14537-14550.

Song C, Zhao J, Zheng R, *et al.*, 2022. Chemical composition and bioactivities of thirteen non-host plant essential oils against *Plutella xylostella* L. (Lepidoptera: Plutellidae) [J]. Journal of Asia-Pacific entomology, 25 (2): 101881.

Zhou L J, Huang J G, Xu H H, 2011. Monitoring resistance of field populations of diamondback moth *Plutella xylostella* L. (Lepidoptera: Yponomeutidae) to five insecticides in South China: a ten-year case study [J]. Crop Protection, 30 (3): 272-278.

法医昆虫学数据库建立的思考与探讨*

刘漫蝶**，罗艺菲，Jallow Binta J J，孟凡明***

（中南大学，长沙 410013）

摘 要：随着测序技术的飞速发展，积累了大量的昆虫基因组、转录组、蛋白组数据。为了有效地管理和利用这些数据，各种生物数据库应运而生。然而，目前在法医昆虫学领域内还没有可用的数据库能够对嗜尸性昆虫的生物信息资源进行整合、存储和共享。这不仅为司法实践中利用嗜尸性昆虫推定死亡时间带来了不便，而且阻碍了法医昆虫学科的发展。本文旨在探讨建立法医昆虫数据库的意义，综述国内外法医昆虫数据库的建设现状，并分析建立综合性法医昆虫学数据库所需的现实条件和应涵盖的内容，以期为相关数据库的建设提供参考。

关键词：法医昆虫学；数据库；昆虫基因组；死亡时间推断

Consideration and Discussion on the Establishment of Forensic Entomological Database*

Liu Mandie**, Luo Yifei, Jallow Binta J J, Meng Fanming***

（*Central South University*, *Changsha* 410013, *China*）

Abstract：The rapid development of sequencing technology has generated a large number of insect genome, transcriptome and proteome data. To effectively utilize and manage these data, various biological databases have emerged. However, no database has yet been developed to integrate relevant genomic resources of sarcosaprophagous insects in the field of forensic entomology. This not only brings inconvenience to the judicial practice of using sarcoprophagous insects to infer postmortem interval (PMI), but also hinders the development of forensic entomology. The purpose of this review is to discuss the significance of establishing a forensic insect database, review the construction status of forensic insect databases at home and abroad, and analyze the practical conditions and contents of establishing a comprehensive forensic entomological database, so as to provide reference for the construction of related databases.

Key words：Forensic entomology；Databases；Insect genome；Estimation of postmortem interval

　　法医昆虫学是利用昆虫相关知识研究和解决法医学问题的典型交叉学科，经过多

---

* 基金项目：国家自然科学基金（81901923）

** 第一作者：刘漫蝶；E-mail：liumandie20@163.com

*** 通信作者：孟凡明；E-mail：mengfanming1984@163.com

年的发展，形成了依靠尸体上昆虫的演替模式和发育历期数据进行死亡时间推断的体系和方法（蔡继峰，2015）。尽管许多理论研究和案例已经证实了嗜尸性昆虫在法医实践中的重要应用价值，但要想让昆虫学相关证据满足刑事调查和司法实践的要求，扩大其在这些领域中的应用范围，仍需进一步研究和标准化一些关键性问题（任立品等，2021）。伴随信息技术的发展，各种各样的昆虫信息与资源被搜集。到目前为止，我国已经建立了多个昆虫数据库，为昆虫的分类、分布与特性提供了丰富的数据资源。但关于嗜尸性昆虫的数据主要还是分散在各种文献报告中，缺乏系统整合与管理。这使嗜尸性昆虫信息数据的质量和可用性无法得到有效保障。建立完善的法医昆虫学数据库是法医学和刑事司法领域的重要需求，也是法医昆虫学领域发展的必然趋势。

1　建立法医昆虫学数据库的意义

近年来，测序技术以及大数据技术的广泛应用提高了昆虫信息的利用效率，也对法医昆虫学研究提出了更高的要求。建立法医昆虫学数据库具有以下几点重要意义：

第一，法医昆虫学数据库能为嗜尸性昆虫的鉴定提供参考，提高案件侦破效率。在利用法医昆虫进行案件分析时，如何迅速、准确地鉴定现场采集的昆虫种类与发育阶段以推断死亡间隔时间是至关重要的。传统的形态学鉴定一直是法医昆虫学鉴定的"金标准"，但往往会面临昆虫鉴定要点复杂多变、搜集到的嗜尸性昆虫样本残缺不全的难题。而越来越多的分子标记如细胞色素 C 氧化酶亚基Ⅰ（cytochrome c oxidase subunit Ⅰ，COⅠ）、COⅡ、核糖体 16S rRNA、核糖体 12S rRNA、还原型烟酰胺腺嘌呤二核苷酸脱氢酶亚单位（reduced nicotinamide adenine dinucleotide dehydrogenase subunit 5，ND5）可实现对嗜尸性昆虫的准确鉴定，成为了形态学鉴定的有力补充（Shang et al.，2016）。其余鉴定方法还有针对翅脉的图像数字化分析、表皮碳氢化合物组分分析等。法医昆虫学数据库可综合形态学与组学等多个指标结合应用于嗜尸性昆虫的发育推断。

第二，法医昆虫学数据库中可以收集和整合大量的案例和经验，包括昆虫种类鉴定的过程、方法和技术等方面的信息。这些实际案例和经验可以为司法鉴定人员提供大量的真实案例资料，提高其利用嗜尸性昆虫分析案件的能力。同时来自世界各地的案例可以用于研究昆虫在不同地区的分布规律、生命周期等信息。案例库也是法医昆虫学研究动态和最新进展的重要来源之一，通过案例和经验分享平台，也可以促进刑侦人员之间的交流与合作，为案件侦破提供更有效的支持。

第三，数据库可为学科研究提供更准确的数据支持。开展嗜尸性昆虫组学研究，更深层次探究嗜尸性昆虫的发育机制与演替模式，为推动昆虫学证据用于死亡时间推断的研究提供新思路（Scott et al.，2014）。通过对重要嗜尸性昆虫基因组测序和组装，获得该物种的全基因组序列并对基因组开展结构预测与功能注释，与基因家族进行比较分析，构建系统发育图谱，揭示行为发生的机制，阐明嗜尸性昆虫进化的分子基础，解读相关种类嗜尸行为的差异。最后利用大数据简化和优化法医昆虫学的应用，在未来实现法医昆虫学的信息化（王江峰等，2021）。

2 法医昆虫学数据库的应用现状

随着嗜尸性昆虫在刑事侦查和法医鉴定中的不断应用，以及大数据时代与测序技术的高速发展，法医昆虫学数据库受到了越来越多的关注。经过查询，目前互联网上还没有完整可用的嗜尸性昆虫基因组数据库或者法医昆虫学综合性数据库。我国包含嗜尸性昆虫信息的数据库大多为标本图像数据库。有学者已经开始初步构建我国嗜尸性麻蝇基因库，但数据来源与数量都较为单一（郭亚东，2012）。依托福建农林大学植物病虫害数字化网络标本库（http：//210.34.81.90/index.do）构建的法医昆虫标本数据库可向读者提供昆虫分类信息以及标本影像图片（胡道明等，2018）。该网站包含昆虫影像资料分类浏览功能与拉丁名搜索功能，物种下方附有二维码供扫描下载昆虫数据，方便刑侦人员贮存信息、对比鉴定。

在国外，据报道克兰菲尔德大学的研究人员正在开发世界上第一个利用嗜尸性昆虫的生化特征——表皮碳氢化合物来进行昆虫的种类鉴定与年龄推断的法医学昆虫数据库，该数据库将提供一种补充方法来估计法医调查中的死亡时间。在亚利桑那州，亚利桑那州立大学的研究人员正在开展对通过对来自本地不同地区的数千只丽蝇进行采集分析的项目，旨在建立针对本地丽蝇的遗传和发育数据库，以协助犯罪现场调查人员和为法庭提供证据。此外在迪拜也有建立法医昆虫学数据库的报道。

3 建立法医昆虫学数据库的现实条件

要建立一个高质量的法医学昆虫数据库，需要综合考虑多方面的现实条件。首先要保证数据来源。需要收集、整理大量的法医昆虫学数据，包括昆虫的分类、分布、图像资料、基因组数据，还有充分的法医昆虫学案例等。在此基础上建立数据共享和交流机制，确保数据来源的可靠性和准确性。其次要有足够的设备与技术支持。对于昆虫的影像采集工作，要在昆虫标本实验室中选取保存完好、特征明显、数量足够的昆虫标本进行拍摄（李明杰等，2021）。建立昆虫数据库需要综合运用多种技术，如利用高通量测序技术对昆虫基因组进行测序、生信分析技术对遗传信息进行挖掘、计算机技术对数据库平台进行搭建等（张赞等，2012）。合作交流也是建立法医昆虫学数据库的重要环节。建立一个涵盖多方面的法医昆虫学数据库，和国内外的法医昆虫学者进行沟通与交流是必不可少的，对昆虫信息资源、数据库管理经验、最新研究进展等进行探讨，共同推进法医昆虫学数据库的发展。除此之外，综合性团队与资金投入也非常关键。需要昆虫学、法医学、计算机科学等方面的具有相关专业背景和技术能力的专业人才共同建设，以保障数据库的建设和管理水平。数据库的建立与稳定运营是一个长期的过程，需要投入大量的资金，用于设备采购、技术开发、人员培养、数据管理等方面（陈航等，2012）。

4 法医昆虫学数据库的功能设计

目前的法医学昆虫数据库虽然涉及嗜尸性昆虫相关的数据，但由于数据内容和数据数量等方面的限制，这些数据库都无法全面地收录和提供嗜尸性昆虫相关数据。这对于法医学科来讲是一个缺失和不足。因此，建立一个综合性的法医学昆虫数据库，可以更全面、准确、高效地提供嗜尸性昆虫相关数据，为法医学科的发展和实践提供更有力的支持。一个综合性法医昆虫学数据平台应该主要包括以下几个方面。

（1）嗜尸性昆虫的图片以及分类信息。数据库需要提供常见嗜尸性昆虫如双翅目（Diptera）、鞘翅目（Coleoptera）、膜翅目（Hymenoptera）的详细分类信息和高清晰度的图片，使用户能够对嗜尸性昆虫的种类和发育特征有更为清晰的了解。

（2）嗜尸性昆虫的基因组、转录组、蛋白组数据、线粒体组数据。并提供基因组数据浏览、下载、序列查询、序列比对、基因组可视化、信号通路和注释、进化分析和进化树构建等功能服务。

（3）真实法医昆虫学案例。提供各类实际案例的嗜尸性昆虫调查情况，包括现场采集的样本数据、昆虫数量和发育特征等，结合实际案情分析和推断结果，帮助研究者理解法医昆虫学的实践应用和意义。

（4）社群服务以供同行交流。设置投稿功能，让用户可以自行上传分享昆虫影像资源与基因组数据，促进数据共享和互通。提供交流平台，供研究者交流嗜尸性昆虫的分类鉴定、数据采集和案例分析方面的经验和想法。

5　展望

关于法医昆虫学数据库未来的发展，首先计划完成针对单个物种或特定地区数据库的建设，以实现区域范围内的数据共享，为当地司法实践与研究机构提供便利。同时，我们期望采用更先进的数据库管理技术，构建一个全国范围内的综合共享平台，使各地的法医行业从业者和研究者都能够方便地获取和利用这些宝贵的数据资源。此外，随着人工智能领域的快速扩展，人工智能已经展现出在提高数据管理水平和挖掘效果方面的独特优势，我们有望将其与法医昆虫学数据库相结合，建立更为完善和高效的法医昆虫学数据库体系，为科研与法庭调查中昆虫学证据的应用提供帮助。

参考文献

蔡继峰，2011. 现代法医昆虫学［M］. 北京：人民卫生出版社.

陈航，戴广宇，沈敏，2012. 法医毒物学数据库系统设计与开发［J］. 医学信息学杂志，33（11）：36-40.

郭亚东，2012. 常见嗜尸性麻蝇分子标记的检测及地区基因库的建立［D］. 长沙：中南大学.

胡道明，2018. 法医昆虫标本的数字库建立与应用［J］. 武夷科学，34（1）：151-155.

李明杰，林李顺，潘红波，2021. 法医病理学教学切片图片数据库的建立与思考［J］. 广东公安科技，29（4）：62-63.

任立品，尚艳杰，郭亚东，2021. 昆虫学证据在法庭科学中的应用及进展［J］. 法医学杂志，37（3）：295-304.

王江峰，2021. 上下求索的中国法医昆虫学［J］. 法医学杂志，37（3）：293-294.

张赞，刘金定，黄水清，等，2012. 生物信息学在昆虫学研究中的应用［J］. 应用昆虫学报，49（1）：1-11.

Pechal J L, Moore H, Drijfhout F, *et al.*, 2014. Hydrocarbon profiles throughout adult Calliphoridae aging：a promising tool for forensic entomology ［J］. Forensic Sci Int., 245：65-71.

Shang Y, Ren L, Chen W, *et al.*, 2019. Comparative mitogenomic analysis of forensically important sarcophagid flies（Diptera：Sarcophagidae）and implications of species identification ［J］. Med Entomol, 56（2）：392-407.

Scott J G, Warren W C, Beukeboom L W, *et al.*, 2014. Genome of the house fly, *Musca domestica* L., a global vector of diseases with adaptations to a septic environment ［J］. Genome Biol., 15（10）：466.

葡萄根瘤蚜的监测及其防控研究进展*

宁帅军**，何　静，何　叶，周　琼***

（湖南师范大学生命科学学院，长沙　410081）

摘　要：葡萄根瘤蚜 *Daktulosphaira vitifoliae*（Fitch）是一种严重为害葡萄作物的单食性害虫。该虫原产于北美，20 世纪传入我国山东烟台，之后在上海、湖南、广西等地被发现。本文就其入侵历史、生物学特性及其监测和防控方法进行了概述，为该虫的防控提供基础信息。

关键词：葡萄根瘤蚜；生物学特性；为害；防控；监测

1　葡萄根瘤蚜简介

葡萄根瘤蚜 *Daktulosphaira vitifoliae*（Fitch）属同翅目根瘤蚜科，是一种只为害葡萄属植物的昆虫（Powell 等，2008）。该虫原产于北美，在 19 世纪传入欧洲。1866 年葡萄根瘤蚜在法国的一片 5 hm² 的葡萄园里被发现，短短几年内，该虫就蔓延到欧洲所有主要的葡萄种植区，这场瘟疫不仅影响了整个葡萄种植界，而且在农业、经济和社会方面都造成了影响，从葡萄园波及整个地区，引发了诸如农村人口减少和大规模移民等后果（Gale，2003）。为了防止葡萄根瘤蚜的进一步传播，1881 年 11 月 3 日 5 个欧洲国家签署了《葡萄根瘤蚜公约》（The Phylloxera Convention），这也是针对有害生物采取措施的第一份国际约定（Knoll 等，1957；IPPC，2017）。但在美国一些本土葡萄藤上，这种昆虫虽然在葡萄叶子和未成熟的根上形成虫瘿，但对葡萄藤的整体健康几乎没有伤害。而在欧洲易感葡萄品种上为害时，它的种群会在葡萄成熟的贮藏根上大量繁殖，破坏根系功能，并引入次生的真菌病原体，最终杀死葡萄藤（Granett，2004）。

2　葡萄根瘤蚜入侵中国的历史及分布记录

1892 年我国著名爱国华侨张弼士来烟台考察，翌年独资兴办张裕葡萄酿酒公司，引入国外葡萄品种时将葡萄根瘤蚜传入烟台（李元良等，1992）。1954 年 9 月，苏联植物保护与植物检疫考察组专家来华，在烟台张裕公司西葡萄山发现葡萄根瘤蚜（张广学，1955），经学者在山东烟台鉴定出叶瘿型、根栖（瘤）型、有翅型和有性型四种葡萄根瘤蚜类型（李传隆，1957）。之后在辽宁省的大连市、营口市的盖县、丹东市、锦

---

* 基金项目：湖南省农业农村厅项目"湘中雪峰山片区农业外来入侵物种普查"（湘财农指〔2022〕45 号）

** 第一作者：宁帅军，硕士研究生，主要从事昆虫多样性及害虫综合治理；E-mail：858987699@qq.com

*** 通信作者：周琼，教授，主要从事昆虫多样性及害虫综合治理研究；E-mail：zhoujoan@hunnu.edu.cn

州市的兴城、辽阳市、铁岭市的昌图及沈阳市的东陵区均发现该虫（贺农，1985）。2005 年 6 月，在上海市嘉定区的葡萄种植园内发现根瘤型的无翅葡萄根瘤蚜（叶军等，2006）。西安有过葡萄根瘤蚜传入的记录（张化阁等，2010）。2006 年在湖南怀化的洪江、新晃、会同、辰溪、中方 5 县记录有发生，这也是湖南首次记录葡萄根瘤蚜的发生（张尚武等，2006）。2015 年 7 月，首次在广西兴安县溶江镇司门村及临村龙源村发现根瘤型葡萄根瘤蚜，但未监测到有翅型成蚜（彭浩民等，2020）。2017 年 4 月、2018 年 7 月在河南省洛阳市偃师市、三门峡市渑池县相继发现葡萄根瘤蚜为害（焦永吉等，2022）。

3 葡萄根瘤蚜的生物学特性

3.1 葡萄根瘤蚜的发育特征

葡萄根瘤蚜发育形式是不完全变态发育，若虫在发育过程中连续经历了 4 次蜕皮，因此卵和成虫之间有 4 个龄期，从 1 龄到 3 龄，每跨一个龄期若虫的长度和宽度分别增加约 15% 和 25%，而从 4 龄到成虫其长度和宽度增加了约 80%。卵的长度（263 ~ 305 μm）约为成虫（815 ~ 973 μm）的 32%，产卵的成虫腹部明显隆起（Kingston 等，2007）。

3.2 葡萄根瘤蚜的生活史

葡萄根瘤蚜在烟台每年发生 8 代，每代平均 19.8 d。卵期 3 ~ 7 d，若蚜期 11 ~ 17 d，成虫期 12 ~ 25 d。以 1 龄若蚜（或少数卵）在 2 年生以上的粗根叉被害处越冬；翌年 4 月上旬开始活动，5 月上旬产卵；5 月中旬至 6 月底和 9 月上旬至 9 月底为虫口密度最大阶段。6 月、8 月、9 月有翅蚜居多（李元良等，1992）。

葡萄根瘤蚜的生活史是通过孤雌生殖和有性生殖交替完成的，无性生殖可以发生在根上和叶上。葡萄根瘤蚜的越冬卵在春季孵化为 1 龄若虫，1 龄若虫可以在根和叶之间移动以建立新的取食场所，并分别形成根瘤型和叶瘿型蚜虫。1 龄若虫经过 4 个若虫龄期后形成无翅成虫；一部分根瘤型若虫经过 4 个若虫龄期后会发育成有翅成虫，有翅成虫在羽化前钻出地面。这些有翅成虫不取食，分散并进行无性生殖产下雌性和雄性卵，这些有性卵孵化后，经过 4 次蜕皮形成无翅成虫，随后成虫交配产下越冬卵，于翌年春季进入无性生殖阶段（Granett 等，2001）。

3.3 葡萄根瘤蚜的为害

葡萄根瘤蚜主要通过刺吸葡萄根和叶片的汁液，分别形成根瘤和叶瘿。叶瘿呈囊状或内陷状，可包含数个成虫和数百个卵，高密度的叶瘿会导致光合作用减少。根瘤是根上的肿物，有时呈钩状。根瘤可能会抑制根的生长、养分和水的吸收，并为致病性真菌入侵葡萄树创造场所（Loeb，2021）。

根瘤蚜造成的根部伤口，还为土壤的真菌病原体提供了入口。Edwards 等（2007）的研究表明，葡萄根瘤蚜感染葡萄的活力下降和随后的死亡，是由昆虫损害和土壤传播的真菌病原体共同造成的，并且证实了尖孢镰刀菌 *Fusarium oxysporum* 是分离到的最多的真菌，也是与根坏死相关的毒性最强的真菌病原体。另有研究指出，葡萄根瘤蚜可以作为载体将真菌繁殖体从受感染的葡萄根部运输到健康的根部，是影响葡萄根部受真菌感染严重程度的重要因素（Omer 等，2000）。

4 葡萄根瘤蚜的监测及其防控

4.1 葡萄根瘤蚜的监测

由于葡萄根瘤蚜为害重，易传播，难根除，及时而有效的监测是预防该虫扩散和为害的重要一环。传统的监测方法一般可以用肉眼或者昆虫捕捉器，例如将装有冷凝膜的桶用 3 个金属钉固定在土壤表面，并在田间放置 4 周，然后用乙醇冲洗内表面来收集昆虫（图 1）（Clarke 等，2020）。传统的肉眼评估往往在首次入侵多年后才显现出来，等发现时可能已经比较严重或者扩散到其他区域。

图 1 葡萄根瘤蚜的桶形捕捉器（引自 Clarke 等，2020）

随着技术的发展，新的监测技术也被发明出来，例如利用人工智能和机器学习算法技术对葡萄病害进行高效率的检测和分类。Huang 等（2020）用 4 个具有高准确性和高性能的集合模型来分辨黑腐病、黑麻疹、叶枯病和葡萄根瘤蚜病这 4 种葡萄病虫害的图片，结果准确率高达 100%。

葡萄根瘤蚜为害后的葡萄叶片叶绿素减少会导致叶片由绿色变为黄色，由于黄色叶片相对绿叶的光反射率更高，就可以通过分析葡萄叶片的光反射率来对可能受葡萄根瘤蚜为害的地区进行预测。Vanegas 等（2018）用搭载了 RGB 颜色传感器，数字高光谱和多光谱传感器的无人机来获取作物光谱反射率图像，再提取图像的光谱特征来预测葡萄根瘤蚜感染区域。光反射的变化显示受葡萄根瘤蚜感染的葡萄藤叶片在可见光区域（390~780 nm），比正常葡萄树叶片的反射率更高。这样利用无人机加遥感技术就可以先对葡萄园的病虫害侵染进行大面积的预测，然后通过人工检测对预测感染区域进一步检查是否是葡萄根瘤蚜危害，可以提高大面积监测的效率。

环介导等温扩增技术（loop-mediated isothermal amplification，LAMP）是快速扩增 DNA 的技术。相比普通 PCR 流程，LAMP 反应只有起始、循环扩增、延伸 3 个阶段。扩增酶只需要单一类型的聚合酶（链置换 DNA 聚合酶），并且在恒温下进行扩增，内部引物的加入使其特异性更高（Notomi 等，2015）。LAMP 可应用于葡萄根瘤蚜的检测，Agarwal 等（2020）设计了 6 种新的 LAMP 检测引物用于检测葡萄根瘤蚜 5′-COI 位点

228 个碱基对连续区域的 8 个片段，LAMP 检测方法为实验室和田间葡萄根瘤蚜的准确鉴定提供了一种新的可视化分子工具。LAMP 法用于检测葡萄根瘤蚜的主要优点是快速（可以在一小时内提供结果），准确以及灵敏，使用 LAMP 可以从整体样品或直接取葡萄树上的根瘤组织来检测葡萄根瘤蚜，并不需要分离检测微小的昆虫本身，可以节省大量视觉检测的时间和精力（Clarke 等，2020）。

4.2 葡萄根瘤蚜的防控措施

4.2.1 严格的检疫制度

葡萄根瘤蚜是一种传播性和生存力都比较强的害虫。在运输过程中，它可以附着在人身上，以及机械和葡萄产品上，被转移到新的葡萄地来建立新的侵害地点。有人工饲养实验表明，在理想的温度和湿度条件下，根瘤蚜存活数天是有可能的。葡萄根瘤蚜在无食物环境下存活的时间比较长，1 龄葡萄根瘤蚜在无营养摄入的情况下可存活 7 d，中龄葡萄根瘤蚜可活 9 d，另一项对葡萄根瘤蚜肠道结构的研究发现其具有分隔的中肠，这样的结构可能会使食物消化吸收更彻底（Kingston 等，2007，2009）。因此实施严格的检疫程序，对有葡萄根瘤蚜传播风险的媒介采用有效的杀虫程序，降低根瘤蚜进一步传播的风险也是检疫中关键的一环（Triska，2018）。

要对经过疫区的器材进行严格消毒，有研究表明葡萄根瘤蚜的生存土壤温度必须在 $60 \sim 90 ^\circ F$，如果超出这个范围根瘤蚜就不会进食并死亡（Granett 等，1987）。较高的温度会显著影响葡萄根瘤蚜的发育和繁殖，35℃ 或更低的热处理对其发育和繁殖没有抑制作用，而在 40℃ 干热 135 min 条件下达到了 100% 的死亡率（Clarke 等，2018）。在 30% 的相对湿度条件下，在 45℃ 条件下暴露 75 min，G1 和 G4（两个根瘤蚜遗传品系）的 1 龄若虫均无法存活；G4 根瘤蚜在 60 min 时就达到 100% 的死亡率，比 G1 根瘤蚜（75 min）更早，这也验证了 45℃、75 min 的干热温度是杀灭根瘤蚜的有效方法（Korosi 等，2012）。也可以利用消毒剂来对经过疫区的器材进行检疫，有研究表明将葡萄根瘤蚜一龄幼虫浸泡在 2% 的次氯酸钠中 30 s 以上，可以达到 100% 的死亡率（Dunstone 等，2003）。

对于已经受葡萄根瘤蚜为害的葡萄园，要对园区进行严格管理。严禁葡萄苗木、接穗运出疫区；禁止到被为害的葡萄园内参观和采集标本（李元良等，1992）。未受为害的地区要加强对引进种苗的管理和检疫，避免苗木传播（郑侃，1993）。

4.2.2 砧木防治

砧木是防治葡萄根瘤蚜的一种有效方式。19 世纪葡萄根瘤蚜几乎毁掉了所有的欧洲葡萄园，当时，法国人 Planchon 和美国人 Riley 等提出了一个防治方法，就是将欧洲葡萄枝嫁接到抗根瘤蚜的美洲葡萄的根上，以减少根瘤蚜的为害，这个方法在当时取得了成功（Smith 等，1992）。随着技术的进步，能够产生全面持久抗性的砧木品种也在不断研发中，比如使用 DNA 标记辅助技术来培育同时具有葡萄根瘤蚜和根结线虫抗性的新砧木品种（Dunlevy 等，2019）。

4.2.3 化学防治

化学防治一般是指采用杀虫剂来防治葡萄根瘤蚜。从不同杀虫剂对葡萄根瘤蚜的防治效果来看，70% 吡虫啉可湿性粉剂和 25% 环氧虫啶可湿性粉剂对葡萄根瘤蚜的防效较好，而氧乐果的防治效果最差（铁春晓等，2021；宋雅琴等，2019），且不建议在果园施用。另外，加州大学综合害虫管理部门根据有效性和适用性列出的葡萄根瘤蚜杀虫剂有螺虫乙酯（Spirotetramat）、吡虫啉（Imidacloprid）、噻虫胺（Clothianidin）、呋虫胺（dinotefuran）、噻虫嗪（Thiamethoxam）（Bomberger et al.，2022）。

Andzeiewski 等（2023）研究不同杀虫剂对叶瘿型葡萄根瘤蚜和根瘤型葡萄根瘤蚜的防治效果，结果发现杀虫剂氟吡呋喃酮（flupyradifurone）和氟啶虫胺腈（sulfoxaflor）适用于叶瘿型葡萄根瘤蚜的化学防治，而杀虫剂氟啶虫胺腈（sulfoxaflor）和吡虫啉（imidacloprid）对根瘤型葡萄根瘤蚜有比较好的防治效果。

4.2.4　生物防治

生物防治一般通过寻找葡萄根瘤蚜的天敌或者可以控制根瘤蚜的微生物来实现。19世纪欧洲葡萄根瘤蚜大暴发时，Riley 等就曾考虑过生物防治，他们团队使用当地的一种寄生螨虫（*Tyroglyphus phylloxera*）来实验，但这种螨虫对葡萄根瘤蚜的种群动态没有显著影响（Smith 等，1992）。

有人研究了 2 种昆虫病原线虫对葡萄根瘤蚜的作用，其中高浓度的线虫 *Heterorhabditis bacteriophora* 能够在实验室条件下感染和杀死葡萄根瘤蚜。但这种昆虫病原线虫对土壤湿度敏感，在寄主中缺乏繁殖能力并且需要巨大的线虫量才能达到理想效果，这也成为其用于生物防治的限制因素（Greg 等，1999）。另有研究指出一种瓢虫 *Harmonia axyridis* 可能是葡萄根瘤蚜的捕食者，在食物缺乏的情况下可以捕食葡萄根瘤蚜作为食物来源（Kogel 等，2013）。

微生物与葡萄根瘤蚜的相互关系也是值得研究的。有一些微生物可以感染并杀死葡萄根瘤蚜。Kirchmair 等（2004）研究发现一种金龟子绿僵菌（*Metarhizium anisopliae*）的变种 Ma500，在盆栽实验中可以杀死根瘤蚜，且未检测到真菌对植物营养系统生长的不良影响，被试葡萄树生长正常，没有发育不良、黄化或坏死的现象。

但是生物防治由于在研发和实施方面都有一定的难度，因此生物防治目前用于葡萄根瘤蚜防控的应用报道较少。

5　展望

目前防治葡萄根瘤蚜的方法主要是砧木防治。砧木除了可以抵抗根瘤蚜的侵染，还可以影响葡萄的其他方面。例如有研究表明，将葡萄品种阳光玫瑰 SM（Shine Muscat）嫁接到砧木品种 1103P（1103 Paulsen）上，嫁接后的葡萄树提高了吸水能力、光合作用和抗氧化防御能力，提高了葡萄对干旱胁迫的耐受性（Jiao 等，2023）。Kowalczyk 等（2022）发现 Börner 砧木可以使葡萄品种 Solaris 的总可溶性固体含量增加，使葡萄品种 Johanniter 的树干直径增加。接穗和砧木之间存在显著的相互作用，明智地选择砧木可以促进先天生活力低的接穗品种生长并提高产量（Clingeleffer 等，2022）。因此未来可以在防治根瘤蚜的基础上研发兼具抗环境胁迫和病虫害的新型砧木。

参考文献

贺农，1985. 葡萄大敌：葡萄根瘤蚜 ［J］. 新农业（2）：7.

焦永吉，丁华锋，毛红彦，等，2022. 河南省农业植物检疫性有害生物发生现状与防控管理措施 [C]. 河南省植物病理学会第六次会员代表大会暨学术讨论会论文集：359-364.

李传隆，1957. 烟台地区葡萄根瘤蚜 *Phylloxera vitifoliae*（Fitch）观察 [J]. 昆虫学报（4）：489-495.

李元良，邱名榜，王尊农，1992. 烟台葡萄根瘤蚜溯源及其检疫的调查研究 [J]. 植物检疫（1）：42-44.

彭浩民，宋雅琴，郑远桥，等，2020. 兴安县葡萄根瘤蚜的发生状况与防控对策 [J]. 中国南方果树，49（4）：164-166.

宋雅琴，彭浩民，郑远桥，等，2019. 6种杀虫剂对葡萄根瘤蚜田间防治效果初步评价 [J]. 南方园艺，30（1）：24-26.

铁春晓，刘向斌，张庆伟，等，2021. 不同杀虫剂对葡萄根瘤蚜的防治效果 [J]. 中国植保导刊，41（2）：94-95.

叶军，郑建中，唐国良，2006. 上海地区发现葡萄根瘤蚜危害 [J]. 植物检疫（2）：98.

张广学，1955. 葡萄根瘤蚜 [J]. 昆虫知识（4）：161-165.

张尚武，刘勇，朱璇，2006. 我省首次发现葡萄根瘤蚜 [N]. 湖南日报.

张化阁，刘崇怀，钟晓红，等，2010. 西安和上海两地葡萄根瘤蚜种群周年消长动态观察 [J]. 园艺学报（2）：6.

郑侃，1993. 葡萄根瘤蚜疫情监测与分析 [J]. 植物检疫，7（3）：170-172.

Agarwal A, Cunningham J P, Valenzuela I, et al., 2020. A diagnostic LAMP assay for the destructive grapevine insect pest, phylloxera（*Daktulosphaira vitifoliae*）[J]. Scientific Reports, 10（1）：1-10.

Andzeiewski S, Oliveira D C, Bernardi D, et al., 2023. Population suppression of phylloxera gallicolae and radicicolae forms on grapevines with the use of synthetic insecticides [J]. Ciência Rural, 53：e20220112.

Bomberger R A, Wheeler W S, Liu R, et al., 2022. 2023 Pest management guide for grapes in Washington [M]. Washington State University Extension：32.

Clarke C W, Norng S, Yuanpeng D, et al., 2018. Dry heat as a disinfestation treatment against genetically diverse strains of grape phylloxera [J]. Australian Journal of Grape and Wine Research, 24（3）：301-304.

Clarke C, Cunningham P, Carmody B, et al., 2020. Integrated management of established grapevine phylloxera final report to wine Australia [M]. Agriculture Victoria Research：41-48.

Clingeleffer P R, Kerridge G H, Rühl E H, 2022. Rootstock effects on growth and fruit composition of low-yielding winegrape cultivars grown in a hot Australian climate [J]. Australian Journal of Grape and Wine Research, 28（2）：242-254.

Dunlevy J, Clingeleffer P, Smith H, 2019. Breeding next generation rootstocks with durable pest resistance using DNA marker assisted selection [J]. Wine & Viticulture Journal（3）：34.

Dunstone R J, Corrie A M, Powell K S, 2003. Effect of sodium hypochlorite on first instar phylloxera（*Daktulosphaira vitifoliae* Fitch）mortality [J]. Australian journal of grape and wine research, 9（2）：107-109.

Edwards J, Norng S, Powell K S, et al., 2007. Relationships between grape phylloxera abundance, fungal interactions and grapevine decline [J]. Acta Horticulturae（733）：151-158.

Gale G, 2002. Saving the vine from Phylloxera：A never-ending battle [C] //Wine. CRC Press：

86-107.

Granett J, Timper P, 1987. Demography of Grape Phylloxera, *Daktulosphaira vitifoliae* (Homoptera: Phylloxeridae), at Different Temperatures [J]. Journal of Economic Entomology (2): 327-329.

Granett J, Walker M A, Kocsis L, *et al.*, 2001. Biology and management of grape phylloxera [J]. Annu Rev Entomol, 46: 387-412.

Granett J, 2004. Rooting out the wine plague [J]. Nature, 428 (4): 20.

Greg E L, Mike V, Tim M, *et al.*, 1999. Use of entomopathogenic nematodes for control of grape phylloxera (Homoptera: Phylloxeridae): a laboratory evaluation [J]. Environmental Entomology (5): 890-894.

Huang Z, Qin A, Lu J, *et al.*, 2020. Grape Leaf Disease Detection and Classification Using Machine Learning [M]. IEEE: 870-877.

IPPC, 2017. IPPC 65th anniversary. [EB/OL]. International Plant Protection Convention, URL https://www.ippc.int/en/themes/ipp-65th-anniversary.

Jiao S, Zeng F, Huang Y, *et al.*, 2023. Physiological, biochemical and molecular responses associated with drought tolerance in grafted grapevine [J]. BMC Plant Biology, 23 (1): 1-18.

Knoll J G, 1957. World Aspects of Plant Protection [J]. Outlook on Agriculture, 1 (5): 182-187.

Kingston K B, Powell K S, Cooper P D, 2009. Grape Phylloxera: New Investigations into the Biology of an Old Grapevine Pest [J]. Acta Horticulturae (816): 63-70.

Kingston K, 2007. Digestive and feeding physiology of Grape Phylloxera (*Daktulosphaira vitifoliae* Fitch) [D]. Australian National University: 52-85.

Kirchmair M, Huber L, Porten M, *et al.*, 2004. Metarhizium anisopliae, a potential agent for the control of grape phylloxera [J]. BioControl, 49 (3): 295-303.

Kogel S, Schieler M, Hoffmann C, 2013. The ladybird beetle *Harmonia axyridis* (Coleoptera: Coccinellidae) as a possible predator of grape phylloxera *Daktulosphaira vitifoliae* (Hemiptera: Phylloxeridae) [J]. European Journal of Entomology, 110 (1): 123-128.

Korosi G A, Mee P T, Powell K S, 2012. Influence of temperature and humidity on mortality of grapevine phylloxera *Daktulosphaira vitifoliae* clonal lineages: a scientific validation of a disinfestation procedure for viticultural machinery [J]. Australian Journal of Grape & Wine Research, 18 (1): 43-47.

Kowalczyk B, Bieniasz M, Błaszczyk J, *et al.*, 2022. The effect of rootstocks on the growth, yield and fruit quality of hybrid grape varieties in cold climate condition [J]. Horticultural Science, 49 (2): 78-88.

Loeb G, 2021. Grape Insect and Mite Pests [J]. Field Season: 1-30.

Notomi T, Mori Y, Tomita N, *et al.*, 2015. Loop-mediated isothermal amplification (LAMP): principle, features, and future prospects [J]. Journal of Microbiology, 53 (1): 1-5.

Omer A D, Granett J, 2000. Relationship between grape phylloxera and fungal infections in grapevine roots [J]. Journal of Plant Diseases and Protection, 107 (3): 285-294.

Powell K S, 2008. Grape phylloxera: an overview [J]. Root feeders: an ecosystem approach: 96-114.

Smith E H, 1992. The Grape Phylloxera: A Celebration of Its Own [J]. American Entomologist: 212-221.

Triska M, Powell K S, Collins C, *et al.*, 2018. Accounting for spatially heterogeneous conditions in local-scale surveillance strategies: case study of the biosecurity insect pest, grape phylloxera *Daktu-*

losphaira vitifoliae (Fitch)〔J〕. Pest Management Science, 74 (12): 2724-2737.

Vanegas F, Bratanov D, Powell K, *et al.*, 2018. A novel methodology for improving plant pest surveillance in vineyards and crops using UAV－based hyperspectral and spatial data〔J〕. Sensors, 18 (1): 260.

昆虫气味结合蛋白（OBPs）与配体结合机制

陈儒迪[*]，向道坤，王满囷[**]

（华中农业大学植物科学技术学院，武汉　430070）

摘　要：气味结合蛋白（odorant binding proteins，OBPs）是昆虫外周嗅觉系统中一类重要蛋白。本文在对昆虫 OBPs 基本特性及功能介绍的基础上，对 OBPs 与配体的结合与释放机制进行了评述，讨论了探明 OBPs 与配体互作机制的重要性。以期为进一步探明昆虫 OBPs 的功能及其利用提供参考。

关键词：气味结合蛋白；配体；结合机制；释放机制

昆虫气味探测的主要器官是触角，其上分布着具有多种形态类别的感觉毛——嗅觉感器。嗅觉感器里充满了亲水性的淋巴液，浸浴着嗅感觉神经元（olfactory sensory neurons，OSNs）的树突（或称作嗅纤毛），而 OSNs 的轴突则有规律地投递、汇集到昆虫脑部触角叶的嗅小球中（antennal lobes，ALs）（那杰等，2015）。OSNs 是嗅觉感知的初级元件，其树突膜上分布着解码气味信息的受体。普遍认为，环境中的气味分子由昆虫嗅觉感器表面的微孔进入后，被嗅觉结合蛋白结合并运输至 OSNs 树突膜上，激活相应的受体，进而将化学信号转为电信号，再传递到昆虫脑中的高级中枢进行整合，最后输出相应的行为（Leal，2013）。

1　气味结合蛋白

在昆虫中，气味结合蛋白（odorant-binding proteins，OBPs）是最早发现的嗅觉结合蛋白。关于 OBPs 的报道最早始于 1981 年的一项研究，该研究发现蚕蛾 *Antheraea polyphemus* 的性信息素可以与雄蛾触角提取物中的一种小蛋白质结合（Vogt and Riddiford，1981）。之后，在其他昆虫中也陆续报道了 OBPs 的发现。总的来说，OBPs 是一类低分子量、可溶性的分泌蛋白。另外，OBPs 还在以下几个方面引人注目。第一，*Obps* 的基因数量大。如黑腹果蝇 *Drosophila melanogaster* 有 52 个 *Obps*（Hekmat-Scafe *et al.*，2002），疟疾蚊 *Anopheles gambiae* 有 69 个 *Obps*（Vieira and Rozas，2011），德国蟑螂 *Blatella germanica* 更是多达 109 个 *Obps*（Robertson *et al.*，2018）。第二，*Obps* 表达量高。如最早在多音天蚕蛾触角中分离的 *Obp*，有极高的表达量；对黑腹果蝇触角转录组测序结果分析发现，其触角中表达量最高的 10 个基因中，有 5 个是 *Obps*（Menuz *et al.*，2014）。第三，OBPs 序列多样性。在同种昆虫的 OBPs 家族中，成员平均只有 10% 的氨

　＊　第一作者：陈儒迪，硕士研究生；E-mail：crd1736509580@ 163. com

　＊＊　通信作者：王满囷，教授，主要从事化学生态学研究；E-mail：mqwang@ mail. hzau. edu. cn

基酸序列一致性，而在不同种昆虫间有 10%～15% 的氨基酸序列一致性（Pelosi *et al.*, 2018b; Rihani *et al.*, 2021）。

蚕蛾 *Bombyx mori* PBP 的三维结构是最早解析出的 OBPs 三维结构。在 2000 年的两项研究中，分别使用核磁共振和 X 射线晶体衍射技术解析了 BmorPBP 的三维结构（Damberger *et al.*, 2000; Sandler *et al.*, 2000）。在此之后，有超过 20 个 OBPs 的三维结构得到解析。综合这些研究结果，典型 OBPs 的三维结构具有 6 个 α 螺旋，形成一个可以容纳气味分子的疏水口袋，然后通过保守半胱氨酸之间形成的 3 个互锁二硫键进一步稳定结构。另外，还有一些 OBPs 的三维结构显示出少于或多于 3 个二硫键，分别称为 minus-C 或者 plus-C OBPs（Lagarde *et al.*, 2011; Spinelli *et al.*, 2012; Tsitsanou *et al.*, 2013）。尽管不同种昆虫 OBPs 的氨基酸序列多样，但昆虫 OBPs 的三维结构高度保守。

2 气味结合蛋白的功能

早期有关昆虫 OBPs 功能的研究认为 OBPs 仅参与昆虫嗅觉感受过程，而后续随着对 OBPs 研究的深入，发现 OBPs 不仅与嗅觉感受有关，还参与了许多复杂的生理过程。

关于 OBPs 的嗅觉功能，虽然研究者们都认为 OBPs 的确参与昆虫的嗅觉感受，但是对于 OBPs 在嗅觉感受中扮演的角色又有不同的认识，并提出了 OBPs 不同的工作模型。目前被大家广泛接受和认可的是 OBPs 结合、溶解气味分子，跨越感器淋巴液将其运输至 OSNs 树突周围的工作模型（Leal, 2013）。这一模型有以下几点证据支持：OBPs 大量存在于感器淋巴液；OBPs 在体外可以结合气味分子；气味分子大多数是疏水的，而感器淋巴液是亲水的。这一模型肯定了 OBPs 在解译气味特征和强度方面的贡献（Sun *et al.*, 2018a）。一个非常有代表性的例子就是果蝇的 OBP76a（LUSH），研究发现 LUSH 可以结合果蝇信息素顺式醋酸乙烯酯（cis-vaccenyl acetate, cVA）。在 LUSH 的突变体实验中，表达 LUSH 的 T1 神经元对 cVA 的电生理响应减弱，并且 cVA 对雌雄果蝇的吸引能力降低。而重组蛋白（rLUSH）的拯救实验可以逆转 LUSH 突变体果蝇以上的缺陷（Xu *et al.*, 2005）。

近年来有研究报道了 OBPs 对昆虫气味反应时间参数的影响。例如，同时敲除果蝇 OBP83a 和 OBP83b 并没有影响气味反应的激活但延长了气味反应的失活（Scheuermann and Smith, 2019）；而敲除果蝇 OBP28a 却引起了更强的气味初始反应和更短的失活反应（Larter *et al.*, 2016）。另外，最新的一项研究发现，在敲除 BmorPBP1 后，家蚕雄蛾触角对蚕醇和蚕蛾性诱醇响应的时间动力学参数发生了变化，即复苏时间常数、反应终止时间都被延长。这些变化最终导致雄蛾要花费更长的时间来定位性信息素源和雌蛾（Shiota *et al.*, 2021）。这些研究都加深了大家对 OBPs 在昆虫嗅觉感受中所起作用的认识。

关于 OBPs 非嗅觉功能的研究目前已经有很多的报道。如研究发现果蝇的 OBP59a、OBP19a 分别参与了果蝇的湿度感知和氨基酸检测（Sun *et al.*, 2018b; Rihani *et al.*, 2019）；Ishida 等发现黑丽蝇 *Phormia regina* 的 OBP56a 可以在取食过程中帮助消化和吸收脂肪酸（Ishida *et al.*, 2013）；Benoit 等（2017）报道了采采蝇 *Glossina* spp. 的 OBP6

参与了造血和伤口愈合过程；Wang 等（2020）还报道了棉铃虫 Helicoverpa armigera 的 OBP3 和 OBP6 可以与脂质结合，为棉铃虫飞行活动提供能量。

3 气味结合蛋白与配体的互作

基于 OBPs 无配体（apo）和配体结合状态三维结构的解析，研究人员开展了对 OBPs 与气味分子互作方式的研究。Drakou 等（2017）解析了冈比亚按蚊 AgamOBP1-Icaridin 复合物的晶体结构，揭示了 Icaridin 与 AgamOBP1 结合的两个不同的结构位点，即传统的 DEET 结合位点和 C 端区的第二个结合位点。其中 Icaridin 1A 和 Icaridin 1B 结合在 DEET 结合位点；Icaridin 2A 和 Icaridin 2B 则结合在第二个结合位点上。并且 Icaridin 均是通过与结合位点残基或结晶水分子形成氢键作用结合。而库蚊 Culex quinquefasciatus 的 CquiOBP1 与产卵信息素（5R，6S）-6-乙酰氧基-5-十六醇（MOP）的晶体结构显示，MOP 的脂质尾部结合在由 CquiOBP1 的第 4 和第 5 α 螺旋形成的疏水通道中，而乙酰酯头部"插入"结合腔的中央，被埋在一个由 Tyr10、Leu80、Ala88、Met91、His121、Phe123 形成的疏水小区。MOP 只通过疏水作用和范德华力与 CquiOBP1 的结合腔作用，而没有形成氢键（Mao et al.，2010）。

一般认为 OBPs 以单体的形式与配体互作，但是 Wogulis 等（2006）解析出了冈比亚按蚊 AgamOBP1 同源二聚体晶体结构，并且 AgamOBP1 拥有一个独特的结合腔，这个结合腔由单体的结合口袋相连，形成连续的长通道，聚合物 PEG 就结合在这个长通道中。在 AgamOBP1 同源二聚体的启示下，Andronopoulou 等（2006）进行了 AgamOBPs 之间的互作研究。利用酵母双杂交、免疫共沉淀、化学交联法检测 OBPs 之间是否存在互作。结果发现 AgamOBP1 和 AgamOBP4 可以通过蛋白质相互作用形成异源二聚体。之后在二者混合蛋白与荧光探针 1-NPN 的结合实验中又发现其结合曲线、斯卡查德图与单一 OBP 不同，显示出 AgamOBP1 和 AgamOBP4 之间存在配体结合的正协同效应，并且这种效应可能会增强与配体的结合力。这样的现象可以解释为什么单独的 AgamOBP1 在体外不能结合吲哚，而敲除 AgamOBP1 却能引起冈比亚按蚊对吲哚的行为缺陷。后续的原位杂交实验显示，AgamOBP1 和 AgamOBP4 共表达在同一感器内，为 AgamOBP1 和 AgamOBP4 的互作提供了生理上的证据（Qiao et al.，2011）。近年来，在其他昆虫中也陆续报道了 OBPs 之间存在协同作用，通过形成异源二聚体，在与配体互作时产生正协同效应，增大其与配体的结合力，并且在生理方面只有 2 个 Obps 的同时缺失才能引起昆虫对气味物质的行为反应的完全缺陷（Wang et al.，2013；Zhang et al.，2017；Wei et al.，2020；Jing et al.，2021；Wang et al.，2021）。可见 OBPs 以异源二聚体的形式行使功能在昆虫中很可能是普遍存在的。OBPs 之间的协同作用，很可能会影响 OBPs 与配体的结合特性及其与气味受体的互作。这样的结果为 OBPs 与配体的互作提供了新的形式，但目前仍缺乏更多可靠的生物学证据支持。

4 气味结合蛋白结合释放配体的机制

在 OBPs 结合运输气味分子的工作模型中，提出了一个关键问题即 OBPs 如何在结合气味分子的同时又能在之后将其释放？研究人员对 OBPs 与气味分子互作的研究精细地回答了这一问题，提出了 OBPs 配体结合释放机制，即 OBPs 结合释放配体基于其依赖酸碱度的构象变化。这一机制的描述最早是在家蚕 BmorPBP1 三维结构的研究中。首先 BmorPBP1 的 C 端区域较长有形成一个新的 α 螺旋的前提。在 pH 值较低的环境下，C 端区的保守组氨酸以质子化形式存在，促进了新 α 螺旋的形成，而这个 α 螺旋正好占据了结合腔的大部分空间，因此，在低 pH 值环境下配体很难与结合腔结合。而在中性 pH 值条件下，质子化的组氨酸恢复之前的状态导致结合腔内的 α 螺旋消失，配体便能与结合腔结合（Wojtasek and Leal，1999；Sandler et al.，2000）。而在双翅目昆虫中 OBPs 这一构象变化机制又有所不同。AgamOBP1、CquiOBP1、AaegOBP1 的 C 端 loop 区的长度不足以形成一个新的 α 螺旋，但却能通过氢键作用覆盖着结合腔，维持配体与结合腔的结合。而在低 pH 值条件下，这种氢键作用消失，配体便脱离了结合腔（Wogulis et al.，2006；Leite et al.，2009；Mao et al.，2010）。上述 OBPs 结构生物学方面的研究所揭示的机制正好又与昆虫嗅觉感器内环境状态相吻合，即从感器穿孔直至 OSNs 树突附近的确存在一个从高到低的 pH 值转变。因此，OBPs 配体结合释放机制很好地支持了 OBPs 结合运输气味分子的模型。

5 讨论

寻找和开发农业害虫和媒介昆虫引诱剂和驱避剂是实现害虫行为调控的重要途径。近些年来，"反向化学生态学"成为筛选昆虫行为活性物质的重要策略之一，即基于候选化合物和嗅觉蛋白之间的分子相互作用，筛选出能够干扰昆虫嗅觉介导的行为反应的新型行为活性化合物。由于 OBPs 分子量小、可溶解、稳定，同时其表达纯化简单、成本低廉，此策略在 OBPs 上广泛应用（Brito et al.，2020）。但是如果仅仅基于 OBPs 与气味分子的结合实验和行为反应评估实验进行昆虫行为活性化合物的筛选，虽然简单快速，但也会遇到筛选到的行为活性化合物生物活性低的情况，这可能是由于目前所用的蛋白质-小分子互作技术的限制。未来应在进一步探明 OBPs 与配体互作机制的基础上，利用计算机手段基于蛋白-配体结合模式的相似性进行虚拟筛选，或者对已知生物活性的亲代化合物进行结构优化，最后再利用行为实验对候选活性化合物进行评估，将极大程度地提高了行为活性化合物筛选的效率与质量。

参考文献

那杰，白旭，郭瑞，等，2015. 昆虫气味认知的嗅觉神经结构及分子机制［J］. 现代生物医学进展，15：749-755.

Andronopoulou E, Labropoulou V, Douris V, et al., 2006. Specific interactions among odorant-binding proteins of the African malaria vector *Anopheles gambiae*［J］. Insect Mol Biol., 15：797-811.

Brito N F, Moreira M F, Melo A C A, 2016. A look inside odorant-binding proteins in insect chemoreception［J］. J Insect Physiol, 95：51-65.

Damberger F, Nikonova L, Horst R, et al., 2000. NMR characterization of a pH-dependent equilibrium between two folded solution conformations of the pheromone-binding protein from *Bombyx mori*［J］. Protein Sci., 9：1038-1041.

Drakou C E, Tsitsanou K E, Potamitis C, et al., 2017. The crystal structure of the AgamOBP1*Icaridin complex reveals alternative binding modes and stereo-selective repellent recognition [J]. Cell Mol Life Sci., 74: 319-338.

Hekmat-Scafe D S, Scafe C R, McKinney A J, et al., 2002. Genome-wide analysis of the odorant-binding protein gene family in *Drosophila melanogaster* [J]. Genome Res, 12: 1357-1369.

Ishida Y, Ishibashi J, Leal W S, 2013. Fatty Acid Solubilizer from the Oral Disk of the Blowfly [J]. PLoS ONE, 8: e51779.

Jing D P, Prabu S, Zhang T T, et al., 2021. Genetic knockout and general odorant-binding/chemosensory protein interactions: Revealing the function and importance of GOBP2 in the yellow peach moth's olfactory system [J]. Int J Biol Macromol, 193: 1659-1668.

Lagarde A, Spinelli S, Qiao H L, et al., 2011. Crystal structure of a novel type of odorant-binding protein from *Anopheles gambiae*, belonging to the C-plus class [J]. Biochem J, 437: 423-430.

Larter N K, Sun J S, Carlson J R, 2016. Organization and function of *Drosophila* odorant binding proteins [J]. Elife, 5: e20242.

Leal W S, 2013. Odorant Reception in Insects: Roles of Receptors, Binding Proteins, and Degrading Enzymes [J]. Annu Rev Entomol, 58: 373-391.

Mao Y, Xu X Z, Xu W, et al., 2010. Crystal and solution structures of an odorant-binding protein from the southern house mosquito complexed with an oviposition pheromone [J]. Proc Natl Acad Sci USA, 107: 19102-19107.

Pelosi P, Iovinella I, Zhu J, et al., 2018. Beyond chemoreception: diverse tasks of soluble olfactory proteins in insects [J]. Biol Rev Camb Philos Soc., 93: 184-200.

Qiao H L, He X L, Schymura D, et al., 2011. Cooperative interactions between odorant-binding proteins of *Anopheles gambiae* [J]. Cell Mol Life Sci., 68: 1799-1813.

Rihani K, Ferveur J F, Briand L, 2021. The 40-Year Mystery of Insect Odorant-Binding Proteins [J]. Biomolecules, 11: 509.

Rihani K, Fraichard S, Chauvel I, et al., 2019. A conserved odorant binding protein is required for essential amino acid detection in Drosophila [J]. Commun Biol., 2: 425.

Sandler B H, Nikonova L, Leal W S, et al., 2000. Sexual attraction in the silkworm moth: structure of the pheromone-binding-protein-bombykol complex [J]. Chem Biol, 7: 143-151.

Scheuermann E A, Smith D P, 2019. Odor-Specific Deactivation Defects in a Drosophila Odorant-Binding Protein Mutant [J]. Genetics, 213: 897-909.

Shiota Y, Sakurai T, Ando N, et al., 2021. Pheromone binding protein is involvedin temporal olfactory resolution in the silkmoth [J]. iScience, 24: 103334.

Spinelli S, Lagarde A, Iovinella I, et al., 2012. Crystal structure of *Apis mellifera* OBP14, a C-minus odorant-binding protein, and its complexes with odorant molecules [J]. Insect Biochem Mol Biol., 42: 41-50.

Su C Y, Menuz K, Carlson J R, 2009. Olfactory perception: receptors, cells, and circuits [J]. Cell, 139: 45-59.

Sun J S, Gorur-Shandilya S, Demir M, et al., 2018b. Humidity Response Depends on the Small Soluble Protein Obp59a in *Drosophila* [J]. Elife, 7: e39249.

Sun J S, Xiao S, Carlson J R, 2018a. The diverse small proteins called odorant-binding proteins [J]. Open Biol., 8: 180208.

Tsitsanou K E, Drakou C E, Thireou T, et al., 2013. Crystal and Solution Studies of the "Plus-C" Odorant−binding Protein 48 from *Anopheles gambiae*: control of binding specificity through three−dimensional domain swapping ［J］. J Biol Chem., 288: 33427−33438.

Vogt R G, Riddiford L M, 1981. Pheromone binding and inactivation by moth antennae ［J］. Nature, 293: 161−163.

Wang B, Guan L, Zhong T, *et al.*, 2013. Potential Cooperations between Odorant−Binding Proteins of the Scarab Beetle *Holotrichia oblita* Faldermann (Coleoptera: Scarabaeidae) ［J］. PLoS ONE, 8: e84795.

Wang Q, Liu J T, Zhang Y J, *et al.*, 2021. Coordinative mediation of the response to alarm pheromones by three odorant binding proteins in the green peach aphid *Myzus persicae* ［J］. Insect Biochem Mol Biol., 130: 103528.

Wang S, Minter M, Homem R A, *et al.*, 2020. Odorant binding proteins promote flight activity in the migratory insect, *Helicoverpa armigera* ［J］. Mol Ecol., 29: 3795−3808.

Wei H S, Duan H X, Li K B, *et al.*, 2020. The mechanism underlying OBP heterodimer formation and the recognition of odors in *Holotrichia oblita* Faldermann ［J］. Int J Biol Macromol, 152: 957−968.

Wogulis M, Morgan T, Ishida Y, *et al.*, 2006. The crystal structure of an odorant binding protein from *Anopheles gambiae*: evidence for a common ligand release mechanism ［J］. Biochem Biophys Res Commun., 339: 157−164.

Wojtasek H, Leal W S, 1999. Conformational change in the pheromone−binding protein from Bombyx mori induced by pH and by interaction with membranes ［J］. J Biol Chem., 274: 30950−30956.

Zhang R B, Wang B, Grossi G, *et al.*, 2017. Molecular Basis of Alarm Pheromone Detection in Aphids ［J］. Curr Biol., 27: 55−61.

夜蛾科昆虫化学感受蛋白研究进展

吴丽红[*]，张继康，王 凯，谢桂英，杨淑芳，林榕梅^{**}，赵新成^{**}

（河南省害虫绿色防控国际联合实验室/河南省害虫生物防控工程实验室/
河南农业大学植物保护学院，郑州 450002）

摘 要：化学感受蛋白（Chemosensory proteins，CSPs）是昆虫嗅觉系统的重要组成部分，在黑腹果蝇（*Drosophila melanogaster*）中首次被报道。随着基因组和转录组测序技术的不断发展，越来越多昆虫的 CSPs 得到鉴定。CSPs 不仅广泛分布于昆虫的化学感受器官中，而且在非感受器官中也大量表达，能识别和结合化学分子并且参与昆虫的多种生理活动。本文从化学感受蛋白的发现和命名、结构和表达部位以及功能这几个方面阐述夜蛾科昆虫中相关的研究，以期今后为防治夜蛾科害虫开发新途径提供理论基础和参考建议，为未来防控治理夜蛾科害虫提供新的思路和靶标途径。

关键词：夜蛾科；化学感受蛋白；结构；功能

Research Progress on Chemoreceptor Proteins in Insects of the Family Noctuaridae

Wu Lihong[*], Zhang Jikang, Wang Kai, Xie Guiying, Yang Shufang,
Lin Rongmei^{**}, Zhao Xincheng^{**}

（*Henan International Laboratory for Green Pest Control，Henan Engineering Laboratory of Pest Biological Control；College of Plant Protection，Henan Agricultural University，Zhengzhou 450002，China*）

Abstract：Chemosensory proteins（CSPs），an important component of the olfactory system of insects，were first reported in Drosophila melanogaster. With the continuous development of genome and transcriptome sequencing technology，more and more insects have been identified CSPs. CSPs are not only widely distributed in the chemoreceptors of insects，but also expressed in a large number of non-receptors，can recognize and bind chemical molecules and participate in a variety of physiological activities of insects. This paper expounds the relevant research in insects of the family Noctuinidae from the aspects of the discovery and naming，structure and expression site and function of chemoreceptor proteins，in order to provide a theoretical basis and reference suggestions for the development of new ways to control and control noctuidae pests in the future，and provide new ideas and target approaches for the future prevention and control of noctuid moths.

Key words：Noctuaridae；Chemosensory proteins；Construction；Function

* 第一作者：吴丽红；E-mail：wulihong202203@ 163. com

** 通信作者：林榕梅；E-mail：rmlin@ henau. edu. cn

赵新成；E-mail：armigera@ 163. com

在长期进化过程中，昆虫演变出特有的能与外界环境进行信息交流的感受机制，如嗅觉、味觉、触觉等；嗅觉在昆虫的多种生理行为中起重要作用，通过灵敏的嗅觉识别环境中的各种刺激因子，从而完成取食、寻偶、交配、产卵、交流、趋避等重要生命活动（Pilpel et al., 1999；Schneider et al., 1969；Ecological et al., 2020）。多种与嗅觉相关的蛋白参与昆虫的嗅觉识别过程，参与的主要蛋白家族包括气味结合蛋白（Odorant-binding Proteins，OBPs）、化学感受蛋白（Chemosensory Proteins，CSPs）、感觉神经元膜蛋白（Sensory Neuron Membrane Proteins，SNMPs）、气味受体（Odorant Receptors，ORs）、离子型受体（Ionotropic Receptors，IRs）和气味降解酶（Odorant Degrading Enzyme，DE）等（Liu et al., 2021；Liu et al., 2014；Tian et al., 2013）。在昆虫中，气味感知从嗅觉器官起始，其中 OBPs 和 CSPs 这两个可溶性蛋白家族在嗅觉检测的第一步中起着至关重要的作用；与 OBPs 相比，CSPs 在非嗅觉组织中表达更多，其功能也不尽相同（Getahun et al., 2016；Chang et al., 2017）。CSPs 与 OBPs 虽然有一些共同的特征，但它们不具有序列同源性，并且它们代表两个不同的类别（Wanner et al., 2004）。在化学感受器的淋巴中产生的 OBPs 和 CSPs 与外部环境中的化学线索结合，之后借助感受器淋巴将两者传递给 ORs，从而激活信号转导（He et al., 2018；Jacquin-Joly, 2004；He et al., 2019；Pelosi et al., 2018；Chen et al., 2018），引发昆虫相应的行为反应。

夜蛾科 Noctuid 昆虫的嗅觉刺激因子大体可以分为种内信息素和植物挥发物两种，前者主要引发雌雄之间求偶、交配等活动，后者引发觅食、产卵等其他活动（Lisa et al., 2014；Ando et al., 2004）。由于夜蛾科昆虫种类繁多，在我国及世界各地均有分布，且其中大多数属于农业害虫，对农业造成严重为害，如小地老虎（Agrotis ypsilon）、棉铃虫（Helicoverpa armigera）、草地贪夜蛾（Spodoptera frugiperda）、烟青虫（Helicoverpa assulta）、斜纹夜蛾（Spodoptera litura）、甜菜夜蛾（Spodoptera exigua）、黏虫（Mythimna separate）、甘蓝夜蛾（Mamestra brassicae）等。长期以来，夜蛾科害虫的防治主要采用化学手段，但由于其分布范围广、飞行能力强及抗药性产生速度快等特点，使传统杀虫剂的效果逐年下降。故迫切地需要找到一条有别于化学防治的路线，科学家经过多年研究发现昆虫嗅觉系统是一个很好的着力点。在昆虫的嗅觉系统中 CSPs 扮演着至关重要的角色，对其进行研究具有很大的价值，所以本文详细总结了夜蛾科昆虫的 CSPs 的研究情况，从 CSPs 的发现、结构及功能等方面进行描述，以期为今后防治夜蛾科害虫开发新途径提供理论基础和参考建议。

1 昆虫化学感受蛋白的发现和命名

科学家对嗅觉的研究始于动物能感觉到化学物质并引发交配、觅食等一系列行为。1981 年，科研人员在多音天蚕蛾（Antheraea polyphemus）触角中发现了可溶性气味结合蛋白（Vogt et al., 1981）。此后，其他昆虫的气味结合蛋白也被陆续报道，并且进行了更全面深入的研究。昆虫化学感受蛋白第一次被发现是在 1994 年，McKenna 等在黑腹果蝇（Drosophila melanogaster）中发现了一种在嗅觉中起作用的蛋白，并将其命名为 OS-D（McKenna et al., 1994；Pikielny et al., 1994），但当时并未发现其与化学感受存在关系。直到 1999 年，CSPs 在沙漠蝗（*Schistocerca gregaria*）中再次被发现，研究报道了其具有支持嗅觉和味觉的作用时，将其正式命名为化学感受蛋白（CSPs）（Hua *et al.*, 2021）。此后科研人员从多种昆虫的感觉器官中都分离到一组普遍存在的平均分子量为 13 kDa 的蛋白，它们被认为与化学交流和感知存在关系，因此被称为 CSPs（Campanacci *et al.*, 2001）。

近年来，基因组和转录组测序技术得到很好的发展，这使越来越有利于鉴定昆虫物种中的 CSPs（Liu *et al.*, 2014；Zhang, 2014；Cheng *et al.*, 2015；Ingham *et al.*, 2020）。目前，在夜蛾科昆虫中已经有多种物种鉴定出存在 CSPs，如甘蓝夜蛾、斜纹夜蛾、小地老虎、棉铃虫、粉纹夜蛾（*Trichoplusia ni*）、美洲棉铃虫（*Helicoverpa zea*）等都有相关报道。

2 昆虫化学感受蛋白的结构与表达部位

CSPs 是一种将化学信息传递到神经系统的酸性可溶性蛋白质，由 100~120 个氨基酸组成，分子量为 12~14 kDa（Wanner *et al.*, 2004；Maleszka *et al.*, 2007）。CSPs 在昆虫各种化学感受器的淋巴液中含量丰富，并能与不同的有机分子如信号化学物质和信息素相结合（图 1）。CSPs 的三维折叠结构高度稳定和致密，其大部分残基形成了 α-螺旋结构域（Wanner *et al.*, 2004；Maleszka *et al.*, 2007）。

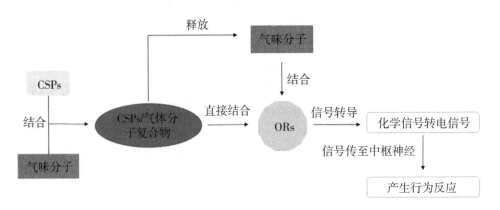

图 1 化学感受蛋白作用机制

CSPs 在昆虫的许多器官、组织中广泛表达，包括触角（González *et al.*, 2009；Jacquin-Joly *et al.*, 2001）、鼻须（Nagnan-Le *et al.*, 2000）、腿（Aya *et al.*, 1998）、翅（Ban *et al.*, 2003）、信息素腺体（Jacquin-Joly *et al.*, 2001）等。CSPs 家族的许多成员都具有几个相同的保守序列，包括 N 端的 YTTKYDN [V/I] [N/D] [L/V] DEIL；中心区的 DGKELKXX [I/L] PDAL；C 端的 KYDP（Wanner *et al.*, 2004）。研究证明，CSPs 的 4 个半胱氨酸是保守的并且形成 2 个二硫键，没有翻译后修饰，这是迄今为止发现的所有 CSPs 的一致特征（Jacquin-Joly *et al.*, 2001）。以下是部分已发现的夜蛾科昆虫的 CSPs 结构及表达部位（表 1）。

表1 夜蛾科昆虫化学感受蛋白组成及其表达部位

物种	感受蛋白名称	表达部位	参考文献
甘蓝夜蛾 *Mamestra brassicae*	MbraCSPA1	喙	Nagnan-Le *et al.*, 2000
	MbraCSPA2	喙	—
	MbraCSPA3	喙	—
	MbraCSPA4	喙	—
	MbraCSPA5	喙	—
	MbraCSPA6	触角、喙、性腺	Jacquin-Joly *et al.*, 2001
	MbraCSPB1	喙、性腺	Nagnan-Le *et al.*, 2000
	MbraCSPB2	喙	—
	MbraCSPB3	触角	Jacquin-Joly *et al.*, 2001
	MbraCSPB4	触角	—
粉纹夜蛾 *Trichoplusia ni*	Tni AY456191	触角、喙、上唇须、前跗节	Wanner *et al.*, 2004
斜纹夜蛾 *Spodoptera litura*	SlitCSP3	触角、喙、上唇须、前跗节	Singh *et al.*, 2020
小地老虎 *Agrotis ipsilon*	AipsCSP1	触角	Su *et al.*, 2019; Su *et al.*, 2020
	AipsCSP2	触角、性腺、喙、上唇须、下唇须、前跗节	—
	AipsCSP 3	触角	—
	AipsCSP 4	触角	—
	AipsCSP 5	触角	—
	AipsCSP 6	触角	—
	AipsCSP 7	触角	—
	AipsCSP8	触角、性腺、喙、上唇须、下唇须、前跗节	—
	AipsCSP 9	触角、喙、上唇须、下唇须、前跗节	—
	AipsCSP 10	触角、喙、上唇须、下唇须、前跗节	—
	AipsCSP 11	触角	—
	AipsCSP12	触角	—
美洲棉铃虫 *Helicoverpa zea*	HzeaCSP	触角、喙、上唇须、前跗节	Wanner *et al.*, 2004

（续表）

物种	感受蛋白名称	表达部位	参考文献
	HarmCSP2	翅膀、腿、腹部	Li Z Q et al., 2015
	HarmCSP5	触角	—
	HarmCSP6	触角	—
	HarmCSP7	大多数组织	—
	HarmCSP8	大多数组织	—
	HarmCSP9	喙	—
	HarmCSP10	翅膀、腿、腹部	—
	HarmCSP11	喙	—
	HarmCSP12	喙	—
	HarmCSP13	大多数组织	—
	HarmCSP14	大多数组织	—
棉铃虫	HarmCSP15	翅膀、腿、腹部	—
Helicoverpa armgera	HarmCSP16	大多数组织	—
	HarmCSP18	性腺	—
	HarmCSP19	喙	—
	HarmCSP20	翅膀、腿、腹部	—
	HarmCSP21	翅膀、腿、腹部	—
	HarmCSP22	大多数组织	—
	HarmCSP23	性腺	—
	HarmCSP24	翅膀、腿、腹部	—
	HarmCSP25	翅膀、腿、腹部	—
	HarmCSP26	翅膀、腿、腹部	—
	HarmCSP27	翅膀、腿、腹部	—

2.1 甘蓝夜蛾

甘蓝夜蛾的 CSPs 由 112 个残基组成，全长为 13 072 Da，N-端序列为 EDKYTD-KYDNI，并具有 4 个保守的半胱氨酸。折叠成近似球形，并且具螺旋二级结构，包含 7 个 α 螺旋和 2 个短延伸结构（Campanacci et al., 2001）。在 MbraCSPA6 中，位于特殊位置的酪氨酸残基和色氨酸残基承担起作为疏水口袋的门，且位于疏水口袋两端的残基也是保守的。MbraCSPs 不仅在触角、喙和下颚须这些化学感受器中表达，而且在没有任何化学感受器官的性信息素腺体中也表达（Jacquin-Joly et al., 2001）。

2.2 棉铃虫

在棉铃虫中已鉴定出 HarmCSP2、HarmCSP5、HarmCSP6 等 24 个 CSPs。在幼虫的组织中有 4 个 HarmCSPs 特异性表达,但存在 13 个 HarmCSPs 在成虫和幼虫的组织中广泛表达,剩下的只在成虫中有特异性表达;HarmCSP27 和 HarmCSP13 与其他的 HarmCSPs 在结构上存在差异,其他的 HarmCSPs 都具有 4 个保守的半胱氨酸残基,但 HarmCSP27 的结构是不完整的,而 HarmCSP13 具有 3 个保守的半胱氨酸残基(Chang et al., 2017;Li et al., 2015;Zhang et al., 2015)。

2.3 斜纹夜蛾

在斜纹夜蛾的研究中发现,大多数 SlitCSPs 在雌性触角、雄性触角、性腺中的表达水平相似;但 SlitCSP3 和 SlitCSP14 在性腺中的表达显著高于其他组织。科研人员在其性腺中发现了 39 个基因,包括 25 个 OBPs 和 14 个 CSPs 基因(Zhang et al., 2015)。而 SlitCSP3 中存在 6 个 α-螺旋排列成棱柱,及 1 个由亮氨酸和异亮氨酸形成的疏水结合口袋(Zhang Sujata et al., 2020)。

3 昆虫化学感受蛋白的可能存在的功能

系统发育分析表明,在一个给定的物种中存在多种 CSPs,且呈现出功能的多样化(Jacquin-Joly et al., 2001)。相关研究报道,一种 CSPs 可在多种器官或组织中同时表达,从而推测 CSPs 可能同时参与昆虫的多种生理活动(Li et al., 2020;Qu et al., 2020;Li et al., 2021)。

(1)具有嗅觉功能:在对甘蓝夜蛾的研究中发现,其 CSPs 能与性信息素、脂肪酸及脂肪酸衍生物结合,但不能与非脂肪酸化合物结合;利用免疫组织化学定位技术发现在感觉器淋巴液中有 MbraCSPA6 表达,因此推测昆虫的 CSPs 可能具有部分嗅觉功能(Jacquin-Joly et al., 2001;Nagnan-Le et al., 2000;Gaia et al., 2002)。

(2)作为植物挥发物、信息素等分子的载体:在信息素腺体中表达的 CSPs 可以非特异性地结合信息素成分,并通过细胞质将信息素成分运输到细胞膜外(Jacquin-Joly et al., 2001)。在对甘蓝夜蛾的研究中发现,用具有放射性标记的性信息素进行触角和性腺的结合实验,结果都显示出较好的结合特性。同种或相似的 CSPs 不仅能在嗅觉器官中感知环境中的信息素,而且能在某些分泌器官中释放相应的信息素。比如,在性腺中,性腺会分泌 CSPs 并将其释放到环境中,此时的 CSPs 会发挥溶解疏水信息素的功能(Jacquin-Joly et al., 2001)。同时,性腺中 SlitCSP3、SlitCSP14 表现出偏向表达,表明这些基因可能在性信息素化合物和植物挥发物的结合和运输中发挥重要作用(Zhang et al., 2015)。在对棉铃虫的研究中发现,HarmCSPs 对胡萝卜素的亲和性表明,其在昆虫取食的过程中具有溶解和运载疏水性营养物质的功能(Liu et al., 2014)。但 HarmCSP5 可能发挥识别气味的作用且能够与植物挥发物 4-乙基苯甲醛和 3,4-二甲基苯甲醛结合,而 HarmCSP6 没有表现出与任何植物挥发物有显著的结合亲和力,反而对性信息素组分有较强的特异性结合(Tian et al., 2013)。

(3)作为视觉色素的载体:研究发现 CSPs 在棉铃虫的复眼中大量表达,其参与了类胡萝卜素和视觉色素的运输。结构上相似的 CSPs 在口器中溶解具有重要营养价值的类胡萝卜素，同时在复眼中作为β-胡萝卜素及其衍生产物3-羟基视黄醇的载体（Zhu，et al.，2016）。

（4）作为表面活性剂：棉铃虫的触角中存在一种独有且表达量丰富的CSPs，其作为一种表面活性物质以降低水中营养物质的表面张力，从而降低昆虫吸吮过程中的压力；这一特性并不是CSPs所独有的。研究发现HarmCSP4具有表面活性作用，认为其利用该作用辅助取食；且HarmCSP4对疏水化合物有良好的亲和力，推测其可能有助于溶解萜类化合物（Liu，et al.，2014）。

4 结论与讨论

探究在感觉和非感觉组织中都存在的蛋白质的功能将是很有趣的，这些蛋白质在不同昆虫中具有保守的氨基酸序列（Nagnan-Le et al.，2000）。对昆虫而言，其与环境之间的信息交流对昆虫的生命活动至关重要。在昆虫所有的感受器中基本都有CSPs的表达，其主要对环境中的刺激因子进行感受、运输、传导等。对嗅觉系统的分子基础研究将为嗅觉研究的关键领域提供一些新的见解；同时，对昆虫化学感受蛋白的深入研究不仅有利于揭露昆虫与环境之间相互作用的规律，而且能认识到昆虫对环境刺激因子的感受机制，进而阐明昆虫嗅觉系统与其行为反应之间的本质。

CSPs的研究有助于在分子水平上更好地了解昆虫的化学感受机制，对CSPs的了解可能为更好地理解害虫控制策略提供一个良好的开端，也为昆虫种群控制提供了一个新的原始目标。CSPs的序列比OBPs更保守、表达更广泛，所以研究CSPs的功能具有更大的潜在价值，可以应用到更多的昆虫中，特别是针对CSPs研发的药物可能更不容易产生抗药性；但其生理作用仍有待进一步探究。因此，以CSPs功能研究为切入点对研究开发新的高效、环保、绿色的防治方法及技术有重要意义，为未来防控治理夜蛾科害虫提供新的思路和靶标途径。

一直以来，由于夜蛾科昆虫大多数属于植食性害虫，对农作物造成严重为害，所以夜蛾科害虫成为农林害虫防治的重要对象。由于CSPs在感觉和非感觉组织都存在表达，所以表明CSPs不仅参与了嗅觉活动，还参与其他生理活动，如作为植物挥发物、性信息、视觉色素的载体以及作为表面活性剂等。所以利用CSPs这些功能来开发新的防治手段进行害虫防治，特别是利用CSPs与气体分子结合的特性，筛选出与其高亲和性的分子来结合农药或者性诱剂进行害虫的捕杀，可以大大降低农药的使用量和提高性信息的引诱效率，为夜蛾科害虫的防治提供了新的方向。

参考文献

Ando Tetsu, Inomata Shin-Ichi, Yamamoto Masanobu, 2004. Lepidopteran sex pheromones［J］. Topics in Current Chemistry，239：51-96.

Aya Nomura Kitabayashi, Toshimitsu Arai, Takeo Kubo, et al.，1998. Molecular cloning of cDNA for p10, a novel protein that increases in the regenerating legs of Periplaneta americana（American cockroach）［J］. Insect Biochemistry and Molecular Biology，28（10）：785-790.

Ban L, Scaloni A, Brandazza A, et al.，2003. Chemosensory proteins of Locusta migratoria［J］. Insect Molecular Biology, 12 (2): 125-134.

Chang H T, Ai D, Zhang J, *et al.*, 2017. Candidate odorant binding proteins and chemosensory proteins in the larval chemosensory tissues of two closely related noctuidae moths, *Helicoverpa armigera* and *H. assulta* [J]. Plos One, 12 (6): e0179243.

Chen G L, Pan Y F, Ma Y F, *et al.*, 2018. Binding affinity characterization of an antennae-enriched chemosensory protein from the white-backed planthopper, *Sogatella furcifera* (Horváth), with host plant volatiles [J]. Pesticide Biochemistry and Physiology, 152: 1-7.

Cheng D F, Lu Y Y, Zeng L, *et al.*, 2015. Si-CSP9 regulates the integument and moulting process of larvae in the red imported fire ant, *Solenopsis invicta* [J]. Scientific Reports, 5 (1): 9245.

D. Schneider, 1969. Insect Olfaction: Deciphering System for Chemical Messages [J]. Science, 163 (3871): 1031-1037.

Gaia Monteforti, Sergio Angeli, Ruggero Petacchi, *et al.*, 2002. Ultrastructural characterization of antennal sensilla and immunocytochemical localization of a chemosensory protein in *Carausius morosus* Brünner (Phasmida: Phasmatidae) [J]. Arthropod Structure and Development, 30 (3): 195-205.

Getahun Merid N, Thoma Michael, Lavista-Llanos Sofia, *et al.*, 2016. Intracellular regulation of the insect chemoreceptor complex impacts odour localization in flying insects [J]. The Journal of Experimental Biology, 219 (Pt 21): 3428-3438.

González D, Zhao Q, McMahan C, *et al.*, 2009. The major antennal chemosensory protein of red imported fire ant workers [J]. Insect Molecular Biology, 18 (3): 395-404.

He P, Chen G L, Li S, *et al.*, 2018. Evolution and functional analysis of odorant-binding proteins in three rice planthoppers: *Nilaparvata lugens*, *Sogatella furcifera*, and *Laodelphax striatellus* [J]. Pest Management Science, 75 (6): 1606-1620.

He P, Durand Nicolas, Dong S L, 2019. Editorial: Insect Olfactory Proteins (From Gene Identification to Functional Characterization) [J]. Frontiers in Physiology, 10: 1313.

Hua J F, Fu Y J, Zhou Q L, *et al.*, 2021. Three chemosensory proteins from the sweet potato weevil, *Cylas formicarius*, are involved in the perception of host plant volatiles [J]. Pest Management Science, 77 (10): 4497-4509.

Ingham Victoria A, Anthousi Amalia, Douris Vassilis, *et al.*, 2020. A sensory appendage protein protects malaria vectors from pyrethroids [J]. Nature, 577 (7790): 376-380.

Jacquin-Joly E, Vogt R G, François M C, *et al.*, 2001. Functional and expression pattern analysis of chemosensory proteins expressed in antennae and pheromonal gland of *Mamestra brassicae* [J]. Chemical Senses, 26 (7): 833-844.

Jacquin-Joly Emmanuelle, Merlin Christine, 2004. Insect olfactory receptors: contributions of molecular biology to chemical ecology [J]. Journal of Chemical Ecology, 30 (12): 2359-2397.

Li Z B, Zhang Y Y, An X K, *et al.*, 2020. Identification of Leg Chemosensory Genes and Sensilla in the *Apolygus lucorum* [J]. Frontiers in Physiology, 11: 276.

Li Z Q, Zhang S, Luo J Y, *et al.*, 2015. Expression Analysis and Binding Assays in the Chemosensory Protein Gene Family Indicate Multiple Roles in *Helicoverpa armigera* [J]. Journal of Chemical Ecology, 41 (5): 473-485.

Li Z X, Liu L, Zong S X, *et al.*, 2021. Molecular Characterization and Expression Profiling of Chemosensory Proteins in Male Eogystia hippophaecolus (Lepidoptera: Cossidae) [J]. Journal of Entomological Science, 56（2）：217-234.

Lisa M. Knolhoff, David G, 2014. Heckel. Behavioral Assays for Studies of Host Plant Choice and Adaptation in Herbivorous Insects ［J］. Annual Review of Entomology, 59（1）：263-278.

Liu G X, Xuan N, Chu D, et al., 2014. Biotype expression and insecticide response of Bemisia tabaci chemosensory protein-1 ［J］. Archives of Insect Biochemistry and Physiology, 85（3）：137-151.

Liu J B, Liu H, Yi J Q, et al., 2021. Transcriptome Characterization and Expression Analysis of Chemosensory Genes in Chilo sacchariphagus（Lepidoptera Crambidae）, a Key Pest of Sugarcane & # 13 ［J］. Frontiers in Physiology, 12：636353.

Liu Y L, Guo H, Huang L Q, et al., 2014. Unique function of a chemosensory protein in the proboscis of two Helicoverpa species ［J］. The Journal of Experimental Biology, 217（Pt 10）：1821-1826.

Maleszka J, Forêt S, Saint R, et al., 2007. RNAi-induced phenotypes suggest a novel role for a chemosensory protein CSP5 in the development of embryonic integument in the honeybee（Apis mellifera）［J］. Development Genes and Evolution, 217（3）：189-196.

McKenna M P, Hekmat-Scafe D S, Gaines P, et al., 1994. Putative Drosophila pheromone-binding proteins expressed in a subregion of the olfactory system ［J］. The Journal of Biological Chemistry, 269（23）：16340-16347.

Nagnan-Le Meillour P, Cain A H, Jacquin-Joly E, et al., 2000. Chemosensory proteins from the proboscis of mamestra brassicae ［J］. Chemical Senses, 25（5）：541-553.

Pelosi P, Zhou J J, Ban L P, et al., 2006. Soluble proteins in insect chemical communication ［J］. Cellular and Molecular Life Sciences：Cmls, 63（14）：1658-1676.

Pelosi Paolo, Iovinella Immacolata, Zhu Jiao, et al., 2018. Beyond chemoreception：diverse tasks of soluble olfactory proteins in insects ［J］. Biological Reviews of the Cambridge Philosophical Society, 93（1）：184-200.

Pikielny C W, Hasan G, Rouyer F, et al., 1994. Members of a family of Drosophila putative odorant-binding proteins are expressed in different subsets of olfactory hairs ［J］. Neuron, 12（1）：35-49.

Pilpel Y, Lancet D, 1999. Olfaction. Good reception in fruitfly antennae ［J］. Nature, 398（6725）：285-287.

Qu M Q, Cui Y, Zou Y, et al., 2020. Identification and expression analysis of odorant binding proteins and chemosensory proteins from dissected antennae and mouthparts of the rice bug Leptocorisa acuta ［J］. Comparative Biochemistry and Physiology – Part D：Genomics and Proteomics, 33（C）：100631.

Sujata Singh, Chetna Tyagi, Irfan A. Rather, et al., 2020. Molecular Modeling of Chemosensory Protein 3 from Spodoptera litura and Its Binding Property with Plant Defensive Metabolites ［J］. International al Journal of Molecular Sciences, 21（11）：4073.

Vogt R G, Riddiford L M, 1981. Pheromone binding and inactivation by moth antennae ［J］. Nature, 293（5828）：161-163.

Wanner Kevin W, Willis Les G, Theilmann David A, et al., 2004. Analysis of the insect os–d–like gene family ［J］. Journal of Chemical Ecology, 30（5）：889-911.

Zhang T T, Wang W X, Zhang Z D, et al., 2013. Functional Characteristics of a Novel Chemosensory Protein in the Cotton Bollworm Helicoverpa armigera（Hübner）［J］. Journal of Integrative Agriculture, 12（5）：853-861.

Zhang Y N, Ye Z F, Yang K, et al., 2014. Antenna-predominant and male-biased CSP19 of Sesamia inferens is able to bind the female sex pheromones and host plant volatiles [J]. Gene, 536 (2): 279-286.

Zhang Y N, Zhu X Y, Fang L P, *et al.*, 2015. Identification and Expression Profiles of Sex Pheromone Biosynthesis and Transport Related Genes in *Spodoptera litura* [J]. Plos One, 10 (10): e0140019.

Zhu J, Iovinella Immacolata, Dani Francesca Romana, *et al.*, 2016. Conserved chemosensory proteins in the proboscis and eyes of Lepidoptera [J]. International Journal of Biological Sciences, 12 (11): 1394-1404.

昆虫血蓝蛋白的研究进展

高　昕*

（湖南农业大学植物保护学院，长沙　410125）

摘　要：血蓝蛋白又称为血蓝素，是一种含铜离子的呼吸蛋白，主要在某些节肢动物或者某些软体动物的血淋巴中富集。昆虫体内的血蓝蛋白具有参与氧气的运输、蛋白质储存、昆虫免疫、脂蛋白受体、抗菌等功能，对昆虫的生长发育及对环境的适应性有显著的影响。本文主要综述昆虫血蓝蛋白的结构进化、组成以及各种功能作用等。

关键词：昆虫；血蓝蛋白；结构进化；组成；调节

Progress in Research on the Function of Insect Hemocyanin

Gao Xin*

（*College of Plant Protection*，*Hunan Agricultural University*，*Changsha 410125*，*China*）

Abstract：Hemocyanin, also known as hemocyanin, is a respiratory protein containing copper ions, mainly enriched in the hemolymph of some arthropods and mollusks. It is one of the important respiratory proteins in insects and has a significant impact on the growth and development of insects and their adaptability to the environment. In recent years, the function of hemocyanin has been reported. This paper mainly reviews the structure evolution, composition and function of insect hemocyanin.

Key words：Insects；Hemocyanin；Structural evolution；Composition；Function

　　血蓝蛋白是存在于节肢动物和软体动物的血淋巴中的一种呼吸蛋白，它有 2 个亚铜离子，且这 2 个离子直接与多肽链相接，与氧结合后为蓝色，不与氧结合为无色（吕宝忠和杨群，2003）。但血蓝蛋白在一定条件下也易与结合的氧进行解离，是唯一可与氧进行可逆结合的含铜离子蛋白（章跃陵等，2007）。与血红蛋白类似，血蓝蛋白作为一种传递氧分子的氧载体，其主要生物学功能是参与呼吸作用（Immesherger and Burmester，2004）。但是血蓝蛋白的分子也极其复杂，功能也非常复杂多样化。为此，本文综述了血蓝蛋白的研究历史、结构、功能作用等，以期增强对昆虫血蓝蛋白的认识了解。

1　昆虫血蓝蛋白的结构与进化

　　节肢动物门的甲壳亚门、多足亚门中均含有血蓝蛋白。在甲壳动物中血蓝蛋白一直

---

* 第一作者：高昕；E-mail：1158284247@qq.com

被认为仅存在于软甲亚纲，但相关研究表明浆足纲中也存在血蓝蛋白；在多足动物和六足动物的血淋巴系统中曾被认为不存在血蓝蛋白，但后续研究证实昆虫的血淋巴系统中也存在血蓝蛋白，如蜉蝣和其他多种昆虫；在螯肢亚门中，血蓝蛋白较早发现于蛛形纲的蜘蛛，剑尾类的鲎和蝎类（谢维等，2011；杜前丽等，2021）。

昆虫体内的血蓝蛋白是一个超级大家族，由血蓝蛋白、酪氨酸酶、甲壳类拟血蓝蛋白、隐花青素、储存蛋白受体等组成；这些蛋白质关键元件的序列和结构高度保守（Burmester，2004）。其中，血蓝蛋白起源于耗氧酚氧化酶，但是酚氧化酶的起源尚不清楚（Burmester，2002；Hagner-Holler *et al.*，2007；Pick *et al.*，2009；谢维等，2011）。酚氧化酶与血蓝蛋白的分化可能是在新元古代 Neoproterozoic 中期随着大气氧气和动物体型的增加而独立发生的（Burmester *et al.*，2007；Pushie *et al.*，2014；Burmester，2015）。直到 4 亿年前，昆虫血蓝蛋白和昆虫储存蛋白才从软甲纲血蓝蛋白中分化出来（Burmester，2001）。节肢动物的血蓝蛋白由六聚体或以六聚体为单位构成的复合六聚体所组成。六聚蛋白又分为富含芳香族氨基酸的和富含甲硫氨酸的 2 个类群。昆虫血蓝蛋白是由分子量约为 75 kDa 的单体组成的六聚体或六聚体寡聚物（Markl *et al.*，1992）。尽管昆虫中血蓝蛋白存在两种不同的亚基类型，但仍然无法确定昆虫血蓝蛋白是六聚体单体还是多聚六聚体。目前仅在弹尾目（Collembola）中发现：血蓝蛋白是由 2 个单体（分子量 73~83 kDa）以垂直 90° 的方式排列组成的二聚六聚体（Schmidt *et al.*，2019）。

血蓝蛋白由 3 个结构域组成：第一个结构域主要由 α 螺旋构成，通过超二级结构形成稳定的螺旋束，N 端包括 150~180 个氨基酸；第二个结构域则由 2 个铜离子结合位点组成，这 2 个结合位点均由 2 个 α 螺旋组成，且在每个 α 螺旋中通过 3 个组氨酸残基与铜离子结合；第三个结构域主要由 β 折叠组成，位于 C 端，并通过折叠形成 7 股反向平行 β 桶结构（Linzen *et al.*，1985；Markl *et al.*，1992）。血蓝蛋白的不同结构域拥有不同功能。例如，血蓝蛋白 N 端结构域 loop 区的保守占位残基 Phe49 的构象变化能够激活血蓝蛋白的酚氧化酶活性；位于活性部位 α 螺旋区的 6 个保守组氨酸残基能够螯合 1 对铜离子，结合 1 个氧分子；C 端结构域则能参与生物的免疫应答反应（Magnus *et al.*，1994；Cong *et al.*，2009；Zhao *et al.*，2012；Qin *et al.*，2018；Nangong *et al.*，2020）。

甲壳动物与六足动物血蓝蛋白的并系在血蓝蛋白的发育进化过程中，共同构成了泛甲壳动物（Pick *et al.*，2009；Rehm *et al.*，2012）。随着时间的推移和生态环境的变化，昆虫血蓝蛋白进化出 2 个亚基，即亚基 1（Hc1）和亚基 2（Hc2），并且这两个亚基独立进化；昆虫纲的 Hc1 与 Hc2 两支系的分化要早于昆虫纲的分化，同时二者之间的这种特征明显导致了双方之间亲和力的不同（Pick *et al.*，2008），Hc1 与 Hc2 两支系已在革翅目（Dermaptera）、衣鱼目（Thysanura）、蜚蠊目（Blattaria）、等翅目（Isoptera）、直翅目（Orthoptera）等中发现（Pick *et al.*，2008）。昆虫血蓝蛋白亚基的分化要早于物种分化，这体现在不同阶元上，比如多足动物亚门中的亚基 C 和 D 与亚基 A 和 B，早在唇足纲与倍足纲分化之前就已经分开了（Scherbaum *et al.*，2018）。

2 昆虫血蓝蛋白的组成

目前已知的节肢动物血蓝蛋白超家族（haemocyanin superfamily）包括5个成员：酚氧化酶（phenoloxidase，PO）、血蓝蛋白（Hc）、甲壳动物拟血蓝蛋白（pseudohemocyanin，又名 cryptocyanin，PHc 或 Cc）、昆虫储存蛋白（hexamerin，Hx）和昆虫储存蛋白受体（hexamerin receptor，HxR）。它们有明显的序列相似性，但是功能各异（Burmester，2001）。

酚氧化酶是一组多铜蛋白，包括酪氨酸酶（单酚加氧酶，EC1.14.18.1），茶酚酶（EC1.10.3.1，邻苯二醇）和漆酶（EC1.10.3.2，对苯二醇）（Lage et al.，2008）。昆虫酚氧化酶由3型铜蛋白组成，包括3个组氨酸（H）残基和每个活性位点内的2个铜原子（Felipe et al.，2013）。在昆虫中，酪氨酸酶在微生物的黑色素催化过程中起着至关重要的作用，主要负责催化两个连续发生的氧依赖性反应。甲酚酶活性涉及酪氨酸羟基化为多巴胺，然后是氧化步骤（儿茶酚胺酶活性），包括多巴胺转化为多巴醌（Arakane，2005；Moysés et al.，2010）。研究发现酚氧化酶和其他血蓝蛋白家族成员有着显著的同源性（Fujimoto et al.，1995）。酚氧化酶和血蓝蛋白共同拥有的2个铜离子结合位点之间有密切的关联，6个结合铜离子的组氨酸残基严格保守（Lee et al.，1995）。酚氧化酶早期发现于六足动物的双翅目、鳞翅目、膜翅目和鞘翅目（Parkinson et al.，2001）、多足动物的倍足纲（Xylander et al.，1996），以及甲壳动物十足类中（Åspan et al.，1995），后来在甲壳动物等足目（Isopoda）中也有发现（Jaenicke et al.，2009）。酚氧化酶在各个节肢动物亚门分支之前就已经独立进化（Nagai et al.，1996）。酚氧化酶虽然与节肢动物以外的其他酪氨酸酶功能类似，但在序列结构方面二者有根本区别。

拟血蓝蛋白 PHc 主要存在于甲壳动物的血淋巴中，是一种具有储存作用的非呼吸功能蛋白，且其不会与铜离子结合，研究发现其仅在高等的十足目中存在（Burmester，1999）。拟血蓝蛋白虽不与铜离子结合，但它与血蓝蛋白在结构方面具有相似性，可能参与新的外骨骼的形成，与昆虫储存蛋白在功能上颇为类似（Terwilliger et al.，1999）。

储存蛋白 Hx 主要存在于昆虫的血淋巴中，与 PHc 相似，也不与铜离子结合，且与血蓝蛋白在结构序列上具有相似性。昆虫储存蛋白通常在幼虫的脂肪体内合成释放进入血淋巴并在其中积累，在末龄幼虫血淋巴中浓度达到高峰，因而一直被认为是昆虫的能量储存蛋白（Telfer et al.，1999）。昆虫储存蛋白还可作为载体参与亲脂性物质的运输（Haunerland，1986）。

昆虫储存蛋白受体 HxR 最早在双翅目中有被报道过（Burmester，1999），其同样也与其他血蓝蛋白家族成员在结构序列上具有相似性，主要负责虫体对储存蛋白的吸收。在幼虫高龄阶段，位于昆虫细胞表面特殊的储存蛋白受体对虫体吸收储存蛋白发挥着重要作用（Ueno et al.，1999）。

从以上内容来看，拟血蓝蛋白、储存蛋白和储存蛋白受体不与铜离子结合，酚氧化酶和血蓝蛋白与铜离子结合。后来的研究又发现节肢动物的免疫功有血蓝蛋白的参与（Nagai et al.，2000；Decker et al.，2001；Hayakawa et al.，1994），这说明酚氧化酶、血蓝蛋白、拟血蓝蛋白、昆虫储存蛋白和储存蛋白受体之间除了在结构序列上存在进化的关系，还在功能上有一定的相关（Burmester et al.，2002）。

3 昆虫血蓝蛋白的作用

3.1 输氧作用

昆虫体内的血蓝蛋白是一种含铜离子的多功能蛋白，当亚铜离子与氧结合时血蓝蛋白为蓝色，血蓝蛋白脱氧后则为无色。大多数陆栖昆虫通过气管系统呼吸，依靠气管系统的通风和扩散作用使体内各组织直接吸取大气中的氧气和排出二氧化碳，因此一直认为昆虫的呼吸蛋白是非必需的。但是有研究报道，当溶解氧浓度发生改变时，检测出东亚飞蝗的血淋巴与氧发生结合过程（许泽立，2012）；在石蝇的血淋巴中也发现了能够与氧气相结合的血蓝蛋白，并且它还可以与氧分子实现逆向结合（Bux et al.，2018）。后续又有研究报道，血蓝蛋白亚基基因 Hc1 和 Hc2 在整个意大利蝗卵发育过程具有阶段特异性；Hc1 与 Hc2 协同作用为蝗卵发育供氧，其中 Hc1 主要负责蝗卵滞育后发育期间的氧气运载，而 Hc2 主要维持滞育期间的氧气运载，且载氧效率较低（王香香等，2019）。除此之外，研究还发现血蓝蛋白的缺失后会对昆虫胚胎产生显著影响（Chen et al.，2015）；以上结论都说明血蓝蛋白可能与氧气运输相关，且有重要作用。

3.2 免疫作用

血蓝蛋白在昆虫的防御系统中具有重要作用，可以构成抗菌肽及其部分前体物（郭睿等，2017）。昆虫主要依靠先天免疫系统来抵御外境，体壁、中肠以及血腔是其发生免疫的主要场所。另外，昆虫缺少真正的抗原-抗体系统，因此其无法产生抵抗外来病菌的免疫蛋白（Hillyer et al.，2003）。酚氧化酶是昆虫体内重要的一个免疫蛋白，它以酚氧化酶原（Prophenoloxidase，PPO）的形式在昆虫的血淋巴中存在。PPO 在昆虫体内能够被迅速激活来参与昆虫免疫（Coates and Nairn，2014）。在对大蜡螟酚的研究中发现，将酚氧化酶敲除后，其抵抗白僵菌的能力会显著降低（Dubovskiy et al.，2013）。同时，将果蝇的 DmPPO1 与 DmPPO2 敲除后，其寿命也会比野生型果蝇的寿命短（Binggeli et al.，2014）。还有研究报道，当黄叶卷曲病毒侵染白粉虱之后，会致使白粉虱的血蓝蛋白的表达量显著提升，因此血蓝蛋白与白粉虱的抗病毒过程有着非常重要的关系（Hasegawa et al.，2018）。

3.3 其他功能

血蓝蛋白是昆虫体内的一种多功能蛋白，除了上述输氧以及免疫作用之外，科学家还报道了一系列的重要功能。

（1）降解木质素：例如蛀木水虱（Limnoria quadripunctata）是唯一存有无菌消化系统的动物，血蓝蛋白会提高其在没有共生体情况下以木材为食的能力（Besseret et al.，2018）。

（2）蜕皮的调节：烟蚜茧蜂（Aphidius gifuensis Ashmead）滞育组的血蓝蛋白含量显著高于非滞育组，推测参与烟蚜茧蜂体内的蛋白储存（Zhang et al.，2018）。

（3）与昆虫激素的功能相关：（20-hydroxyecdysone，20E）可激活酪氨酸激酶催化储存蛋白的磷酸化，以此促进脂肪体对储存蛋白的摄取（Arif et al.，2003；Arif et al.，2007）。另外，高密度脂蛋白受体也是储存蛋白的一种，20E 可受高密度脂蛋白受体的调节进而影响对高密度脂蛋白的摄取和幼虫的发育（Dong et al., 2013）。保幼激素（Juvenilehormone, JH）会抑制储存蛋白的合成，用 JH 类似物处理斜纹夜蛾后其储存蛋白的表达量被抑制，而摘除咽侧体则会提前表达（Sumio et al., 1985）。

（4）调节细胞凋亡：家蚕的 30 K 蛋白是一种储存蛋白，同时还是一种体外抗细胞程序性死亡（PCD）因子，通过体外刺激家蚕血淋巴，在抑制 20 E 所诱导的细胞凋亡时，原代培养的幼虫细胞的 30 K 蛋白的合成逐渐增加（Song et al., 2019）。另外，饥饿胁迫条件下家蚕的储存蛋白（Storage protein 1, SP1）可通过抑制蛋白酶 caspase-3 的激活和活性氧的产生，显著抑制由细胞自噬介导的细胞凋亡；且当用 staurosporine（化学诱导剂）诱导细胞凋亡时，SP2 蛋白的表达可抑制细胞核断裂和凋亡小体的形成（Kang et al., 1985；Rhee et al., 2007）。

（5）发挥脂蛋白受体的作用：储存蛋白 SP1 可与卵黄原蛋白受体进行特异性结合，进而影响卵巢对卵黄原蛋白的吸收（Kirankumar et al., 1993）。

（6）抗菌作用：家蚕储存蛋白中的 30 K 家族普遍存在于血淋巴中，研究发现重组 Bm30K-19G1 蛋白对培养基中球孢白僵菌孢子萌发和菌丝生长均有抑制作用（Li et al., 2019）。

4 展望

综上所述，昆虫血蓝蛋白是昆虫体内具有多样性重要功能的蛋白超家族。血蓝蛋白可实现氧的输送和储存，同时还具有免疫、参与激素调控、调节细胞凋亡、参与抗菌、促进对环境的适应等其他功能。相对于哺乳动物的血红蛋白，昆虫血蓝蛋白的分子量较小，结构也更为简单。昆虫血蓝蛋白可能还具有其他特异性的功能，值得后续不断的拓展和研究。近年来，昆虫血蓝蛋白还作为一种天然蛋白质被广泛应用于生物医学领域、高科技材料领域和环境保护等方面，因此对昆虫血蓝蛋白的研究还有待于进一步深入。关注和回答以上科学问题，对于深入了解昆虫血蓝蛋白的新功能，以及功能发挥的信号途径和调控机制等方面都具有重要意义。

参考文献

杜前丽，黄贤亮，陈兵，2021. 昆虫血蓝蛋白功能研究进展 [J]. 应用昆虫学报，58（4）：755-763.

郭睿，杨小强，江小斌，等，2017. 抗原钥孔戚血蓝蛋白（KLH）对金鱼（Carassius auratus）体液免疫的影响研究 [J]. 渔业研究，39（3）：165-171.

吕宝忠，杨群，2003. 血蓝蛋白分子的结构、分类及其在进化上的演变 [J]. 自然杂志（3）：59-62.

王香香，闫蒙云，张敏，等，2019. 意大利蝗卵发育过程中血蓝蛋白基因表达分析 [J]. 昆虫学报，62（8）：912-920.

许泽立，2012. 东亚飞蝗血蓝蛋白携氧功能的研究 [D]. 武汉：湖北大学.

谢维，栾云霞，2011. 节肢动物血蓝蛋白家族的组成与演化 [J]. 生命科学，23（1）：106-114.

章跃陵，罗芸，彭宣宪，2007. 血蓝蛋白功能研究新进展 [J]. 海洋科学（2）：77-80.

张小瑜，林晓敏，章跃陵，等，2013. 与不同病原菌相结合的凡纳滨对虾血蓝蛋白溶血活性对比分析［J］. 水生生物学报, 37（6）: 1079-1084.

Aguilera F, Mcdougall C, Degnan B M, 2013. Origin, evolution and classification of type-3 copper proteins: lineage-specific gene expansions and losses across the Metazoa［J］. BMC Evolutionary Biology, 13（1）: 1-12.

Arakane Y, Muthukrishnan S, Beeman R W, et al., 2005 Aug 9. Laccase 2 is the phenoloxidase gene required for beetle cuticle tanning［J］. Proceedings of the National Academy of Sciences of the United States of America, 102（32）: 11337-11342.

Arif A, Manohar D, Gullipalli D, et al., 2008. Regulation of hexamerin receptor phosphorylation by hemolymph protein HP19 and 20-hydroxyecdysone directs hexamerin uptake in the rice moth Corcyra cephalonica［J］. Insect Biochemistry & Molecular Biology, 38（3）: 307-319.

Arif A, Scheller K, Dutta-Gupta A, 2003. Tyrosine kinase mediated phosphorylation of the hexamerin receptor in the rice moth Corcyra cephalonica by ecdysteroids［J］. Insect Biochemistry & Molecular Biology, 33（9）: 921-928.

Àspan A, Huang T S, Cerenius L, et al., 1995. cDNA cloning of a prophenoloxidase from the freshwater crayfish Pacifastacus leniusculus and its activation［J］. Proceedings of the National Academy of Sciences of the United States of America, 92（4）: 939-943.

Besser K, Malyon G P, Eborall W S, et al., 2018. Hemocyanin facilitates lignocellulose digestion by wood-boring marine crustaceans［J］. Nature Communications, 9（1）.

Binggeli O, Neyen C, Poidevin M, et al., 2014. Prophenoloxidase activation is required for survival to microbial infections in Drosophila［J］. PLoS Pathog, 10: e1004067.

Burmester T, 1999. Evolution and function of the insect hexamerins［J］. European Journal of Entomology, 96（3）: 213-225.

Burmester T, 1999. Identification, molecular cloning and phylogenetic analysis of a non-respiratory pseudo-hemocyanin of Homarus americanus［J］. Biol Chem, 274（19）: 13217-13222.

Burmester T, 2001. Molecular evolution of the arthropod hemocyanin superfamily［J］. Molecular Biology and Evolution, 18（2）: 184-195.

Burmester T, 2002. Origin and evolution of arthropod hemocyanins and relatedproteins［J］. Journal of Comparative Physiology B, 172（2）: 95-107.

Burmester T, 2004. Evolutionary history and diversity of arthropod hemocyanins［J］. Micron, 35（1/2）: 121-122.

Burmester T, 2015. Evolution of respiratory proteins across the Pancrustacea［J］. Integrative and Comparative Biology, 55（5）: 792-801.

Burmester T, Scheller K, 1995. Complete cDNA-sequence of the receptor responsible for arylphorin uptake by the larval fat body of the blowfly, Calliphora vicina［J］. Insect Biochemistry & Molecular Biology, 25（9）: 981.

Burmester T, Scheller K, 1995. Ecdysteroid-mediated Uptake of Arylphorin by Larval Fat Bodies of Calliphora vicina: Involvement and Developmental Regulation of Arylphorin Binding Proteins［J］. Insect Biochemistry and Molecular Biology, 25（7）: 799-806.

Bux K, Ali A, Moin S T, 2018. Hydration facilitates oxygenation of hemocyanin: Perspectives from molecular dynamics simulations［J］. European Biophysics Journal, 47（8）: 925-938.

Cerenius L, Lee B L, Söderhäll K, 2008. The proPO-system: pros and cons for its role in invertebrate immunity［J］. Trends in Immunology, 29（6）: 263-271.

Chen B, Ma R H, Ma G L, *et al.*, 2015. Haemocyanin is essential for embryonic development and survival in the migratory locust [J]. Insect Molecular Biology, 24 (5): 517–527.

Coates C J, Nairn J, 2014. Diverse immune functions of hemocyanins [J]. Developmental & Comparative Immunology, 45 (1): 43–55.

Cong Y, Zhang Q F, Woolford D, *et al.*, 2009. Structural mechanism of SDS–induced enzyme activity of scorpion hemocyanin revealed by electron cryomicroscopy [J]. Structure, 17 (5): 749–758.

Decker H, Ryan M, Jaenicke E, *et al.*, 2001. SDS induced phenoloxidase activity of hemocyanins from Limulus polyphemus, Eurypelma californicum and Cancer magister [J]. Biological Chemistry, 276 (21): 17796–17799.

Dong D J, Liu W, Cai M J, *et al.*, 2013. Steroid hormone 20 – hydroxyecdysone regulation of the very–high–density lipoprotein (VHDL) receptor phosphorylation for VHDL uptake [J]. Insect Biochem Mol Biol., 43 (4): 328–335.

Dubovskiy I M, Whitten M M, Kryukov V Y, *et al.*, 2013. More than a colour change: insect melanism, disease resistance and fecundity [J]. Proc Biol Sci., 280: 20130584.

Elias–Neto M, Soares M P, Simões Z L, *et al.*, 2010. Developmental characterization, function and regulation of a Laccase2 encoding gene in the honey bee, *Apis mellifera* (Hymenoptera, Apinae) [J]. Insect Biochemistry and Molecular Biology, 40 (3): 241–251.

Fujimoto K, Okino N, Kawabata S, *et al.*, 1995. Nucleotide sequence of the cDNA encoding the proenzyme of phenoloxidase A1 of *Drosophila melanogaster* [J]. Proc Natl Acad Sci USA, 92 (17): 7769–7773.

Hagner–Holler S, Pick C, Girgenrath S, *et al.*, 2007. Diversity of stonefly hexamerins and implication for the evolution of insect storage proteins [J]. Insect Biochemistry & Molecular Biology, 37 (10): 1064–1074.

Hall M, Scott T, Sugumaran M, *et al.*, 1995. Proenzyme of Manduca sexta phenol oxidase: purification, activation, substrate specificity of the active enzyme, and molecular cloning [J]. Proceedings of the National Academy of Sciences of the United States of America, 92 (17): 7764–7768.

Hasegawa D K, Chen W, Zheng Y, *et al.*, 2018. Comparative transcriptome analysis reveals networks of genes activated in the whitefly, *Bemisia tabaci* when fed on tomato plants infected with Tomato yellow leaf curl virus [J]. Virology, 513: 52–64.

Haunerland N H, Bowers W S, 1986. Binding of insecticides to lipophorin and arylphorin, two hemolymph proteins of Heliothis zea [J]. Archives of Insect Biochemistry and Physiology, 3 (1): 87–96.

Hayakawa Y, 1994. Cellular immunosuppressive protein in the plasma of parasitized insect larvae [J]. Biol Chem., 269 (20): 14536–14540.

Hillyer J F, Schmidt S L, Christensen B M, 2003. Hemocyte–mediated phagocytosis and melanization in the mosquito *Armigeres subalbatus* following immune challenge by bacteria [J]. Cell Tissue Res, 313 (1): 117–127.

Jaenicke E, Fraune S, May S, *et al.*, 2009. Is activated hemocyanin instead of phenoloxidase involved in immune response in woodlice? [J]. Developmental and comparative immunology, 33 (10): 1055–1063.

Kirankumar N, Ismail S M, Dutta–Gupta A, 1997. Uptake of storage protein in the rice moth Corcyra cephalonica: identification of storage protein binding proteins in the fat body cell membranes [J]. Insect Biochemistry and Molecular Biology, 27 (7): 671–679.

Lee H S, Cho M Y, Lee K M, *et al.*, 1995. The prophenoloxidase of coleopteran insect, Tenebrio molitor, larvae was activated during cell clump/cell adhesion of insect cellular defence reactions [J]. Febs Letters, 444 (2-3): 255-259.

Li R, Hu C, Shi Y, *et al.*, 2019. May. Silkworm storage protein Bm30K-19G1 has a certain antifungal effects on *Beauveria bassiana* [J]. Invertebr Pathol, 163: 34-42.

Linzen B, Soeter N, Riggs A, *et al.*, 1985. The structure of arthropod hemocyanins [J]. Science, 229 (4713): 519-524.

Magnus K A, Hazes B, Ton-That H, *et al.*, 2010. Crystallographic analysis of oxygenated and deoxygenated states of arthropod hemocyanin shows unusual differences [J]. Proteins-structure Function & Bioinformatics, 19 (4): 302-309.

Markl J, Decker H, 1992. Molecular structure of the arthropod hemocyanins [J]. Blood and Tissue Oxygen Carriers, 325-376.

Nagai T, Kawabata S I, 2000. A Link between Blood Coagulation and Prophenol Oxidase Activation in Arthropod Host Defense [J]. Journal of Biological Chemistry, 275 (38): 29264.

Nan G Z, Guo X, Yang Q, *et al.*, 2020. Identification of Arylphorin interacting with the insecticidal protein PirAB from *Xenorhabdus nematophila* by yeast two-hybrid system [J]. World Journal of Microbiology and Biotechnology, 36 (4): 56.

Parkinson N, Smith I, Weaver R, *et al.*, 2001. A new form of arthropod phenoloxidase is abundant in venom of the parasitoid wasp Pimpla hypochondriaca [J]. Insect Biochem Mol Biol., 31 (1): 57-63.

Pick C, Hagner-Holler S, Burmester T, 2008. Molecular characterization of hemocyanin and hexamerin from the firebrat Thermobia domestica (Zygentoma) [J]. Insect Biochemistry and Molecular Biology, 38 (11): 977-983.

Pick C, Schneuer M, Burmester T, 2009. The occurrence of hemocyanin in Hexapod [J]. Febs Journal, 276 (7): 1930-1941.

Pushie M J, Pratt B R, Macdonald T C, *et al.*, 2014. Evidence for biogenic copper (hemocyanin) in the middle cambrian arthropod marrella from the burgess shale [J]. Palaios, 29 (10), 512-524.

Qin Z, Babu V S, Wan Q, *et al.*, 2018 Apr. Antibacterial activity of hemocyanin from red swamp crayfish (*Procambarus clarkii*) [J]. Fish & Shellfish Immunology, 75: 391-399.

Rehm P, Pick C, Borner J, *et al.*, 2012. The diversity and evolution of cheliceratehemocyanins [J]. BMC Evolutionary Biology, 12 (1): 19.

Rhee W J, Lee E H, Park J H, *et al.*, 2007. Inhibition of HeLa Cell Apoptosis by Storage-Protein 2 [J]. Biotechnology Progress, 23 (6): 1441-1446.

Schmidt J, Decker H, Marx M, 2019. Jumping on the edge-first evidence for a2×6-meric hemocyanin in springtails [J]. Biomolecules, 9 (9): 396.

Terwilliger N B, Dangott L, Ryan M, 1999. Cryptocyanin, a crustacean molting protein: evolutionary link with arthropod hemocyanins and insect hexamerins [J]. Proceedings of the National Academy of Sciences of the United States of America, 96 (5): 2013-2018.

Tojo S, Morita M, Agui N, *et al.*, 1985. Hormonal regulation of phase polymorphism and storage-protein fluctuation in the common cutworm, *Spodoptera litura* [J]. Journal of Insect Physiology, 31 (4): 283-292.

Ueno K, Natori S, 1982. Activation of fat body by 20-hydroxyecdysone for the selective incorporation of storage protein in *Sarcophaga peregrina* larvae [J]. Insect Biochem, 12 (2): 185-191.

Wang Z, Haunerland N H, 1993. Storage protein uptake in *Helicoverpa zea*: Purification of the very high density lipoprotein receptor from perivisceral fat body [J]. Journal of Biological Chemistry, 268 (22): 16673-16678.

Zhang H Z, Li Y Y, An T, *et al.*, 2018. Comparative Transcriptome and iTRAQ Proteome Analyses Reveal the Mechanisms of Diapause in *Aphidius gifuensis* Ashmead (Hymenoptera: Aphidiidae) [J]. Frontiers in Physiology, 9: 1697.

夜蛾科昆虫气味受体研究进展

张继康*，吴丽红，赵新成，王高平，谢桂英**，林榕梅**

（河南省害虫绿色防控国际联合实验室/河南省害虫生物防控工程实验室/
河南农业大学植物保护学院，郑州　450002）

摘　要：昆虫的嗅觉系统是实现觅食、交配、产卵、躲避天敌等生理活动所必需的，而嗅觉系统功能的实现有赖于各种气味蛋白的参与，包括气味结合蛋白、气味受体、化学感受蛋白、离子型受体等，其中气味受体（Odorant Receptors，ORs）是蛋白家族的核心部分。气味受体分为两类：非典型气味受体和典型气味受体。非典型气味受体在不同昆虫中保守且广泛表达；典型气味受体则是在不同昆虫间高度特异的传统气味受体。目前用于探究昆虫气味受体的研究方法主要有 RNAi 技术、CRISPR/Cas9 基因编辑技术、非洲爪蟾卵母细胞表达技术等。本文着重介绍鳞翅目夜蛾科昆虫气味受体的研究进展，从气味受体的鉴定、分类、研究方法到功能研究来系统阐述目前夜蛾科昆虫气味受体的研究进展及最新成果，为未来从气味受体方向防治夜蛾科害虫提供参考。

关键词：气味受体；夜蛾科；受体鉴定

Research Progress on Odorant Receptors of Noctuidae

Zhang Jikang*, Wu Lihong, Zhao Xincheng, Wang Gaoping,
Xie Guiying**, Lin Rongmei**

（*Henan International Laboratory for Green Pest Control，Henan Engineering Laboratory of Pest Biological Control，College of Plant Protection，Henan Agricultural University，Zhengzhou 450002，China*）

Abstract：The olfactory system of insects is essential for physiological activities such as foraging, mating, oviposition and avoidance of natural enemies. Its functions depend on the involvement of various odor proteins, including Odorant-binding Proteins, Odorant Receptors, Chemosensory Proteins and Ionotropic Receptors. Odorant receptors (ORs) is the core of the protein family. There are two types of odorant receptors: conventional odorant receptors and odorant receptor coreceptor. Odorant receptor coreceptor are conserved and widely expressed in different insects. Conventional odorant receptors are traditional odorant receptors that are highly specific between insects. At present, the main research methods used to explore insect odorant receptors include RNAi, CRISPR/Cas9 gene editing technique, Xenopus oocyte expression technology. This paper focuses on the research progress of odorant receptors in Noctuidae, Lepidoptera. From the identification, classification, research methods and functional studies of odorant receptors

*　第一作者：张继康；E-mail：zhangjikang2022@163.com
**　通信作者：谢桂英；E-mail：guiyingxie@henau.edu.cn
　　　林榕梅；E-mail：rmlin@henau.edu.cn

aspects，this paper describes the research progress and latest achievements of odorant receptors in Noctuidae systematically，and provides references for the future control of Noctuidae pests from the direction of odorant receptors.

Key words：Odorant receptors；Noctuidae；Receptor identification

嗅觉是昆虫非常重要的感觉，在昆虫的生存过程中承担重要的职能。周遭环境的气味信息主要通过昆虫的嗅觉系统被识别，进而对昆虫的觅食、交配、产卵等重要生命活动产生重要影响。昆虫对气味的识别过程依赖于多种蛋白质的参与，根据相关人员的研究，目前已知的昆虫嗅觉系统中所涉及的蛋白家族主要有气味结合蛋白（Odorant-binding Proteins，OBPs）、气味受体（Odorant Receptors，ORs）、化学感受蛋白（Chemosensory Proteins，CSPs）、感觉神经元膜蛋白（Sensory Neuron Membrane Proteins，SNMPs）、离子型受体（Ionotropic Receptors，IRs），以及气味降解酶（Odorant Degrading Enzyme，ODE）等（Zhang et al.，2015）。其中昆虫气味受体与气味分子的结合引发了一个电信号（图1），该电信号沿着轴突传输到大脑的主嗅球，继而被传输到大脑的其他区域，引发昆虫的一系列嗅觉生理反应（Montagne et al.，2015）。因此，选择昆虫 ORs 作为研究对象，对其进行鉴定以及研究其相关功能，有助于揭示昆虫的嗅觉识别机制。

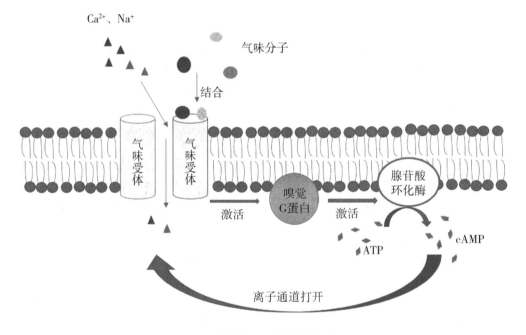

图 1　昆虫气味受体作用机制

夜蛾科（Noctuidae）是鳞翅目下属最大的科，全世界约 2 万种。夜蛾科昆虫在世界各地广泛分布，常见的夜蛾科昆虫有棉铃虫（Helicoverpa armigera）、甜菜夜蛾（Spodoptera exigua）、斜纹夜蛾（Spodoptera litura）、黏虫（Mythimna separate）、草地贪夜蛾

（*Spodoptera frugiperda*）等。夜蛾科成虫为中型蛾类，多数为黑褐色，表面附着大量鳞片。夜蛾科昆虫食性较广，多为植食性昆虫，少数为捕食性昆虫。成虫喜在夜间活动，有明显的趋光性，白天则隐藏于叶片背阴处。夜蛾科昆虫在大量发生时，会给农作物安全生产造成严重威胁，尤其是棉铃虫、黏虫、小地老虎、草地贪夜蛾等，一经发生，就会对农作物造成巨大危害。

一直以来，对夜蛾科害虫的防治始终是困扰科研工作者和农户的一大难题。过去防治害虫主要以化学防治为主，但农药的滥用使害虫的抗药性大大提高，防治效果不尽如人意，害虫发生有逐年加重的趋势。因此，寻找新的技术手段成为综合防治夜蛾科害虫的首要问题。近年来国内外很多学者已经将昆虫嗅觉作为研究的重点。昆虫的嗅觉为害虫觅食、交配以及躲避有害环境提供了重大助力。昆虫嗅觉功能的实现依赖于众多嗅觉蛋白的参与，本文主要对夜蛾科昆虫气味受体（ORs）的相关研究进行简要阐述。

1 夜蛾科昆虫气味受体的鉴定与分类

1.1 气味受体的鉴定

气味受体ORs本质上是一种蛋白质，能与气味分子进行结合。关于气味受体的发现最早的记载是在1991年，当时科研人员对褐家鼠 *Rattus norvegicus* 的嗅觉上皮细胞进行研究，偶然间发现了这种蛋白质，并对其进行深入研究，确定了这种蛋白的相关结构和功能（Buck and Axel，1991）。之后经过科学家多年的研究，相继从人类、鱼类、两栖动物身上发现了气味受体（Parmentier *et al.*，1992）。到了1999年，Clyne 在果蝇 *Drosophilid* 身上鉴定出了第一个昆虫气味受体（Clyne *et al.*，1999），之后科研工作者对果蝇气味受体进行深入研究，其 ORs 基因家族逐渐扩展到 62 个（Leslie and Richard，2000）。近年来对其他昆虫气味受体的研究也在稳步推进，其中包括对夜蛾科昆虫气味受体的研究（表1）。

表 1　已鉴定的夜蛾科昆虫气味受体

物种	数量	参考文献
棉铃虫 *Helicoverpa armigera*	65	Zhang *et al.*，2019
烟青虫 *Helicoverpa assulta*	64	Zhang *et al.*，2015
草地贪夜蛾 *Spodoptera frugiperda*	69	Gouin *et al.*，2017
斜纹夜蛾 *Spodoptera litura*	73	Liu *et al.*，2019
甜菜夜蛾 *Spodoptera exigua*	53	Zhang *et al.*，2023
黏虫 *Mythimna separata*	67	Tang *et al.*，2020
小地老虎 *Agrotis ipsilon*	86	Wang *et al.*，2021

随着组学技术的飞速进步，科学家们开发出多种精准、高效的鉴定方法，尤其是将基因组、转录组、蛋白质组测序和生物信息学分析相结合，取得了令人满意的成果（Breer *et al.*，2019），从而极大地提升了昆虫气味受体基因的鉴定效率。研究发现，以

夜蛾科为例，不同昆虫的气味受体数量有较大差异，且不同昆虫在食性上也显著不同（图2）。植食性昆虫的化学感受体系决定其取食行为，昆虫体内的多种气味受体基因在植食性昆虫的宿主植物鉴别过程中起到了非常重要的作用。故气味受体与昆虫食性之间的相互关系有待深入研究。

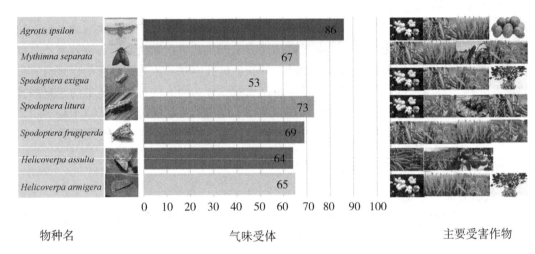

| 物种名 | 气味受体 | 主要受害作物 |

图2　常见夜蛾科昆虫气味受体数量及其主要危害作物

1.2　气味受体的分类

昆虫的气味受体从结构上可以划分成典型气味受体（Conventional Odorant Receptors，ORs）和非典型气味受体（Odorant Receptor Coreceptor，ORco）两类。其中典型气味受体是在不同昆虫间高度特异的传统气味受体；而非典型气味受体则在不同昆虫中保守且广泛表达（Fleischer *et al.*，2018）。典型气味受体是一类 G 蛋白偶联受体，具有七跨膜结构，且含有一个位于细胞膜外的 C 末端以及一个位于细胞膜内的 N 末端（Benton，2006）。ORs 定位于树突膜时还需要一个极其重要的辅助因子——ORco，ORco 主要是通过与 ORs 保守的 C 末端区域进行相互作用进而形成 ORs-ORco 复合物，当 ORco 被 RNA 干扰沉默时，昆虫会表现出严重的嗅觉缺陷（Stengl and Funk，2013），故研究如何阻断两者形成复合物可以成为防治害虫的新思路。

2　夜蛾科昆虫气味受体的蛋白结构与表达

2.1　气味受体的蛋白结构

在昆虫气味受体鉴定技术的基础之上，科研人员对气味受体的结构也展开了研究。昆虫气味受体本质上一种是位于感受神经元树突上的膜蛋白，由嗅觉基因家族所编码而成。昆虫气味受体由 300~500 个氨基酸组成，气味受体蛋白的 C 端位于细胞膜外，而 N 端位于细胞膜内，昆虫和哺乳动物的 ORs 在序列、结构和信号水平上表现出截然不同的特征（Carolina *et al.*，2007）。昆虫 ORs 具有倒置的跨膜拓扑结构，需要在所有嗅觉神经元中有一个保守的共表达的共受体（ORs-ORco）才能定位和发挥功能（Vikas and Ramanathan，2019）。

2.2 夜蛾科昆虫气味受体的表达

探究夜蛾科昆虫气味受体基因表达信息能为推测气味受体的特异性功能提供信息。研究发现，以夜蛾科为例，不同气味受体基因在不同昆虫或在同种昆虫发育的不同阶段的表达情况都有显著差异（表2）。非典型气味受体ORco在昆虫体内的时空表达上具有很大差异，除了在昆虫嗅觉器官触角中有所表达，在喙管、下唇须等部位同样有一定的表达；同时气味受体不仅在昆虫成虫期表达，在幼虫期以及蛹期同样有所表达。例如气味受体HassOR83b在烟青虫 *Heliothis assulta* 幼虫的不同龄期都有表达，但在表达部位上却出现了在成虫触角和喙高表达，而在成虫其他器官组织无表达的情况（Qiao，2008）。斜纹夜蛾 *Spodoptera litura* 的SlitOR83b在胚胎期无表达，各幼虫期有微量表达，而在蛹期以及1~4日龄的成虫期表达水平较高。至于表达部位上，OR83b仅在触角中特异性表达（Dong et al.，2012）。其他昆虫也同样出现在不同时期或不同器官表达量有明显差异的情况，推测气味受体不仅在嗅觉系统中起作用，同时在其他器官中也具有重要意义。

表2 不同夜蛾科昆虫 ORco 表达情况

物种	ORco 种类	ORco 表达位点	表达量	参考文献
烟青虫 *Helicoverpa assulta*	HassOR83b	幼虫期	表达	Qiao，2008
		成虫触角	高表达	
		成虫喙	高表达	
		其他器官组织	无	
斜纹夜蛾 *Spodoptera litura*	SlitOR83b	胚胎期	无	Dong et al.，2012
		幼虫期	微量表达	
		蛹期	高表达	
		1~4 日龄成虫	高表达	
甜菜夜蛾 *Spodoptera exigua*	SexiOR3、SexiOR18	成虫触角	高表达	Zhang et al.，2011
		成虫喙	极低表达	
		其他组织	无	
棉铃虫 *Helicoverpa armigera*	HarmOR9	成虫触角	高表达	Liu et al.，2014
		雄虫下唇须	微量表达	
		其他组织	无	
	HarmOR29	成虫触角	高表达	
		其他组织	无	

3 夜蛾科昆虫气味受体的研究方法

随着技术的发展，已经衍生出了多种气味受体的研究方法，主要可以划分为两类：

体内筛选法和体外异源筛选法。目前体内筛选技术包括 RNAi 技术和 CRISPR/Cas9 基因编辑技术等（Qi，2022）。体外异源筛选法则包括非洲爪蟾卵母细胞表达系统、果蝇空神经元表达系统以及其他异源细胞表达系统等。不同的研究方法侧重点不尽相同，同时也各有优劣，所以对不同夜蛾科昆虫的不同气味受体要选择合适的研究方法。

3.1 RNA 干扰（RNAi）技术

RNAi 技术是将与靶标 mRNA 所对应的正义 RNA 链和反义 RNA 链组成的双链 RNA（dsRNA）导入细胞内，导致靶标 mRNA 发生特异性的降解，进而使该 mRNA 所对应的基因沉默。RNAi 技术在流程上可划分为起始阶段和效应阶段。起始阶段：核酸酶对 dsRNA 进行特异性识别并将其切割成小片段的双链小分子干扰 RNA（siRNA）。效应阶段：之后 siRNA 与细胞内的核酶复合物结合形成 RNA 诱导沉默复合物（RISC），该复合物将靶标 mRNA 切割使其沉默（Han，2018）。例如，利用 RT-PCR（反转录多聚酶链式反应）和 qR T-PCR（实时定量 PCR）技术对甜菜夜蛾 Spodoptera exigua 的 SexiORco 进行表达分析，确定其在昆虫发育不同时期和不同部位的表达量。之后向羽化后 12 h 雌、雄成虫体内导入 SexiORco 基因的 dsRNA，待 24 h 后采用上述同种方法检测 SexiORco 基因的表达量。对比实验前后的昆虫死亡率，结果发现两者无明显差异，但处理组昆虫触角内 SexiORco 基因表达量与对照相比被抑制了 90% 以上，说明 RNAi 技术可以有效沉默昆虫 SexiORco 基因的表达（Zhang，2011）；使用 RNAi 技术来研究鳞翅目昆虫梨小食心虫 Grapholita molesta 体内 ORco 基因的表达模式，并且阐明 GmolORco 基因在检测梨小食心虫性信息素和绿叶挥发物中的作用。通过多重序列比对表明，GmolORco 基因与其他鳞翅目昆虫的 ORco 同源具有较高的序列相似性。与未注射 GmolORco-dsRNA 进行对比，发现注射组的雄虫表达量降低至 39.92%，雌虫表达量降低至 40.43%。EAG（触角电位技术）检测结果表明，注射 GmolORco-dsRNA 的雄虫对性信息素（Z）-8-十二烷基乙酸酯（Z8-12：OAc）和（Z）-8-十二烷基醇（Z8-12：OH）的反应显著降低，注射 GmolORco-dsRNA 的雌虫对绿叶挥发物（Z）-3-己烯乙酸酯的反应也显著降低（Chen et al.，2021）。

3.2 CRISPR/Cas9 基因编辑技术

CRISPR/Cas9 是新型第三代基因编辑技术，该技术由埃曼纽尔·卡彭蒂耶（Emmanuelle Charpentier）和詹妮弗·杜德纳（Jennifer Doudna）发明，两位科学家也因此获得 2020 年诺贝尔化学奖。在 CRISPR/Cas9 问世之前，科学家们也曾推出过 ZFN（zinc-finger nuclease，锌指核酸酶）、TALENs（transcription-activator-like effector nuclease，类转录激活因子效应物核酸酶）等基因编辑技术。在 CRISPR/Cas9 技术问世后短短数年内，科研人员对其进行优化升级，使该技术成为基因编辑领域最常用的工具之一。CRISPR-Cas9 技术由两部分组成，包括 Cas9 蛋白和具有导向功能的 gRNA（guide RNA）。CRISPR-Cas9 技术需要对靶标 DNA 进行特异识别和切割，要达成条件就要利用一段与靶标 DNA 序列互补的 gRNA 对 Cas9 核酸酶进行引导，以此实现靶标 DNA 的双链或单链断裂。切割完成后细胞会利用自身具备的 DNA 修复机制对断裂的 DNA 进行修复，由此即可实现对基因的插入和敲除（Ella and John，2015）。运用 CRISPR/Cas9 技术敲除了禾灰翅夜蛾 Spodoptera mauritia 气味受体共受体 ORco 基因，结果发现，89.6%的注射个体携带了 ORco 突变，其中 70%能将其传递给下一代。CRISPR/Cas9 介导的 ORco 敲除导致纯合子个体在植物气味和性信息素嗅觉检测方面存在缺陷（Koutroumpa et al.，2016）；科研人员对海灰翅夜蛾 *Spodoptera littoralis* 1~4 龄幼虫的 ORs 表达规律进行了研究，发现部分 ORs 具有胞内特异性表达，从功能上鉴定了在 1 龄幼虫表达的一个气味受体 SlitOR40，该 OR 响应植物挥发物 β-石竹烯及其异构体 α-葎草烯。结果表明，1 龄幼虫对 β-石竹烯和 α-葎草烯有反应，而 4 龄幼虫对 β-石竹烯没有反应。通过 CRISPR-Cas9 敲除这种气味受体，幼虫的行为可塑性遭到破坏，证实了对其同源配体的细胞特异性反应依赖于 SlitOR40 的表达（Revadi et al.，2021）。

3.3 非洲爪蟾卵母细胞表达系统

爪蟾卵母细胞表达体系是一种常见的蛋白质表达系统，广泛应用于生物化学和分子生物学领域。该技术先向非洲爪蟾卵母细胞内注射体外合成 ORs 和 ORco 基因的 cRNA，使用双电压电压钳进行记录，观察刺激前后的电流变化，从而对气味受体的功能进行鉴定（Wetzel et al.，2001）。目前非洲爪蟾卵母细胞表达体系已经运用到多种夜蛾科昆虫气味受体的研究上，已经对斜纹夜蛾 *Spodoptera litura*（Zhang et al.，2015）、烟青虫 *Heliothis assulta*（Cao et al.，2016）、甜菜夜蛾 *Spodoptera exigua*（Liu et al.，2014）等多种夜蛾科昆虫的 ORs 功能进行验证。例如，研究人员利用非洲爪蟾卵母细胞表达系统研究发现烟青虫 *Heliothis assulta* 的气味受体 HassOR23 可以对植物挥发物（反）-β-法尼烯进行特异性识别从而对天敌进行躲避（Wu et al.，2019）；利用爪蟾卵母细胞系统对双委夜蛾 *Athetis dissimilis* 进行功能分析。结果显示 AdisOR1 对性信息素成分 Z9-14：OH 和潜在信息素成分 Z9,E12-14：OH 反应强烈，AdisOR14 对 Z9,E12-14：OH 具有特异性；而 AdisOR6 和 AdisOR11 对任何信息素成分和类似物都没有反应（Liu et al.，2019）。

RNAi 技术、CRISPR/Cas9 基因编辑技术、非洲爪蟾卵母细胞表达系统等技术的飞速发展，大力推动着对夜蛾科昆虫气味受体功能的研究，目前已有多种夜蛾科昆虫气味受体的功能得到了验证。

4 结论与讨论

害虫防治尤其是夜蛾科害虫防治一直是科研工作者们想要攻克的难题，近些年对夜蛾科昆虫嗅觉系统感受体系的相关研究为害虫防治提供了新的思路。昆虫嗅觉系统功能的实现有赖于多种蛋白质的参与，气味受体（ORs）是蛋白质家族中核心的部分，因此，研究气味受体在昆虫嗅觉系统中的作用为夜蛾科害虫防治提供巨大助力。随着技术的不断发展，RNAi、CRISPR/Cas9、非洲爪蟾卵母细胞表达系统、果蝇空神经元系统等技术的出现，使人们逐渐加深了对气味受体的认知。

尽管当下对气味受体的研究已经大量开展，但仍存在一些问题亟待解决。首先，虽然已有部分气味受体的功能得到了验证，但昆虫体内拥有数量众多的气味受体，目前成功验证的气味受体只占少部分。其次，目前的研究重点聚焦于气味受体在昆虫嗅觉系统中的作用，而忽视了气味受体在昆虫非嗅觉器官中的表达。气味受体除了在触角中表达，同时在喙以及产卵器等部位也能检测到。例如，在烟青虫成虫喙检测到 HassOR83b 高表达（Qiao，2008），喙管是昆虫的味觉器官而不是嗅觉器官，因此可以推测气味受体除了参与嗅觉行动外，可能也会参与味觉行动，这需要进一步研究。

对夜蛾科昆虫气味受体进行细致的鉴定与分析，深入研究气味受体在夜蛾科昆虫嗅觉系统中的作用机理，了解其功能，阐明其在昆虫觅食、交配、产卵以及躲避天敌方面的意义，可为研制新型高效、绿色的防治手段提供了理论依据。

参考文献

Benton R, 2006. On the ORigin of smell: odorant receptors in insects [J]. Cellular and Molecular Life Sciences: Cmls, 63 (14): 1579-1584.

Breer H, Fleischer J, Pregitzer P, et al., 2019Molecular mechanism of insect olfaction: Olfactory receptors. In: Picimbon [M]. Fed. Olfactory Concepts of Insect Control - Alternative to Insecticides. Springer, Cham: 93-97.

Buck L, Axel R, 1991. A novel multigene family may encode odorant receptors: a molecular basis for odor recognition [J]. Cell, 65 (1): 175-187.

Carolina Lundin, Lukas Kill, Scott A. Kreher, et al., 2007. Membrane topology of the Drosophila OR83b odorant receptor [J]. Febs Letters, 581 (29): 5601-5604.

Chen X L, Li B L, Chen Y X, et al., 2021. Functional analysis of the odorant receptor coreceptor in odor detection in Gpholita molesta (lepidoptera: Tortricidae) [J]. Arch Insect Biochem Physiol, 108 (2): e21837.

Clyne P J, Warr C G, Freeman M R, et al., 1999. A novel family of divergent seven-transmembrane proteins: candidate odorant receptors in Drosophila [J]. Neuron, 22 (2): 327-338.

Dong X, Zhong G, Hu M, et al., 2012. Molecular cloning and functional identification of an insect odorant receptor gene in Spodoptera litura (F.) for the botanical insecticide rhodojaponin Ⅲ [J]. J Insect Physiol, 59 (1): 26-32.

Feng B, Lin X, Zheng K, et al., 2015. Transcriptome and expression profiling analysis link patterns of gene expression to antennal responses in Spodoptera litura [J]. BMC Genomics, 16 (1): 269.

Fleischer J, Pregitzer P, Breer H, et al., 2018. Access to the odor world: olfactory receptors and their role for signal transduction in insects [J]. Cellular and molecular life sciences: CMLS, 75 (3): 485-508.

Gouin A, Bretaudeau A, Nam K, et al., 2017. Two genomes of highly polyphagous lepidopteran pests (Spodoptera frugiperda, Noctuidae) with different host-plant ranges [J]. Sci Rep, 7 (1): 11816.

Han H Y, 2018. RNA Interference to Knock Down Gene Expression [M]. Methods in molecular biology (Clifton, N.J.): 1706.

Hartenian Ella, Doench John G, 2015. Genetic screens and functional genomics using CRISPR/Cas9 technology [J]. The Febs Journal, 282 (8): 1383-1393.

Koutroumpa Fotini A, Monsempes Christelle, Franiois Marie-Christine, et al., 2016. Heritable genome editing with CRISPR/Cas9 induces anosmia in a crop pest moth [J]. Scientific Reports, 6 (1): 29620.

Krieger J, Raming K, Dewer Y M, et al., 2002. Conzelmann S, Breer H. A divergent gene family encoding candidate olfactory receptors of the moth Heliothis virescens [J]. Eur J Neurosci. Aug., 16 (4):

619-628.

Leslie B Vosshall, Allan M Wong, Richard Axel, 2000. An Olfactory Sensory Map in the Fly Brain [J]. Cell, 102 (2): 147-159.

Liu C C, Liu Y, Guo M B, et al., 2014. Narrow tuning of an odorant receptor to plant volatiles in Spodoptera exigua (Hübner) [J]. Insect Molecular Biology, 23 (4): 487-496.

Liu X L, Sun S J, Sajjad Ali Khuhro, et al., 2019. Functional characterization of pheromone receptors in the moth Athetis dissimilis (Lepidoptera: Noctuidae) [J]. Pesticide Biochemistry and Physiology, 158: 69-76.

Montagné Nicolas, de Fouchier Arthur, Newcomb Richard D, et al., 2015. Advances in the identification and characterization of olfactory receptors in insects [J]. Progress in Molecular Biology and Translational Science, 130: 55-80.

Parmentier M, Libert F, Schurmans S, et al., 1992. Expression of members of the putative olfactory receptor gene family in mammalian germ cells [J]. Nature, 355 (6359): 453-455.

Qi Q M, Li Q R, 2022. Research progress of insect odorant receptors [J]. Guangdong Agricultural Sciences, 49 (1): 111-120.

Qiao Q, 2008. Cloning and expression of the odorant receptor gene and G protein α subunit gene of Helicoverpa armigera [D]. Zhengzhou: Henan Agricultural University.

Revadi Santosh V, Giannuzzi Vito Antonio, Rossi Valeria, et al., 2021. Stage-specific expression of an odorant receptor underlies olfactory behavioral plasticity in Spodoptera littoralis larvae [J]. BMC Biology, 19 (1): 231.

Stengl Monika, Funk Nico W, 2013. The role of the coreceptor Orco in insect olfactory transduction [J]. Journal of Comparative Physiology. A, Neuroethology, Sensory, Neural, and Behavioral Physiology, 199 (11): 897-909.

Tang R, Jiang N J, Ning C, et al., 2020. The olfactory reception of acetic acid and ionotropic receptors in the Oriental armyworm, Mythimna separata Walker [J]. Insect Biochem. Mol. Biol, 118: 103312.

Vikas Tiwari, Snehal D Karpe, Ramanathan Sowdhamini, 2019. Topology prediction of insect olfactory receptors [J]. Current Opinion in Structural Biology, 55: 194-203.

Wang Y H, Fang G Q, Chen X E, et al., 2021. The genome of the black cutworm Agrotis ipsilon [J]. Insect Biochemistry and Molecular Biology, 139: 103665.

Wetzel C H, Behrendt H J, Gisselmann G, et al., 2001. Functional expression and characterization of a Drosophila odorant receptor in a heterologous cell system [J]. Proceedings of the National Academy of Sciences of the United States of America, 98 (16): 9377-9380.

Wu H, Li R T, Dong J F, et al., 2019. An odorant receptor and glomerulus responding to farnesene in Helicoverpa assulta (Lepidoptera: Noctuidae) [J]. Insect Biochemistry and Molecular Biology, 115: 103-106.

Zhang B, Liu B, Huang C, et al., 2023. A chromosome-level genome assembly of the beet armyworm Spodoptera exigua [J]. Genomics, 115 (2): 110571.

Zhang J, Yan S W, Liu Y, et al., 2015. Identification and functional characterization of sex pheromone receptors in the common cutworm (Spodoptera litura) [J]. Chemical Senses, 40 (1): 7-16.

Zhang K, Feng Y, Du L, et al., 2019. Functional analysis of MsepOR13 in the oriental armyworm Mythimna separate (Walker) [J]. Front Physiol, 10: 367.

Zhang Y F, 2011. Expression Patten and RNAi of Odorant Receptor Sexi/Orco gene in Spodoptera exigua

（Hübner）［D］. Tai'an：Shandong Agricultural University.

Zhang Y N, Qian J L, Xu J W, *et al.*, 2018. Identification of chemosensory genes based on the transcriptomic analysis of six different chemosensory organs in *Spodoptera exigua* ［J］. Front. Physiol，9：432.

草地贪夜蛾的种内和种间相互作用研究进展*

李为争**，余明辉，游秀峰，张利娟，赵　曼，刘艳敏，

邢怀森，王高平，郭线茹***

（河南省害虫绿色防控国际联合实验室/河南省害虫生物防控工程实验室/

河南农业大学植物保护学院，郑州　450002）

摘　要：草地贪夜蛾又称"秋黏虫"，原产于美洲，2019 年入侵中国南部并迅速扩散到其他的省份。为了估计其潜在的生态和生产风险，需要深入了解这种入侵生物与其生存环境中的其他生物之间的相互作用。本文综述了草地贪夜蛾的种内和种间相互作用。

关键词：草地贪夜蛾；种内相互作用；种间相互作用

Progress in Intra–and Inter–specific Interactions in
*Spodoptera frugiperda**

Li weizheng**，Yu Minghui，You Xiufeng，Zhang Lijuan，Zhao Man，

Liu Yanmin，Xing Huaisen，Wang Gaoping，Guo Xianru***

（*College of Plant Protection*，*Henan Agricultural University*，*Zhengzhou* 450002，*China*）

Abstract：The fall armworm，*Spodoptera frugiperda*，is native to America，which invaded in Southern China in 2019，then has spread into most provinces. To evaluate the potential ecological and agricultural risks，we need to deepen our understanding in the interactions between the fall armyworm and the associated species in its living environment. The author reviewed the intra–and inter–specific interactions between *S. frugiperda* and other related organisms.

Key words：*Spodoptera frugiperda*；Intra–specific interaction；Inter–pecific interaction

1　草地贪夜蛾幼虫之间的相互作用

自残是同种个体之间相互取食的现象。草地贪夜蛾 *Spodoptera frugiperda* 即使 2 头幼虫共处，且存在大量高质量食物的情况下，也会发生自残。He 等（2022）比较了草地贪夜蛾幼虫在 5 种食料植物上的自残频次，发现玉米叶上的自残概率最低，水稻叶上的自残概率最高。很显然，自残作用会带来种群密度的急剧下降，是否有益于自残相互作用中存活下来的胜利者呢？进一步研究发现，草地贪夜蛾 4~6 龄幼虫只有取食 3 头以上的同龄同种个体，自残才会对存活者有益。经历过自残相互作用的存活者，蛹的畸形率较高，羽化率更低，新蜕皮的 6 龄幼虫如果遭遇食物短缺，能羽化为成虫的比例只有

---

*　基金项目：河南省重大科技专项"河南省草地贪夜蛾发生规律及防控技术研究与示范"（201300111500）

**　第一作者：李为争，副教授，主要从事农业昆虫与害虫防治研究；E-mail：wei-zhengli@163.com

***　通信作者：郭线茹，教授，主要从事昆虫生态与害虫综合治理研究；E-mail：guoxianru@126.com

5.42%。自残幼虫的磷酸烯醇丙酮酸羧化激酶和溶质载体家族 38 的第 9 个成员（SLC38A9）可能是同类相食过程中糖异生作用和氨基酸利用的关键枢纽（He et al.，2022）。

草地贪夜蛾的卵是成块产出的，初孵幼虫从卵块中孵化后，分散搜索其个体发育中的第一个食物。在这个过程中，初孵幼虫经常会遇到同种其他个体已经取食为害过的寄主植物。取食豌豆的草地贪夜蛾幼虫，口腔分泌物中有一种被称为"Inceptin"的物质，该物质与豌豆叶片的虫伤口接触后，会诱导豌豆产生一些防卫物质。那么，草地贪夜蛾同种个体取食为害的寄主植物，对初孵幼虫的寄主定向反应有什么影响呢？研究发现，初孵幼虫口腔分泌物中产生的 Inceptin 含量，与这些幼虫此前取食过的食物有关：豌豆叶片饲养的幼虫口腔分泌物中能够产生 Inceptin，但人工饲料饲养的幼虫或尚未取食的幼虫口腔分泌物中则不含这种防卫激发因子。然而，试验结果发现，初孵幼虫喜欢停留在同种幼虫为害的豌豆植株上，也喜欢停留在 Inceptin 处理的豌豆植株上，相对的，不喜欢停留在健康豌豆、机械损伤豌豆、草地贪夜蛾为害不久的豌豆或口腔分泌物中缺乏 Inceptin 的幼虫为害的豌豆植株。四臂嗅觉仪生物测定发现，草地贪夜蛾幼虫取食为害 4 h 诱导豌豆植株释放的气味对同种初孵幼虫的引诱作用，取决于这些幼虫的取食经历。诱导植株的直接比较中，虫害株的引诱作用和合成的 Inceptin 处理的植株的引诱作用相当。E, E-4, 8-二甲基-1, 3, 7-壬三烯是草地贪夜蛾诱导的主要气味。但是这种物质和健株气味均比空气更有引诱力，初孵幼虫偏好这种物质补偿的植株（Carroll et al.，2008）。在"Y"形管中，玉米虫害株和健株对草地贪夜蛾 6 龄幼虫引诱力均比空气强，虫害株引诱力又比健株强。芳樟醇和 E4, E8-二甲基-1, 3, 7 壬三烯是为害 6 h 玉米释放的主要气味，也能引诱成虫。芳樟醇浓度越高，对 6 龄幼虫引诱力越强，以毛细管盛装加到玉米整株上引诱力增强，说明草地贪夜蛾同种个体之间有彼此依赖取食信息的趋势（Carroll et al.，2006）。因此，幼虫高密度聚集会造成自残现象，但幼虫个体却又利用其他个体取食诱导的气味聚集，这种矛盾的现象还没有获得很好的解释。

2 草地贪夜蛾成虫与幼虫的相互作用

草地贪夜蛾雌蛾在玉米上产卵，能降低幼虫取食玉米诱导释放的挥发物量，也能抑制机械伤口+幼虫反吐液诱导气味的释放，是一种特殊的后代照料形式，避免寄生性天敌对后代的攻击（Penaflor et al.，2011）。草地贪夜蛾雌蛾对玉米健康植株的趋向偏好性比同种幼虫为害 5~6 h 的植株强，可能是雌蛾避免种内竞争和避免后代被捕食的对策（Signoretti et al.，2012）。和白菜、大豆相比，草地贪夜蛾雌蛾对玉米有产卵偏好，勉强能接受在番茄上产卵。尽管雌蛾在白菜、大豆和番茄上产卵偏好性较低，但后代幼虫生长表现较好，说明草地贪夜蛾雌蛾产卵偏好性和幼虫生长表现是不一致的（Sotelo-Cardona et al.，2021）。此外，两个虫态寻找寄主利用的信息也不一致。水杨酸甲酯和反-α-佛手柑烯是草地贪夜蛾成虫产卵引诱剂，但不影响幼虫行为；乙酸香叶酯剂量不同行为活性也不同，能够作为雌蛾的产卵引诱剂或驱避剂；幼虫取食诱导成分（E）-4, 8-二甲基-1, 3, 7-壬三烯是产卵抑制剂。然而，将这些化合物添加到玉米自交系上引诱幼虫，说明草地贪夜蛾幼虫和成虫可利用不同气味信息进行寄主定向

（Yactayo Chang *et al.*，2021）。

3 草地贪夜蛾两性成虫之间的相互作用

Wang 等（2021）研究了延迟交配对草地贪夜蛾繁殖表现和寿命的影响。延迟交配设计的处理有两性同时延迟、雌虫延迟和雄虫延迟。延迟交配降低了交配成功率、产卵量、卵孵化率，缩短了雌蛾产卵期，延长了抱对持续期和寿命。延迟交配的天数与交配率、产卵量、孵化率和产卵持续期都呈显著负相关，无论哪个性别延迟。同时，延迟天数和抱对持续期的正相关关系出现在两性成虫同时延迟或者单独雄蛾延迟的处理中。总之，延迟交配使草地贪夜蛾总的繁殖量剧烈下降。草地贪夜蛾有 2 个形态上相似的寄主品系（取食玉米品系和取食水稻品系）。室内每个寄主品系各自喜欢同一寄主品系的异性交尾，羽化后第一个晚上相遇时这种交配偏好性最明显，但随后几个晚上越来越弱（Schöfl *et al.*，2011）。

日本冲绳县草地贪夜蛾种群 100 头雌蛾的腹部末端腺体正己烷提取物 GC-MS 分析发现了 6 种性信息素候选化合物：顺-9-十四碳烯乙酸酯（6 ng/雌蛾）、顺-11-十六碳烯乙酸酯、顺-11-十四碳烯乙酸酯、顺-7-十二碳烯乙酸酯、反-9-十二碳烯乙酸酯和顺-9-十四碳烯醇。这些化合物的比例是 100∶10∶1.3∶0.90∶0.13∶1.8。但这种自然配比只能捕获少量雄蛾。然而，100∶3 的顺-9-十四碳烯乙酸酯和顺-7-十二碳烯乙酸酯却能捕获大量雄蛾，以前该配方用来诱捕美国佛罗里达种群是最有效的。另一个大田试验中，100∶1 的配方甚至比 100∶3 的配方诱捕量还要大。当顺-9-十四碳烯乙酸酯和顺-7-十二碳烯乙酸酯的比例从 100∶1 增加到 100∶10 的时候，还能显著诱捕其他种类的雄蛾，包括劳氏黏虫 *Mythimna loreyi* 和南方棵纹夜蛾 *Chrysodeixis eriosoma*。针对日本种群，最高效简易的性诱芯配方是 100∶1 的顺-9-十四碳烯乙酸酯∶顺-7-十二碳烯乙酸酯（Wakamura *et al.*，2021）。

4 草地贪夜蛾与寄主的相互作用

草地贪夜蛾有 2 个形态上相似的寄主品系（取食玉米品系和取食水稻品系）。取食玉米的品系在网笼上所产的卵块量比玉米上更多，取食水稻的品系多将卵块产在狗牙根上。取食水稻的品系在狗牙根上卵块量是玉米上的 3.5 倍以上（Meagher *et al.*，2011）。在巴西南部，草地贪夜蛾在玉米上适合度指数最高（26.89），其次最适合的替代寄主是狗牙根 *Cynodon dactylon*（22.02）。相反，尖毛草（giant missionary grass）和平托花生（Pinto peanut）适合度指数分别只有 18.80 和 13.81，相对于参照玉米的适合度指数分别是 69.93% 和 51.35%。这是因为，玉米比其他植物有更丰富的灰分、精油、钾、磷、镁、氮、粗蛋白和铜（Ribeiro *et al.*，2020）。在印度果阿邦，饲用玉米受害率在 16%~52%，大黍 *Megathyrsus maximus*、巴拉草 *Brachiaria mutica* 和皱果苋 *Amaranthus viridis* 受害率分别为 9.0%、4.0% 和 13.0%。CIO 基因序列系统发育树分析发现，果阿邦种群是水稻株系。巴拉草和皱果苋上幼虫和蛹历期更长，分别是 18.6 d 和 10.7 d。饲用玉米饲养的种群雌蛾产卵量最多，幼虫历期和蛹历期最短（Maruthadurai and Ramesh，2020）。草地贪夜蛾为害或机械损伤诱导了大豆叶片代谢途径的变化，产出酚类物质，但只有虫害株对幼虫生长有负面影响（Peruca *et al.*，2018）。

5 草地贪夜蛾与同资源种团的相互作用

非洲乌干达地区，玉米蛀茎褐夜蛾 *Busseola fusca* 对玉米为害率曾高达60%，高粱受害较轻。然而，2016年草地贪夜蛾入侵该地区后，玉米蛀茎褐夜蛾在高粱和玉米上的为害程度发生逆转。播种后第6周、第9周和第16周玉米被害率分别只有36.7%、48.2%和24.0%，显著低于高粱的55.5%、53.2%和64.0%；相反，草地贪夜蛾在播种后第6周、第9周和第16周的玉米被害率高达89.5%、84.7%和86.0%，高粱上则是51.0%、56.5%和47.0%。这种明显的物种取代和寄主转移趋势究竟是竞争排斥作用还是集团内捕食作用，仍然需要弄清（Hailu *et al.*，2021）。在中国云南，草地贪夜蛾对斜纹夜蛾 *S. litura* 的取代，不是玉米叶片的营养质量调控的，因为玉米叶片遭受两种幼虫为害后，对同种个体和异种个体的发育速度均无影响。大田笼罩测试发现，草地贪夜蛾大龄幼虫对斜纹夜蛾成虫前的虫态的直接捕食或竞争性排斥作用，是首要原因。草地贪夜蛾幼虫通常造成斜纹夜蛾幼虫90%以上的死亡率。总之，入侵性草地贪夜蛾相对于本土鳞翅目害虫有明显竞争优势（Song *et al.*，2021）。在中国，草地贪夜蛾和亚洲玉米螟 *Ostrinia furnacalis* 等比例接虫时，草地贪夜蛾存活率高达90%以上，对亚洲玉米螟的捕食率超过40%。当两种昆虫以不同比例释放到玉米组织上，心叶上和天缨上草地贪夜蛾存活数量分别是亚洲玉米螟16倍和8.3倍。草地贪夜蛾幼虫很少受到亚洲玉米螟致死性攻击，且受到攻击时反抗对方的比例也比亚洲玉米螟更高（Zhao *et al.*，2022）。在美洲，草地贪夜蛾和谷实夜蛾 *Helicoverpa zea* 都能为害玉米雌穗，存在复杂的自残作用和集团内捕食作用。分别在饱食和饥饿的状态下测定了草地贪夜蛾和谷实夜蛾同种配对或者异种配对幼虫之间的相互作用。头部接触和畏缩是常见相互作用方式。尽管谷实夜蛾幼虫一般是进攻的一方，草地贪夜蛾多数是防守的一方，但总的结局是草地贪夜蛾具备竞争优势，因为谷实夜蛾6龄幼虫与4龄幼虫配对时，自残和捕食率更高（Bentivenha *et al.*，2017）。人工操控幼虫密度和共享饲料的持续期，分析草地贪夜蛾、玉米茎蛀褐夜蛾、非洲大螟 *Sesamia calamistis* 和斑禾草螟 *Chilo partellus* 资源利用的密度和持续期怎样影响幼虫存活率和相对生长速度，包括这些昆虫的种内相互作用和种间相互作用。所以4种昆虫均是既存在种内竞争也存在种间竞争，3种蛀茎害虫间的种间竞争强度，显著强于草地贪夜蛾和每种蛀茎害虫之间的竞争强度。为害禾谷类作物的害虫复合种群，每个种类在最优条件下幼虫种群密度较低时，更容易延长草地贪夜蛾和蛀茎类害虫之间的共存期（Sokame *et al.*，2022）。粉纹夜蛾 *Trichoplusia ni* 雌蛾在健康大豆上产卵频次比草地贪夜蛾幼虫为害的大豆要高，但在草地贪夜蛾雌蛾产过卵的大豆上产卵量显著多于健康大豆。幼虫取食诱导的大豆挥发物主要成分是水杨酸甲酯、吲哚和丁酸辛酯，雌蛾产卵诱导释放的主要成分是(R)-(+)-柠檬烯、丁酸辛酯和香叶基丙酮，但芳樟醇释放量下降（Coapio *et al.*，2016）。

6 草地贪夜蛾与微生物的相互作用

植物防卫植食性昆虫和病原菌的最重要途径分别是茉莉酸途径和水杨酸途径，两种途径之间的相互作用能调控植物对不同类型胁迫的防卫反应。抗玉米内州萎蔫病菌（Goss's bacterial wilt）的玉米，对后来草地贪夜蛾幼虫为害更敏感，这是由于茉莉酸的生物活性形式茉莉酸-异亮氨酸（JA-Ile）与水杨酸之间的拮抗性相互作用造成的（Da Silva et al.，2021）。此外，微生物也能够调控植物营养水平，间接影响草地贪夜蛾发生为害。为了研究玉米丛枝菌根真菌（arbuscular mycorrhizal fungi）对草地贪夜蛾幼虫取食叶片的影响，做了一个全因素（玉米基因型，Puma、Milpal 和 H318；丛枝菌根，接种、不接种、施用磷肥但不接种；草地贪夜蛾幼虫，存在、不存在）温室盆栽试验。接种丛枝菌根能促进玉米生长，提高叶片磷浓度，但同时草地贪夜蛾为害叶片更重，幼虫体重更大。玉米根磷浓度和幼虫体重显著正相关（Real-Santillán et al.，2019）。

7 草地贪夜蛾和寄生蜂之间的相互作用

草地贪夜蛾幼虫取食对植物气味释放的诱导作用，显著弱于海灰翅夜蛾 S. littoralis、甜菜夜蛾 S. exigua 和棉铃虫 H. armigera。这种抑制似乎是玉米特异的，取食棉花的草地贪夜蛾不存在这种作用。幼虫口腔分泌物中的成分能抑制玉米诱导性气味的释放，但对缘腹绒茧蜂 Cotesia marginiventris 寄主定向没有明显影响（de Lange et al.，2020）。在玉米自交系 W22 上，草地贪夜蛾幼虫口腔分泌物处理能诱导释放出少量萜类和吲哚，主要萜类成分能降低草地贪夜蛾对玉米的偏好性，缘腹绒茧蜂偏好性也会下降，说明缘腹绒茧蜂对草地贪夜蛾幼虫寄主的定向可能是其他释放量小的未鉴定化合物造成的（Block et al.，2018）。在东非，最常用于防治玉米蛀茎害虫的寄生蜂是螟黄足绒茧蜂 C. flavipes 和大螟盘绒茧蜂 C. sesamiae。然而，这些寄生蜂尽管可以寄生草地贪夜蛾幼虫，但是不会产生后代。在两项选择式生物测定中，寄生蜂产卵器刺蛰偏好性在草地贪夜蛾幼虫和其他蛀茎害虫寄主之间没有差异。在嗅觉仪测试中，寄生蜂受草地贪夜蛾为害株的引诱力比无虫植株强，甚至对草地贪夜蛾为害株的气味偏好性显著强于自然寄主幼虫为害的玉米植株。证实草地贪夜蛾能影响现有玉米蛀茎害虫与寄生蜂的相互作用（Sokame et al.，2021）。

参考文献

Bentivenha J P E, Baldin E L L, Montezano D, et al., 2017. Attack and defense movements involved in the interaction of *Spodoptera frugiperda* and *Helicoverpa zea* (Lepidoptera：Noctuidae) [J]. J Pest Sci., 90 (2)：433-445.

Block A K, Hunter C T, Rering C, et al., 2018. Contrasting insect attraction and herbivore induced plant volatile production in maize [J]. Planta, 248 (1)：105-116.

Carroll M J, Schmelz E A, Meagher R L, et al., 2006. Attraction of *Spodoptera frugiperda* larvae to volatiles from herbivore-damaged maize seedlings [J]. J Chem Ecol., 32 (9)：1911-1924.

Carroll M J, Schmelz E A, Teal P E A, 2008. The attraction of *Spodoptera frugiperda* neonates to cowpea seedlings is mediated by volatiles induced by conspecific herbivory and the elicitor inceptin [J]. J Chem Ecol., 34 (3)：291-300.

Coapio G G, Cruz-López L, Guerenstein P, et al., 2016. Herbivore damage and prior egg deposition on host plants influence the oviposition of the generalist moth *Trichoplusia ni* (Lepidoptera：

Noctuidae）［J］. J Econ Entomol, 109（6）: 2364−2372.

Hailu G, Niassy S, Bässler T, *et al.*, 2021. Could fall armyworm, *Spodoptera frugiperda* （J. E. Smith）invasion in Africa contribute to the displacement of cereal stemborers in maize and sorghum cropping systems［J］. Inter J Trop Ins Sci., 41（2）: 1753−1762.

He H, Zhou A, He L, *et al.*, 2022. The frequency of cannibalism by *Spodoptera frugiperda* larvae determines their probability of surviving food deprivation［J］. J Pest Sci., 95（1）: 145−157.

de Lange E S, Laplanche D, Guo H, *et al.*, 2020. *Spodoptera frugiperda* caterpillars suppress herbivore−induced volatile emissions in maize［J］. J Chem Ecol., 46（3）: 344−360.

Maruthadurai R, Ramesh R, 2020. Occurrence, damage pattern and biology of fall armyworm, *Spodoptera frugiperda* （J. E. smith）（Lepidoptera: Noctuidae）on fodder crops and green amaranth in Goa, India［J］. Phytoparasitica, 48（10）: 15−23.

Meagher R L, Nagoshi R N, Stuhl C J, 2011. Oviposition choice of two fall armyworm host strains［J］. J Insect Behav, 24（5）: 337−347.

Penaflor M F G V, Erb M, Robert C A M, 2011. Oviposition by a moth suppresses constitutive and herbivorer−induced plant volatiles in maize［J］. Planta, 234（1）: 207−215.

Peruca R D, Coelho R G, da Silva G G, *et al.*, 2018. Impacts of soybean−induced defenses on *Spodoptera frugiperda* （Lepidopterá: Noctuidae）development［J］. Arthropod−Plant Interact, 12（3）: 257−266.

Real−Santillán R O, del Val E, Cruz−Ortega R, 2019. Increased maize growth and P uptake promoted by arbuscular mycorrhizal fungi coincide with higher foliar herbivory and larval biomass of the Fall Armyworm *Spodoptera frugiperda*［J］. Mycorrhiza, 29（6）: 615−622.

Ribeiro L P, Klock A L S, Nesi C N, 2020. Adaptability and comparative biology of fall armyworm on maize and perennial forage species and relation with chemical−bromatological composition［J］. Neotr Entomol, 49（5）: 758−767.

Schöfl G, Dill A, Heckel D G, *et al.*, 2011. Allochronic separation versus mate choice: nonrandom patterns of mating between fall armyworm host strains［J］. Am Nat, 177（4）: 470−485.

Signoretti A G C, Peñaflor M F G V, Bento J M S, 2012. Fall armyworm, *Spodoptera frugiperda*, female moths respond to herbivore−induced corn volatiles［J］. Neotr Entomol, 41（1）: 22−26.

da Silva K F, Everhart S E, Louis J, 2021. Impact of maize hormonal interactions on the performance of *Spodoptera frugiperda* in plants infected with *Clavibacter michiganensis* subsp. nebraskensis［J］. Arthropod−Plant Interact, 15（2）: 699−706.

Sokame B M, Obonyo J, Sammy E M, *et al.*, 2021. Impact of the exotic fall armyworm on larval parasitoids associated with the lepidopteran maize stemborers in Kenya［J］. BioControl, 66（2）: 193−204.

Sokame B M, Subramanian P M S, Kilalo D C, 2022. Do the invasive fall armyworm, *Spodoptera frugiperda* （Lepidoptera: Noctuidae）, and the maize lepidopteran stemborers compete when sharing the same food?［J］. Phytoparasitica, 50（1）: 21−34.

Song Y, Yang X, Zhang H, 2021. Interference competition and predation between invasive and native herbivores in maize［J］. J Pest Sci., 94（2）: 1053−1063.

Sotelo−Cardona P, Chuang W P, Lin M Y, *et al.*, 2021. Oviposition preference not necessarily predicts offspring performance in the fall armyworm, *Spodoptera frugiperda* （Lepidoptera: Noctuidae）on vegetable crops［J］. Sci Rep, 11（1）: 15885.

Wakamura S, Arakaki N, Yoshimatsu S, 2021. Sex pheromone of the fall armyworm *Spodoptera frugiperda* (Lepidoptera：Noctuidae) of a "Far East" population from Okinawa, Japan [J]. Appl Entomol Zool, 56 (1)：19-25.

Wang Y, Zhang H, Wang X, 2021. Effects of delayed mating on the reproductive performance and lon-gevity of the fall armyworm, *Spodoptera frugiperda* (Lepidoptera：Noctuidae) [J]. Neotr Entomol, 50 (3)：622-629.

Yactayo C J P, Mendoza J, Willms S D, 2021. *Zea mays* volatiles that infuence oviposition and feeding behaviors of *Spodoptera frugiperda* [J]. J Chem Ecol., 47 (8-9)：799-809.

Zhao J, Hofmann A, Jiang Y, 2022. Competitive interactions of a new invader (*Spodoptera frugiperda*) and indigenous species (*Ostrinia furnacalis*) on maize in China [J]. J Pest Sci., 95 (1)：159-168.

土壤微生物与植物的互作

曾梓萱*，胡鑫俊，史锦花，王满囷**

（华中农业大学植物科学技术学院，武汉　430070）

摘　要： 土壤微生物多样性是影响地下生态系统结构和功能的关键因素之一。本文从土壤微生物与植物生长发育、土壤微生物与植物防御、植物对土壤微生物的塑造 3 个方面对土壤微生物与植物互作进行介绍，简单分析了影响土壤微生物的主要因素，对土壤微生物与植物互作的研究进行了展望，以期为进一步探明土壤微生物与植物互作提供参考。

关键词： 土壤微生物；植物生长；植物防御；根系分泌物

土壤中栖息着丰富多样的微生物群落，在长期进化过程中，这些土壤微生物与植物之间形成了紧密的联系。一方面，土壤微生物能帮助植物吸收养分、抵御胁迫，有利于植物健康生长。另一方面，植物也能通过释放根系分泌物，改变微生物的组成，塑造有益的土壤微生物群落。

1　土壤微生物对植物生长的影响

土壤微生物是推动生态循环的动力引擎，在降解有机物、保持土壤肥力、推动地球能量物质循环等过程中发挥着核心作用（Sokol *et al.*, 2022），近年来很多研究开始重视土壤微生物在农业生态系统中的功能，土壤微生物也被认为是植物健康生产的重要调节剂（Van Der Heijden *et al.*, 2008）。其中，细菌、真菌和原生生物作为土壤中重要的微生物，在促进植物吸收养分、提高植物产量等方面具有重要作用（Yadav *et al.*, 2021）。

细菌能够通过改变土壤养分供给和物质循环影响植物的生长（Schimel and Bennett, 2004）。具有代谢纤维素、多糖等物质功能的细菌在土壤中广泛分布，通过参与有机物的分解代谢、提高矿质元素矿化速率，为植物生长提供了养分。如纤维单胞菌属 *Cellulomonas* 能够降解纤维素，环状芽孢杆菌 *Bacillus circulans* 能够降解几丁质（Pepe-Ranney *et al.*, 2016）。土壤微生物碳也是土壤有机质的稳定来源（Schimel and Schaeffer, 2012），通过形成稳定的有机质，促进植物的生长发育（López-Mondéjar *et al.*, 2016）。此外，细菌的活动和代谢能够增强土壤中的元素循环，从而有利于植物的生长发育。将大气中含碳物质转化、固定并储存在土壤碳库中的过程，被称为土壤碳固存，土壤微生物是土壤碳固存的重要驱动因素，如甲烷营养细菌在碳循环中发挥着重要的作用（Bhatta *et al.*, 2022）。氮是影响作物产量的另一个关键元素。土壤细菌如亚硝

　*　第一作者：曾梓萱，硕士研究生；E-mail：Zengzx@ webmail. hzau. edu. cn

　**　通信作者：王满囷，教授，主要从事化学生态学研究；E-mail：mqwang@ mail. hzau. edu. cn

酸细菌和硝酸细菌，能够催化氧化还原反应参与氮循环，将氮转化为植物可利用的形式，并进一步提高植物的生产力（Coskun et al.，2017；Schimel and Bennett，2004）。固氮菌也是土壤中常见的细菌，能将大气中的氮转化固定到土壤中，提高土壤和植物的含氮量（Atamna-Ismaeel et al.，2012；Watanabe et al.，2016）。

真菌能够通过分解和运输等方式，在植物的营养吸收过程中发挥重要作用。大多数腐生性真菌参与植物凋落物的分解，如担子菌门 Basidiomycota 的白腐真菌 Phanerochaete chrysosporium 等，能够分解木质素、纤维素等化合物，有助于矿质元素从土壤到植物的转移（李德会等，2021）。此外，真菌还能与植物形成互利共生的关系，如丛枝菌根真菌，利用植物脂质作为碳源满足自身代谢需求的同时，也将土壤中养分和水分输送给植物，提高植物生产率（Jiang et al.，2017；Vogelsang et al.，2006；Watts-Williams et al.，2014）。

土壤原生生物是土壤食物能量网中的关键组成部分，因其在土壤中极其多样与丰度的特点，被认为是土壤生物化学养分循环过程的关键驱动因素（Geisen，2016）。其中具有捕食功能的原生生物作为优势种群（Oliverio et al.，2020），能够捕食土壤中的细菌、真菌等微生物，推动了土壤食物网的跨营养级能量转换和转移，对促进养分循环、改善土壤肥力、调节植物生长等方面产生了深远的影响（Gao et al.，2018）。

2 土壤微生物对植物防御的影响

土壤微生物作为植物的另一道防线，不仅能提高植物对植物病原菌和植食性昆虫的防御能力，还能与病原菌或昆虫发生直接作用，帮助植物抵御生物胁迫（Xiong et al.，2020；Yuan et al.，2018）。

土壤微生物提高了植物对病原菌的抵抗能力，研究表明，从患病小麦 Triticum turgidum L. var. durum 的根部微生物群落中发现，嗜根寡养单胞菌 Stenotrophomonas rhizophila （SR80）的相对丰度从区块土到根际土呈梯度增加，并与叶片防御基因表达量呈显著正相关关系；将 SR80 接种到土壤中后，能增强小麦对冠腐病的抗性（Liu et al.，2020a）。大豆 Glycine max（Linn.）Merr 根际微生物组测定结果表明，微生物多样性越高、网络结构越复杂，植物对病原菌的防御能力越强（William et al.，2018）。

土壤微生物也能增强植物的抗虫能力。当感知到植食性昆虫取食后，拟南芥 Arabidopsis thaliana 根部的根际细菌能够改变拟南芥释放的虫害诱导挥发物组分，增强对害虫天敌的吸引能力，降低害虫的为害程度（Pangesti et al.，2015）。土壤微生物还能直接影响植物的防御相关通路，如假单胞菌 Pseudomonas simiae 提高了拟南芥 JA/ET 通路中 ORA59 基因的表达水平，积累的亚麻荠素和芥子油苷抑制了甘蓝夜蛾 Mamestra brassicae Linnaeus 幼虫生长（Pangesti et al.，2016）。

此外，土壤微生物也能直接影响病原菌或昆虫，帮助植物抵御生物胁迫。土壤微生物通过释放的抑菌挥发物或以植物病原体为食的方式，抑制了病原菌的侵染（Garbevaa et al.，2014；Xiong et al.，2020；Xu et al.，2004）。土壤中常见的昆虫致病真菌球孢白僵菌 Beauveria bassiana 不仅能够侵入昆虫体腔使其致病，还能利用菌丝体将氮从昆虫体内转移到植物上（Behie et al.，2012）。

3 植物对土壤微生物的塑造

作为植物根系功能的延伸，根际微生物组扩展了植物根系功能，改善了根际结构，增强了植物对养分的吸收，提高了植物应对胁迫的能力（Liu et al., 2020b）。根系分泌物是植物根部释放到土壤中的一系列化合物（Vives-Peris et al., 2020），包括糖类、有机酸、脂肪酸等，是根际微生物在植物根际选择、定殖的关键因素，在塑造植物根际微生物组、促进植物的健康生长上具有重要作用（Neilson et al., 2013；Rolfe et al., 2019）。

根系分泌物驱动了植物与土壤微生物的相互作用，塑造的根部微环境有利于植物生长。根系分泌物能招募植物生长促进根际菌（PGPR）到根际，PGPR 的固氮、释放可溶性磷、合成吲哚乙酸等代谢活动，能够促进植物生长（Gouda et al., 2018；Pant et al., 2015）。植物利用根系分泌物招募土壤微生物到植物根际周围的过程，被称为趋化作用（Chagas et al., 2018）。研究发现木豆 Cajanus cajan、玉米 Zea mays 的根系分泌物对根瘤菌有较强的趋化作用，促使根瘤菌在植物根部顺利定殖（Vora et al., 2021）。墨西哥氮缺乏地区的玉米，能通过分泌富含糖类的根系分泌物，募集大量的固氮微生物在根际定殖，使其植物体内 29% ~ 82% 的氮都能通过微生物固氮作用从大气中获取（Lopez-Baltazar, 2018）。

另外，根系分泌物作为化感物质，能够改善根部微生物群落，帮助植物抵御胁迫，以适应环境。香豆素可改善拟南芥根际微生物群落结构，激活了微生物介导的铁活化过程，帮助植物应对铁胁迫（Harbort et al., 2020）。干旱胁迫下，花生根部能增加柚皮素、柠檬酸和乳酸的分泌，吸引招募根际促生细菌，从而逆转干旱对植物生长的负面影响（Cesari et al., 2019）。有研究表明，分泌有机酸是植物应对土壤磷、氮等养分缺乏的重要策略（Carvalhais et al., 2011），如苹果酸、柠檬酸分泌能缓解磷的胁迫（Hunter et al., 2014）。而近期研究表明，PGPR 丰度与有机酸含量、施氮水平相关，植物可能通过分泌有机酸来招募 PGPR（Chen et al., 2019）。玉米根系释放的苯并噁类物质能够改变土壤微生物群落，帮助植物抵御害虫。以昆虫取食玉米叶片前后的体重差、玉米抗性基因表达量为指标，测定植物的防御水平，发现苯并噁类物质塑造的土壤微生物群落能够提高植物防御能力（Hu et al., 2018）。

4 展望

土壤微生物在调节土壤理化性质、提高植物产量和抗逆性上具有重要作用，因此利用土壤微生物的生态功能来促进植物健康生产，有利于绿色农业的发展。但当前的研究发现，土壤微生物与植物互作，受诸多外界环境因素的影响。许多研究报道了有关全球变化背景下，对土壤微生物群落多样性及其与植物的互作产生了重要影响。同时，也有许多研究发现，蚯蚓作为土壤中重要的分解者，能够通过取食、消化、掘穴等活动，改善土壤物理结构，提高土壤的肥力，并对土壤微生物群落造成了影响（Boyer et al., 2013；Ferlian et al., 2020；Frazão et al., 2018；Groenigen et al., 2018）。许多农事操作，对土壤微生物也产生了显著影响。如施肥能够改变土壤细菌（Zeng et al., 2016）、真菌（Allison *et al.*, 2007）和原生生物（Zhao *et al.*, 2019）的群落组成和结构。为此，今后还应该全面分析在生态系统条件下，土壤微生物与植物的互作机制，以期为在农业系统中利用土壤微生物促进作物生长提供理论依据。

参考文献

李德会，韩周林，吴庆贵，等，2021. 影响森林细根分解的腐生真菌功能特性研究综述 [J]. 世界林业研究，34：25-31.

Allison S D, Hanson C A, Treseder K K, 2007. Nitrogen fertilization reduces diversity and alters community structure of active fungi in boreal ecosystems [J]. Soil Biol Biochem, 39：1878-1887.

Atamna-Ismaeel N, Finkel O, Glaser F, *et al.*, 2012. Bacterial anoxygenic photosynthesis on plant leaf surfaces [J]. Env Microbiol Rep, 4：209-216.

Behie S W, Zelisko P M, Bidochka M J, 2012. Endophytic Insect-Parasitic Fungi Translocate Nitrogen Directly from Insects to Plants [J]. Science, 336：1576.

Bhatta C, Siddhartha S, Ros G H, *et al.*, 2022. Soil carbon sequestration-An interplay between soil microbial community and soil organic matter dynamics [J]. Sci Total Environ.：152928.

Boyer J, Reversat G, Lavelle P, *et al.*, 2013. Interactions between earthworms and plant-parasitic nematodes [J]. Eur J Soil Biol., 59：43-47.

Carvalhais L C, Dennis P G, Fedoseyenko D, *et al.*, 2011. Root exudation of sugars, amino acids, and organic acids by maize as affected by nitrogen, phosphorus, potassium, and iron deficiency [J]. J Plant Nutr Soil Sc., 174：3-11.

Cesari A, Paulucci N, López-Gómez M, *et al.*, 2019. Restrictive water condition modifies the root exudates composition during peanut-PGPR interaction and conditions early events, reversing the negative effects on plant growth [J]. Plant Physiol Bioch, 142：519-527.

Chen S, Waghmode T R, Sun R, *et al.*, 2019. Root-associated microbiomes of wheat under the combined effect of plant development and nitrogen fertilization [J]. Microbiome, 7：1-13.

Coskun D, Britto D T, Shi W, *et al.*, 2017. Nitrogen transformations in modern agriculture and the role of biological nitrification inhibition [J]. Nat Plants, 3：17074.

Ferlian O, Thakur M P, Castañeda González A, *et al.*, 2020. Soil chemistry turned upside down：A meta-analysis of invasive earthworm effects on soil chemical properties [J]. Ecology, 101：29-36.

Frazão J, Goede R G M d, Capowiez Y, *et al.*, 2018. Soil structure formation and organic matter distribution as affected by earthworm species interactions and crop residue placement [J]. Geoderma, 338：453-463.

Gao Z, Karlsson I, Geisen S, *et al.*, 2018. Protists：Puppet Masters of the Rhizosphere Microbiome [J]. Trends Plant Sci., 24 (2)：165-176.

Garbevaa P, GeraHol W H, J. Termorshuizen A, *et al.*, 2014. Fungistasis and general soil biostasis-A new synthesis [J]. Soil Biol Biochem, 43：469-477.

Gouda S, Kerry R G, Das G, *et al.*, 2018. Revitalization of plant growth promoting rhizobacteria for sustainable development in agriculture [J]. Microbiological research, 206：131-140.

Groenigen J W V, Groenigen K J V, Koopmans G F, *et al.*, 2018. How fertile are earthworm casts? [J]. A meta-analysis. Geoderma, 335：525-535.

Harbort C J, Hashimoto M, Inoue H, *et al.*, 2020. Root-secreted coumarins and the microbiota inter-act to improve iron nutrition in Arabidopsis [J]. Cell host Microbe, 28: 825-837.

Hu L, Robert C A M, Cadot S, *et al.*, 2018. Root exudate metabolites drive plant-soil feedbacks on growth and defense by shaping the rhizosphere microbiota [J]. Nature Communications, 9: 1-13.

Hunter P J, Teakle G, Bending G D, 2014. Root traits and microbial community interactions in rela-tion to phosphorus availability and acquisition, with particular reference to Brassica [J]. Front Plant Sci., 5: 27.

Jiang Y N, Wang W X, Xie Q J, *et al.*, 2017. Plants transfer lipids to sustain colonization by mutualis-tic mycorrhizal and parasitic fungi [J]. Science, 356: 43-63.

Liu H, Li J, Carvalhais L C, *et al.*, 2020a. Evidence for the plant recruitment ofbeneficial microbes to-suppress soil-borne pathogen [J]. New Phytologist, 5: 2873-2885.

Liu H W, Brettell L E, Qiu Z G, *et al.*, 2020b. Microbiome-mediated stress resistance in plants [J]. Trends Plant Sci., 25: 733-743.

Liu T, Chen X Y, Gong X, *et al.*, 2019. Earthworms coordinate soil biota to improve multiple ecosystem functions [J]. Current Biology, 29: 3420-3429.

Lopez-Baltazar J, 2018. Nitrogen fixation in a landrace of maize is supported by a mucilage-associated di-azotrophic microbiota [J]. PLoS Biology, 16: 200-352.

López-Mondéjar R, Zühlke D, Becher D, *et al.*, 2016. Cellulose and hemicellulose decomposition by forest soil bacteria proceeds by the action of structurally variable enzymatic systems [J]. Scientific Re-ports, 6: 1-12.

Neilson E H, Goodger J Q D, Woodrow I E, *et al.*, 2013. Plant chemical defense: at what cost? [J]. Trends Plant Sci., 18: 205-258.

Oliverio A M, Geisen S, Delgado-Baquerizo M, *et al.*, 2020. The global-scale distributions of soil pro-tists and their contributions to belowground systems [J]. Science advances, 6: 87-96.

Pangesti N, Reichelt M, Van J E, *et al.*, 2016. Jasmonic acid and ethylene signaling pathways regu-late glucosinolate levels in plants during Rhizobacteria-Induced Systemic resistance against a leaf-che-wing herbivore [J]. J Che Ecol., 42: 1212-1225.

Pangesti N, Weldegergis B T, Langendorf B, *et al.*, 2015. Rhizobacterial colonization of roots modulates plant volatile emission and enhances the attraction of a parasitoid wasp to host-infested plants [J]. Oecologia, 178: 1169-1180.

Pant B-d, Pant P, Erban A, *et al.*, 2015. Identification of primary and secondary metabolites with phosphorus status-dependent abundance in a rabidopsis, and of the transcription factor PHR 1 as a ma-jor regulator of metabolic changes during phosphorus limitation [J]. Plant Cell Environ., 38: 172-187.

Pepe-Ranney C, Campbell A N, Koechli C N, *et al.*, 2016. Unearthing the ecology of soil microorgan-isms using a high resolution DNA-SIP approach to explore cellulose and xylose metabolism in soil [J]. Front in Microbiol, 7: 70-73.

Rolfe S A, Griffiths J, Ton J, 2019. Crying out for help with root exudates: adaptive mechanisms by which stressed plants assemble health-promoting soil microbiomes [J]. Curr Opin Microbiol, 49: 73-82.

Schimel J P, Bennett J, 2004. Nitrogen mineralization: challenges of a changing paradigm [J]. Ecology, 85: 591-602.

Schimel J P, Schaeffer S M, 2012. Microbial control over carbon cycling in soil [J]. Front in Microbiol, 3: 34-42.

Sokol N W, Slessarev E, Marschmann G L, et al., 2022. Life and death in the soil microbiome: How ecological processes influence biogeochemistry [J]. Nat Rev Microbiol: 1-16.

Van Der Heijden M G, Bardgett R D, Van Straalen NMJEl, 2008. The unseen majority: soil microbes as drivers of plant diversity and productivity in terrestrial ecosystems [J]. Ecology letters, 11: 296-310.

Vives-Peris V, de Ollas C, Gomez-Cadenas A, et al., 2020. Root exudates: from plant to rhizosphere and beyond [J]. Plant Cell Rep, 39: 3-17.

Vogelsang K M, Reynolds H L, Bever JDJNp, 2006. Mycorrhizal fungal identity and richness determine the diversity and productivity of a tallgrass prairie system [J]. New phytologist, 172: 554-562.

Vora S M, Joshi P, Belwalkar M, et al., 2021. Root exudates influence chemotaxis and colonization of diverse plant growth promoting rhizobacteria in the pigeon pea-maize intercropping system [J]. Rhizosphere, 18: 100-131.

Watanabe K, Kohzu A, Suda W, et al., 2016. Microbial nitrification in throughfall of a Japanese cedar associated with archaea from the tree canopy [J]. SpringerPlus, 5: 1-15.

Watts-Williams S J, Turney T W, Patti A F, et al., 2014. Uptake of zinc and phosphorus by plants is affected by zinc fertilizer material and arbuscular mycorrhizas [J]. Plant Soil, 376: 165-175.

William M L, M R J, Mattias D H, et al., 2018. Influence of resistance breeding in common bean on rhizosphere microbiome composition and function [J]. Nature Communications, 12: 212-224.

Xiong W, Song Y, Yang K, et al., 2020. Rhizosphere protists are key determinants of plant health [J]. Microbiome, 8.1: 1-9.

Xu C K, Mo M H, Zhang L M, et al., 2004. Soil volatile fungistasis and volatile fungistatic compounds [J]. Soil Biol Biochem., 36: 1997-2004.

Yadav A N, Kour D, Kaur T, et al., 2021. Biodiversity, and biotechnological contribution of beneficial soil microbiomes for nutrient cycling, plant growth improvement and nutrient uptake [J]. Biocatal Agricul Biotechnol, 33: 102-111.

Yuan J, Zhao J, Wen T, et al., 2018. Root exudates drive the soil-borne legacy of aboveground pathogen infection [J]. Microbiome, 1: 1-12.

Zeng J, Liu X, Song L, et al., 2016. Nitrogen fertilization directly affects soil bacterial diversity and indirectly affects bacterial community composition [J]. Soil Biol Biochem, 92: 41-49.

Zhao Z B, He Z J, Geisen S, et al., 2019. Protist communities are more sensitive to nitrogen fertilization than other microorganisms in diverse agricultural soils [J]. Microbiome, 7: 1-6.

草地贪夜蛾防治技术研究进展*

余明辉**，游秀峰，赵　曼，张利娟，刘艳敏，邢怀森，

王高平，郭线茹，李为争***

（河南省害虫绿色防控国际联合实验室/河南省害虫生物防控工程实验室/

河南农业大学植物保护学院，郑州　450002）

摘　要：草地贪夜蛾发源于美洲，途经非洲迁飞侵入亚洲，首先从云南侵入我国，然后在我国南北迁飞往返为害玉米等农作物，给我国粮食生产造成极大的威胁。本文分别从农业防治、生物防治、植物源活性物质、化学防治、综合防治5个方面，综述了草地贪夜蛾的防治技术研究进展。

关键词：草地贪夜蛾；农业防治；生物防治；植物源活性物质；化学防治；综合防治

草地贪夜蛾 *Spodoptera frugiperda* 是原产于北美洲的高度入侵性物种。这个种类对农作物尤其是玉米构成严重威胁，其入侵性是对不同环境较强的适应能力造成的。为了弄清这个物种的全球传播潜力以及对全球主要寄主植物带来的影响，基于物种分布建模，将全球发生地记录和生物气候变量结合起来，鉴定了草地贪夜蛾在当前和未来的气候适宜区，发现未来草地贪夜蛾的扩散潜力会增加12%~44%（Garcia and Godoy，2017）。

1　农业防治

1.1　间作套种

通过一系列大田试验和室内饲养试验，比较了草地贪夜蛾对玉米、苏丹草 *Sorghum sudanense*、太阳麻 *Crotalaria juncea* 和豇豆 *Vigna unguiculata* 的为害和取食情况。另一个试验比较了苏丹草与荞麦 *Fagopyrum esculentum* 混种或者与珍珠粟 *Cenchrus americanus* 混种。研究结果表明，草地贪夜蛾大田种群数量在玉米上最高，其次是苏丹草。太阳麻和豇豆上幼虫数量比苏丹草上少70%~96%，说明太阳麻或豇豆有助于大面积减少留居型和迁飞型种群数量。不同太阳麻种质资源上饲养的幼虫在体重增量上没有显著性差异（Meagher et al.，2022）。栖境操控采用覆盖作物、边界行播或者条播，以及保育益虫（例如天敌）。5个处理：玉米+花生，玉米+蚕豆，玉米+山蚂蝗，玉米+大豆，玉米单作。播种后9周，山蚂蝗间作的玉米上每25株的植株被害率和存活的草地贪夜蛾幼虫数显著低于单作玉米。玉米+蚕豆间作田卵块被赤眼蜂寄生的比例显著比单作玉米田高。瓢虫和大眼蟓丰富度在玉米+花生间作田显著比单作玉米田高。结果说明玉米—豆科植物间作在减害方面非常有效（Udayakumar et al.，2021）。

---

　*　基金项目：河南省重大科技专项"河南省草地贪夜蛾发生规律及防控技术研究与示范"（201300111500）

　**　第一作者：余明辉，硕士研究生；E-mail：MingHuiYu1999@163.com

　***　通信作者：李为争，副教授，主要从事农业昆虫与害虫防治研究；E-mail：wei-zhengli@163.com

1.2 施肥和生长调节剂

测试了不同浓度的硅酸、赤霉酸和茉莉酸及其组合叶面喷施对草地贪夜蛾生物学和诱导抗性的影响。取食硅酸、硅酸+赤霉酸、茉莉酸处理植物的幼虫，幼虫体重、预蛹期体重和蛹重更轻，而单用赤霉酸对这些参数没有影响。硅酸 2 ml/L、赤霉酸 0.5 mg/株显著降低了幼虫体重，雌虫寿命不受茉莉酸的影响，硅肥和生长调节剂处理的植物对草地贪夜蛾各种生物学参数有负面影响（Nagaratna et al., 2022）。硅肥处理的植物遭受虫害处理之后，草地贪夜蛾为害水平和幼虫体重增量均下降。施用硅肥但没有草食作用的本土品种根系干重更大。在草地贪夜蛾为害的情况下，本土品种的植株枝条重量比杂交种更大。施用硅肥的植株中过氧化氢的浓度更高。最高的过氧化物酶活性出现在施用硅肥但是没有接虫的处理中，过氧化氢酶和超氧化物歧化酶的活性在硅肥施用而不接虫的处理中或者有虫害但是不施用硅肥的处理中最高。结果表明，玉米基于硅的对草地贪夜蛾的防卫，涉及启动和耐受性的混合效应，在本土品种中表现更加明显（Sousa et al., 2022）。

1.3 温湿度调控

做了一系列试验研究其化蛹行为，以及土壤湿度对化蛹的影响。设计了 4 种土壤湿度水平（5%、25%、50% 和 80%），用于室内确定化蛹的位置和行为。4 项选择测试发现，多数幼虫喜欢在 25%~50% 的中等湿度土壤中化蛹，少数幼虫钻入 5% 或者 80% 的湿度极端的土壤中化蛹。非选择测试条件下，幼虫不喜欢在湿土（80%）中化蛹。然而，土壤湿度对羽化率没有显著影响（Shi et al., 2021）。2018—2019 年在刚果两个年度的重复观察试验表明，草地贪夜蛾高温、高蒸散条件下为害更重，降水量大时为害轻。幼虫发生、叶片为害水平和幼虫密度随着季节和农业生态区而显著变异（Cokola et al., 2021）。

1.4 抗虫品种

草地贪夜蛾对玉米叶片的取食为害主要决于叶片理化性状。在自然受害田测定了 3 个本地种（Chimbo、Elotillo 和 SanPableño）和 3 个市售种（Vs-536、Dekalb390 和 Impacto）上草地贪夜蛾的为害程度。整体上本地种比市售种受害轻。基因型之间形态学参数显著有差异，叶片受害与叶片 V12 期的硬度负相关，与 V8 期腺毛密度正相关（dos Santos et al., 2020）。研究了单抗除草剂耐受性玉米、抗虫玉米和双抗玉米对草地贪夜蛾取食偏好性和产卵的干扰作用。评测了 2 个非 Bt 玉米杂交种和 3 个 Bt 杂交种，结果发现幼虫和成虫的选择偏好性无关。雌蛾偏好选择转基因杂交种，而幼虫选择非转基因杂交种。幼虫回避表达 Bt 毒素的叶组织，仅在非 Bt 叶片组织上才能存活，雌蛾偏好转基因植物产卵，雌蛾偏好选择 Ag3700RR2 和非 Bt 杂交种产卵，正确的杂交种选择作为害虫对 Bt 植物抗性管理的一部分是很重要的（Nascimento et al., 2020）。在开放的野外试验中评测了 15 种对谷实夜蛾和草地贪夜蛾抗虫水平不同的玉米基因型的叶部和穗部为害情况、产量和黄曲霉毒素的含量。这些基因型中 9 种是非转基因的杂交种，6 个是含有转基因 MON810 和 MON88017 的 Bt 玉米品种。草地贪夜蛾在开放的大田中数量不多，为害分数在不同基因型之间没有显著差异，但是大田笼罩观察到一个基因型对草地贪夜蛾有抗虫性，人工接虫后 7~24 d 叶部受害和敏感基因型相对较轻。结合产量分析，自交基因型的玉米产量显著低于杂交品种的玉米产量（Farias *et al.*，2014）。幼虫在转基因和非转基因作物之间的高扩散率，能加速昆虫对 Bt 植物抗性的进化。研究两类棉花对草地贪夜蛾敏感、杂合和 Cry1F 抗性基因型的幼虫扩散格局和存活的影响。Cry1F 抗性基因型回避普通棉。杂合基因型和敏感基因型在非转基因棉为中心植物的时候有相似的幼虫扩散行为。草地贪夜蛾抗性管理策略在区域尺度上使用完全无污染的避难所，对于防止不同作物上的损失是非常关键的（Malaquias *et al.*，2020）。

1.5 诱导抗性

植食性昆虫为害和植物激素的施用能激活植物的通信通路，造成次生代谢物生产量更高，提高植物的防卫能力。Lopes 等研究了水稻被植食性昆虫取食以及外源施用茉莉酸甲酯、水杨酸甲酯之后诱导的局部和全株性的诱导抗性对草地贪夜蛾生长发育的影响，也研究了短管赤眼蜂 *Trichogramma pretiosum* 对相同处理的趋向反应。处理包括暴露于植食性昆虫，或者用 2 mmol、5 mmol 的茉莉酸甲酯处理，或者用 8 mmol、16 mmol 的水杨酸甲酯处理，或者对照。草地贪夜蛾幼虫在同种幼虫为害的水稻叶片上或者被害植株新形成的叶片上取食时体重增量下降，和对照相比，所有激素处理造成草地贪夜蛾取食量低于未处理的植株。寄生蜂对喷洒相同浓度激素的水稻植株诱产生正趋性反应。本研究表明水稻能通过外源施用植物激素的方式激活直接防卫和间接防卫（Lopes and Sant'Ana，2019）。

2 生物防治

2.1 病原微生物

病原真菌对隐藏心叶中取食的草地贪夜蛾幼虫极为有利，因为真菌在高湿的环境下分生孢子更容易产生，不受降雨的影响。研究了玉米上连续喷雾莱氏绿僵菌 *Metarhizium rileyi* 对草地贪夜蛾的防治效果，以及对群落中的典型捕食者 epigeans 和自然真菌株系自然发生的影响。第一个季节的 3 次喷雾处理中，为害率低于 0.2 头幼虫/株，不同处理之间被侵染的幼虫数量没有显著性差异。第二个季节，第 2 次喷雾和第 3 次喷雾之间，昆虫种群达到了 0.8 头幼虫/株，真菌处理样点在随后几周被莱氏绿僵菌感染的幼虫数量更多。新的真菌不会消灭真菌侵染样点中的真菌自然株系。在生长早期施用选择出的莱氏绿僵菌株系对玉米田的天敌发生没有显著的影响（Barros *et al.*，2021）。对 South umatra 的内生菌种类进行分子鉴定，并确定对草地贪夜蛾致病力最强的种类。球孢白僵菌、玉米弯孢菌叶斑病菌和金龟子绿僵菌有防治潜力（Herlinda *et al.*，2021）。中国发现莱氏绿僵菌能侵染草地贪夜蛾，纯化的分生孢子悬浮液对 4 龄幼虫有侵染力。用莱氏绿僵菌或环链虫草 Cordycepscateniannulata GZUIFR-S22 在 90% 湿度下侵染 7d，没有幼虫存活。环链虫草在 90% 湿度下暴露 7d 幼虫存活率不到 50%。环链虫草对草地贪夜蛾有致病性（Zhou *et al.*，2020）。测定了健康的草地贪夜蛾幼虫消化系统分离出的沙雷氏细菌的致病趋势，首先选择了致病因子直接表达量不同的若干沙雷氏菌株系。将不同的细菌分离物转接到草地贪夜蛾的体腔内，发现它们表现出不同水平的致病性，玉米防卫促进了幼虫血淋巴中致病性沙雷氏菌的侵染，而后者能够克服昆虫的抗菌防卫，植物能促进草地贪夜蛾肠道内部致病共生菌的初期侵染。肠道栖居细菌从共生的作用向着致病的作用转化的能力，对寄主有显著的影响，在多级营养层相互作用中被植物防卫所促进可能是更普遍的现象（Mason et al., 2022）。评价玉米接种球孢白僵菌 *Beauveria bassiana* 和金龟子绿僵对草地贪夜蛾幼虫的防治效果。商业化株系球孢白僵菌 Bb-18 和金龟子绿僵菌 Ma-30 浓缩到 $1×10^8$ 分生孢子/ml 的水平上，将它们构建为玉米植株器官的内生菌。两种真菌都能造成 2 龄幼虫 100% 的死亡率，金龟子绿僵菌的孢子萌发率最高。这些结果暗示着食虫真菌有助于玉米生产上草地贪夜蛾的可持续管理（Ramos et al., 2020）。

2.2 捕食性天敌

隐翅虫 *Paederus fuscipes* 是多食性捕食者，能够捕食各个龄期的草地贪夜蛾。成虫对各个龄期的草地贪夜蛾取食潜力有显著的差异，成虫捕食的一龄幼虫数量显著多于卵和二龄幼虫的捕食量。这是隐翅虫成虫捕食草地贪夜蛾的捕食潜力的第一个报道。该研究强调了多食性捕食者隐翅虫在管理入侵性草地贪夜蛾中的重要功能。因此，应当通过使用更安全的杀虫剂，鼓励隐翅虫的保育（Maruthadurai et al., 2022）。印度本土的叉角厉 *Eocanthecona furcellata*，能捕食草地贪夜蛾幼虫。1 头雌蝽能够捕食（126 ± 4.76）头 2 龄幼虫、（88±1.37）头 3 龄幼虫或（69±1.32）头 4 龄幼虫，但大田捕食表现不佳，原因是这些捕食者容易被更高营养层的寄生蜂类寄生（Keerthi et al., 2020）。

2.3 寄生性天敌

赤眼蜂的寄主搜索和寄主寄生行为受被害虫取食或产卵的植物释放的气味所影响。笔者研究了短管赤眼蜂 *Trichogramma pretiosum* 雌蜂在 2 个玉米品种和 1 个水稻品种被草地贪夜蛾取食或产卵之后的趋化性行为和寄生率。经受 24 h 取食之后的玉米和水稻植株，对赤眼蜂的引诱力比健康植株更强。寄生蜂在被产卵的水稻植株上的偏好性强于对照水稻植株。位于被取食为害的植物附近的植株上的卵被寄生率更高。这说明短管赤眼蜂不仅利用来自被取食为害的水稻和玉米植株的化学信息，而且利用它们作为搜索草地贪夜蛾卵并增加寄生率的一种策略（Sousa et al., 2021）。测定了 2 种卵寄生蜂（多食性短管赤眼蜂和专食性浆黑卵蜂）对草地贪夜蛾幼虫反吐液处理的或直接被幼虫为害的玉米幼苗的 HIPV 嗅觉反应。结果表明，多食者本能性地受反吐液处理后的植株释放的气味引诱。在此期间，气味主要由绿叶气味、芳香族混合物、单萜烯和同萜烯组成。合成绿叶气味行为测试证实了它们对多食者的引诱作用。多食者还能学习诱导后 6~7 h 释放的更复杂的挥发性混合物，主要由倍半萜组成。另外，专食者仅受幼虫新、老为害且与产卵伴随的气味引诱。这些结果说明卵寄生蜂和幼虫寄生蜂的寄生方式相似，多食者对 HIPV 有本能性反应，而专食者似乎更多地依赖联系性学习（Peñaflor et al., 2011）。*Eiphosoma laphygmae* 是草地贪夜蛾的经典天敌生物。这种寄生蜂可能对草地贪夜蛾是专化性的，在多样化杂草的系统中能够更好地构建种群（Allen et al., 2021）。植食性昆虫在植物表皮蜡质层上爬行会留下足迹化合物招引捕食者或寄生者。缘腹绒茧蜂是幼龄夜蛾独居性寄生蜂，能在一定距离依赖 HIPV 定向潜在寄主。降落后雌蜂进一步搜索利他素确认合适寄主，缘腹绒茧蜂能识别草地贪夜蛾幼虫遗留的化学足迹，幼虫足迹激发缘腹绒茧蜂特征性触角敲击行为的持效期长达 2 d。幼虫足迹和腹侧表皮正己烷提取物均能诱导触角敲打行为，暗示着前足和交配器是利他素主要来源（Rostás and

Wölfling，2009）。非选择性测试中，短角茧蜂 *Bracon brevicornis* 在 5 龄草地贪夜蛾上发育最好，2 项选择测试中，短角茧蜂对 4 龄或 5 龄幼虫的偏好性比 3 龄幼虫强，成功寄生取决于寄主麻醉和寄主免疫力的抑制。短角茧蜂的相互作用能够下调寄主的细胞免疫力，笼罩研究中寄主植物玉米的存在不影响短角茧蜂的寄生百分率，在玉米田评价了短角茧蜂的生物防治效果，发现释放短角茧蜂之后为害率平均下降 54%，短角茧蜂是一种 IPM 中很有希望的候选天敌（Ghosh *et al.*，2022）。植物对害虫为害反应释放出挥发性的防卫物，能够吸引天敌。利用 6 个玉米基因型：Zapalote、Chico（landrace）、Mirt2A、Sintético、Spodoptera（SS）、L3，以及 2 个市场化的杂交种 BRS4103、BRS1040，"Y" 形嗅觉仪测试发现，夜蛾黑卵蜂喜欢 SS 和 BRS4103 基因型被草地贪夜蛾诱导出的气味，SS 对草地贪夜蛾为害反应释放出更多的气味。另外，较大释放量的单萜、同萜或者倍半萜，与绿叶气味一起，是对夜蛾黑卵蜂引诱力最强的配方；然而，只有绿叶气味的情况下，即使释放量更大也没有引诱作用。这些结果说明玉米受草地贪夜蛾为害产生的挥发性防卫通信随着玉米基因型的不同而出现显著的变异，这种变异影响夜蛾黑卵蜂的寄主搜索行为（Michereff *et al.*，2019）。

2.4　性信息素诱杀

通过野外诱捕测试了苯乙醛+性信息素对草地贪夜蛾雄虫的诱捕增效作用。在性诱饵中加入苯乙醛不能增加诱捕量，对性信息素有抑制作用。非靶标膜翅目也能诱捕，苯乙醛诱捕器比性信息素诱捕器能诱捕到更多的泥蜂（Meagher，2001）。在 1.5m 高度悬挂性信息素诱捕器时草地贪夜蛾诱捕量平均值更大，Obasuper98 玉米品种和木薯间作诱捕的草地贪夜蛾数量更多。玉米和木薯间作会增加草地贪夜蛾的生物学活性，丰富寄主的存在会增加其为害峰期的虫量。间作系统中的木薯加重了草地贪夜蛾对玉米的取食或产卵为害（Nwanze *et al.*，2021）。风洞中苯乙醛+性信息素对草地贪夜蛾雄虫的引诱作用比信息素单独使用强，苯乙醛在供试剂量下单用无效（Meagher and Mitchell，1998）。英国和北美的草地贪夜蛾诱芯捕获量差异很大，重新研究哥斯达黎加种群信息素鉴定出 4 种乙酸酯类，Z7-12:OAc 和 Z9-12:OAc 单用有很强引诱力。Z7-12:OAc+Z9-14:OAc 显著增加了引诱力，捕获量至少是北美或英国诱芯的 10 倍。将 Z11-16:OAc 加入上述二元配方稍微增加捕获量。三元配方中 Z7-12:OAc 剂量提高到 5% 捕获量显著下降。最优诱芯含有 Z7-12:OAC（Andrade *et al.*，2000）。

3　植物源活性物质

3.1　植物精油

研究了巴西一些植物的精油以及甲基胡椒酚对草地贪夜蛾代谢和发育的影响。巴西烛树 *Eremanthus erythropappus*、塞勒罗勒 *Ocimum selloi*、山香 *Hyptis suaveolens*、灌木薄荷 *Hyptis marrubioides* 水蒸气蒸馏得到的精油用气相色谱法分析。为 48 h 的幼虫提供含有塞勒罗勒精油主成分甲基胡椒酚混入的人工饲料。塞勒罗勒精油主成分是甲基胡椒酚，巴西烛树精油的主成分是 α-甜没药醇，山香精油主成分是二环大根香叶烯，灌木薄荷精油的主成分是 β-侧柏酮。塞勒罗勒对幼虫毒性最高，对乙酰胆碱酯酶抑制活性最低。甲基胡椒酚表现出最强的杀虫活性，有希望作为一种天然杀虫剂防治草地贪夜蛾

（de Menezes *et al.*，2020）。马鞭草 *Lippiagracilis schauer* 是巴西北部和东北部热带区的一种杂草。它的精油已经测试了害虫防治效果。GC 和 GC-MS 分析鉴定出 24.5% 的 α-蒎烯、16.2% 的 1,8-桉叶油素、11.9% 的 β-蒎烯、9.6% 的柠檬烯是主要成分，占总得率的 4.3%。在杀虫活性上，精油比 α-蒎烯的活性更强，说明杀虫活性是成分混合物增效作用的模式。这种精油有希望成为防控草地贪夜蛾的一种可持续性管理工具（Monteiro *et al.*，2021）。杉叶红千层 *Callistemon speciosus* 精油主要成分是 1,8-桉叶油素、α-蒎烯和柠檬烯，对草地贪夜蛾有杀虫活性，24 h 以 1.5% 体积比处理时死亡率均为 100%（Silvestre *et al.*，2022）。

3.2 非挥发性植物源杀虫剂

据报道，研究柯柏胶树 *Copaifera langsdorffii* 叶片和树皮的溶剂提取物对草地贪夜蛾生物活性的影响，发现其可作为这种害虫可持续管理中自然生物活性分子的替代来源。柯柏胶树树叶和树皮的提取物显著地降低了草地贪夜蛾的食物摄入量、排粪量、幼虫体重，并造成幼虫发育速度减缓。另外，柯柏胶树提取物延长了产卵期；诱导卵形态学变化，包括卵表皮的形变，卵膜孔和气肛区的形变，卵活力的下降。但是，柯柏胶树溶剂提取物对幼虫和蛹的存活率、蛹历期、蛹存活率、性比、寿命、产卵前期、雌虫繁殖力没有负面的影响（Sâmia *et al.*，2016）。测试了不同浓度的蓖麻油和蓖麻碱对草地贪夜蛾的生物活性，蓖麻油和蓖麻碱是活性成分，每一种种子提取物均比相应的叶提取物活性高（Ramos-López *et al.*，2010）。研究了 *Trichilia pallida*、*Trichilia pallens*、*Toona ciliata* 的次生代谢物对草地贪夜蛾的生物活性，包括 *Toona ciliata* 的枝条、果实和茎中分别分离出的（+/-）-儿茶素、甘油三酯和洋椿苦素；*Trichilia pallida* 叶片中分离的达玛烯二醇；*Trichilia pallens* 枝条中分离的东莨菪内酯。试验方法包括口服和皮试。处理饲料饲喂 1 龄幼虫来评测口服效应，3 龄幼虫前胸背板涂布法测试皮试效应。逐日观察死亡率，记录摄入后 7 d 的幼虫体重和皮试 5 d 后的幼虫体重。莨菪亭和甘油三酯造成的死亡率较低，幼虫摄入之后体重下降。（+/-）-儿茶素类造成摄入后幼虫体重下降，莨菪亭皮试降低了存活率。活性最强的是洋椿苦素，主要通过口服影响幼虫存活率和发育，选择性试验中获得的拒食指数在 0.036 5%、0.065 9% 的浓度下分别是 23.5%、36.3%。非选择性条件下处理叶碟被食量在 0.065 9% 浓度处理时显著比对照叶碟被食量少，洋椿苦素能够造成草地贪夜蛾的致死效应和亚致死效应（Giongo *et al.*，2016）。印楝素是防治草地贪夜蛾最有效的植物源杀虫剂，能抑制幼虫生长，破坏脂肪体结构，改变解毒基因的 mRNA 水平。编码解毒酶的基因中上调的基因可能与印楝素的解毒有关（Yu *et al.*，2023）。

3.3 拒食剂

山刺番荔枝的叶粗提物可用于杀灭虱子、抗流感和抗失眠。主要活性成分是番荔枝辛、顺番荔枝辛-10-酮、densico-macin-1、gigantetronenin、murihexocin-B 和 tucupentol。测定了这些物质对草地贪夜蛾的拒食性和毒性，所有化合物在饲料中达到一定剂量时能造成幼虫和蛹 100% 的死亡率。此外，化合物 2、3 和 4 以相同的剂量使用时拒食率达到 80% 以上。确定了对幼虫具有最强烈毒性的化合物 1、2 和 4 的 LD_{50} 值，表明化合物 3（mono-THFacetogenins）是高效的天然杀虫剂。上述化合物与 NADH 氧化酶的活性无关，表明线粒体复合酶 I 的抑制不是造成幼虫死亡的唯一原因（Blessing *et al.*, 2010）。取食实验研究了来自 *Piper cenocladum* 和 *P. imperiale* 的酰亚胺和酰胺（以下简称酰胺）对专食性昆虫尺蛾 *Eois nympha* 和多食性鳞翅目幼虫草地贪夜蛾的协同增效效应。每种胡椒属植物有 3 种独特的酰胺，在每个实验中使幼虫取食不同浓度的酰胺或 3 种酰胺的混合物。来自 *P. imperiale* 的酰胺对多食者的生存和专食者的蛹生物量有负面协同效应，*Piper cenocladum* 的酰胺也能协同增加寄生蜂对这些幼虫的致死百分率，混合酰胺对幼虫抗寄生性和蛹重的直接负面影响比通过改变昆虫生长速度和可消化性带来的间接效应更大（Richards *et al.*, 2010）。热带灌木 *Piper cenocladum* 常与蚂蚁共御植食性昆虫，含 3 种酰胺。蚂蚁主要抵御专食者，推测酰胺类次生物防卫大量昆虫。测试了这些酰胺是否相互增效。酰胺混合物造成草地贪夜蛾蛹重减轻、存活率下降、发育延迟。酰胺混剂也抑制 2 种蚂蚁取食，该植物粗提物强烈驱避杂食蚁。所有试验中，3 种酰胺全混合物驱避作用和毒性最强，通常超过期望的加成效应，表明其对各种植食性昆虫存在协同增效作用（Dyer *et al.*, 2003）。测试了 7 科植物（冬青科、天门冬科、石竹科、薯蓣科、豆科、蔷薇科、无患子科）大量糖基化和非糖基化皂苷类对谷实夜蛾（单子叶和双子叶植物均能取食）和草地贪夜蛾（主要取食草本植物）的活性。多数皂苷对 2 种昆虫有相似活性和无活性，与苷元相比，糖基化皂苷是主要活性形式。皂苷类是糖基化的拒食活性较强（Dowd *et al.*, 2011）。

4 化学防治

草地贪夜蛾有效的防治方法是乙酰甲胺磷叶面喷雾和灌根，大田试验发现乙酰甲胺磷 6 000 ga/hm² 处理最有效。乙酰甲胺磷被根部吸收，向上运输，富集于叶片，尤其是新叶。处理后 60 d 玉米籽粒中的最终残留在检测限以下。灌根时 2 种农药在植株上的分布更加均匀，持效期也优于叶面喷雾，延长了防治效果。这种害虫防治方法可以用来降低农药残留，并且安全而高效地防治草地贪夜蛾（Wu *et al.*, 2021）。测试了印度不同草地贪夜蛾种群对杀虫剂的敏感度水平。通过浸叶法估计 3 龄幼虫的 LC_{50} 值。LC_{50} 最小值是甲维盐（0.11～0.12 mg/kg），最大值是氯吡硫磷（99.73～106.32 mg/kg）。特定农药在不同种群中 LC_{50} 的差异不显著，说明印度南部发生的是相似的种群（Dileep Kumar and Mohan, 2022）。将草地贪夜蛾幼虫轮换暴露于乙基多杀霉素（spinetoram）和氰氟虫腙，研究杀虫效果和生物反应。施药后 4 d，能够存活的幼虫用于随后世代的处理。在 G7 世代，对人工选择的种群 M-MET、M-SPI、M-Rotation 以及对照组的幼虫进行抗药性评价，确定用于计算繁殖力生命表参数的生物学特征，进一步在不同处理之间比较。氰氟虫腙和乙基多杀霉素在人工选择压力下经过 5 个世代，抗药性频率分别增加了 49.5% 和 29.2%。

然而，杀虫剂的轮换使用降低了抗性频率大约 50%。来源于连续暴露于杀虫剂的个体，表现出卵孵化期延迟、蛹畸形百分率更高、幼虫历期与蛹历期更长、羽化率下降、成虫寿命缩短等现象，暗示着与抗药性伴生的适应性代价（Barbosa *et al.*, 2020）。在广西甘蔗田的飞防试验表明，溴虫腈-氯虫苯甲酰胺-虱螨脲三元混合物对草地贪夜蛾防治效果最好，种群下降率为 95.86%，防治效果为 94.94%。阿维菌素-氯虫苯甲酰胺混剂以及溴虫腈-虱螨脲混剂的种群衰退率防治效果也达到了80%以上。然而，阿维菌素-毒死蜱混剂种群衰退率只有20.82%，防治效果只有21.85%。因此，推荐使用溴虫腈-氯虫苯甲酰胺-虱螨脲三元混合物防治草地贪夜蛾（Song et al.，2020）。2016—2018年从巴西玉米种植区大田采集种群进行大田种群的基线敏感性发现，致死中浓度从18.3 μg/ml到25.1 μg/ml。在这个浓度下的存活率在0%到8.4%。利用F_2代筛选方法，整体上估计的抗性等位基因频率为0.000 3。没有观察到溴虫腈和其他杀虫剂及Bt蛋白之间的交叉抗性。在巴西用于害虫管理工程的溴虫腈使草地贪夜蛾进化出抗药性的风险是很低的（Kanno et al.，2020）。菊酯和茚虫威是防治草地贪夜蛾常用的农药，负面作用包括产生抗药性，以及导致土壤、水和农产品污染。SfNav有昆虫钠离子通道的一般结构，其表达量的下调能够减少草地贪夜蛾与菊酯和茚虫威的结合，上调则促进抗药性的产生（Wang et al.，2021）。用草地贪夜蛾来研究选择压对代谢杀虫剂的肠道微生物结构、多样性和容量的影响。比较了抗性品系和敏感品系的幼虫肠道微生物成分，以及巴西5个洲的玉米田采集的幼虫的肠道微生物。田间采集的幼虫伴生细菌比室内筛选的抗性品系分离的细菌生长更好，有能力代谢更多杀虫剂种类。

此外，杀虫剂基质中分离的多数系统发育型是在自然种群肠道微生物中固定的。大田种群具有肠道微生物更多样化、对农药代谢能力更强的特征，说明需要进一步研究在寄主植物上杀虫剂解毒时肠道微生物的功能，以及这些微生物对农药防治效果的影响（Gomes et al.，2020）。

5 综合防治

印度学者测试了IPM策略由控制释放的信息素诱捕器、4次释放短管赤眼蜂 Trichogramma pretiosum、2次喷雾印楝油、Bt（NBAIR - BT25）和金龟子绿僵菌（NBAIRMa-35）各1次喷雾构成，经过60 d处理之后，卵块数下降了71.64%~76%，幼虫种群下降了74.44%~80%。基于生物防治的IPM田块玉米产量比农户实践田要高，后者的管理方式是用甲维盐5%喷雾6~7次，增产效果为38.3%~42.29%。因此，这种模式形成了生态友好和农民友好的管理草地贪夜蛾的基础（Varshney et al.，2021）。印度学者发现硫双威毒饵（50 kg 米粉+5 kg 棕榈糖+500 g 硫双威，50 kg/hm²）效果很好，髓部受害最低（8.5%），产量更高（7 344 kg/hm²）。多杀霉素175 ml/hm²和乙基多杀霉素250 ml/hm²处理效果和硫双威毒饵处理相当。大田实验结果表明，多杀霉素和乙基多杀霉素在管理玉米田草地贪夜蛾时是高效的（Srujana et al.，2022）。对楝树种子油（3%印楝素）、Emastar112乳油（甲维盐 48 g/L + 啶虫脒 64 g/L）、Eradicoat（282 g/L麦芽糊精）进行药效实验，结果表明，Emastar112乳油处理的玉米幼虫为害一般轻于Eradicoat或楝树种子油处理的玉米。对照田的为害更重，但是随着处理区用药频次的增加而下降，Emastar112乳油处理的玉米受害较轻。这个变量也随着施药次数的增加而下降。玉米产量仅受喷雾时间的显著影响，对照田产量最低。2年中，喷雾2次、3次、4次的玉米产量最低是对照田的1.5倍。Emastar112乳油的净经济收益最高。在VE-V5期单独喷施一次这种农药的收益最大，Eradicoat或楝树种子油需要喷雾2次。因此，合成杀虫剂和生物农药需要不同的施药频次来高效防治草地贪夜蛾（Nboyine et al.，2022)。研究了选择的生物合理性杀虫剂和化学杀虫剂在加纳 2 个玉米品种上对草地贪夜蛾的防治效果。2 个玉米品种是 Ewul-boyu 和 Wang-dataa，杀虫剂有 NSO 楝树种子精油（印楝素）、Agoo（Bt+杀虫单）、KD215EC（氯吡硫磷+高效氯氟氰菊酯）、KOptimal（高效氯氟氰菊酯+啶虫脒），品种对测定的变量没有显著的影响。处理前被试农药的平均幼虫为害没有显著性差异。处理之后，对照样点为害最重，KOptimal 处理的玉米为害最轻。使用生物合理性杀虫剂或者化学杀虫剂，造成投资回报指数达到了1.5~2.0，施用 Agoo 的投资回报指数最高。结果表明，被试玉米品种不抗草地贪夜蛾。应当使用对环境安全的农药例如楝树种子油或者 Bt 来缓解草地贪夜蛾的为害，因为它们的防治效果和经济回报和化学农药相比没有差异（Nboyine *et al.*，2021）。

参考文献

Allen T, Kenis M, Norgrove L, 2021. *Eiphosoma laphygmae*, a classical solution for the biocontrol of the fall armyworm, *Spodoptera frugiperda*[J]. Journal of Plant Diseases and Protection, 128（5）：1141-1156.

Andrade R, Rodriguez C, Oehlschlager A C, 2000. Optimization of a Pheromone Lure for *Spodoptera frugiperda*（Smith）in Central America [J]. J. BraZ. Chem. Soc., 11（6）：609-613.

Barbosa M G, André T P P, Pontes A D S, *et al.*, 2020. Insecticide rotation and adaptive fitness cost underlying insecticide resistance management for *Spodoptera frugiperda*（Lepidoptera：Noctuidae）[J]. Neotropical Entomology, 49（6）：882-892.

Barros S K A, de Almeida E G, Ferreira F T R, *et al.*, 2021. Field efficacy of Metarhizium rileyi applications against *Spodoptera frugiperda*（Lepidoptera：Noctuidae）in maize [J]. Neotropical Entomology, 50（6）：976-988.

Blessing L D T, Colom O A, Popich S, *et al.*, 2010. Antifeedant and toxic effects of acetogenins from AnnonaMontana on *Spodoptera frugiperda* [J]. J Pest Sci., 83（3）：307-310.

Cokola M C, Mugumaarhahama Y, Noël G, *et al.*, 2021. Fall Armyworm *Spodoptera frugiperda*（Lepidoptera：Noctuidae）in South Kivu, DR Congo：Understanding How Season and Environmental Conditions Influence Field Scale Infestations [J]. Neotropical Entomology, 50（1）：145-155.

de Menezes C W G, Carvalho G A, Alves D S, *et al.*, 2020. Biocontrol potential of methyl chavicol for managing *Spodoptera frugiperda*（Lepidoptera：Noctuidae）, an important corn pest [J]. Environmental Science and Pollution Research, 27（5）：5030-5041.

Dileep Kumar N T, Mohan K M, 2022. Variations in the susceptibility of Indian populations of the fall armyworm, *Spodoptera frugiperda*（Lepidoptera：Noctuidae）to selected insecticides [J]. International Journal of Tropical Insect Science, 42（3）：1707-1712.

dos Santos L F C, Ruiz-Sánchez E, Andueza-Noh R H, *et al.*, 2020. Leaf damage by *Spodoptera frugiperda* J. E. Smith（Lepidoptera：Noctuidae）and its relation to leaf morphological traits in maize landraces and commercial cultivars [J]. Journal of Plant Diseases and Protection, 127（1）：103-109.

Dowd P F, Berhow M A, Johnson E T, 2011. Differential activity of multiple saponins against omnivorous insects with varying feeding preferences [J]. J Chem Ecol., 37（5）：443-449.

Dyer L A, Dodson C D, Stireman III Jo, *et al.*, 2003. Synergistic effects of three Piper amides on generalist and specialist herbivores [J]. J Chem Ecol., 29（11）：2499-2514.

Farias C A, Brewer M J, Anderson D J, *et al.*, 2014. Native maize resistance to corn earworm, *Helicov-*

erpa zea, and fall armyworm, *Spodoptera frugiperda*, with notes on aflatoxin content [J]. Southwestern Entomologist, 39 (3): 411-426.

Garcia A G, Godoy W A C, 2017. A theoretical approach to analyze the parametric influence on spatial patterns of *Spodoptera frugiperda* (J. E. Smith) (Lepidoptera: Noctuidae) populations [J]. Neotrop Entomol., 46 (3): 283-288.

Ghosh E, Varshney R, Venkatesan R, 2022. Performance of larval parasitoid, Bracon brevicornis on two Spodoptera hosts: implication in bio control of *Spodoptera frugiperda* [J]. Journal of Pest Science, 95 (1): 435-446.

Giongo A M M, Vendramim J D, Freitas S D L, *et al.*, 2016. Toxicity of secondary metabolites from meliaceae against *Spodoptera frugiperda* (J. E. Smith) (Lepidoptera: Noctuidae) [J]. Neotrop Entomol., 45 (6): 725-733.

Gomes A F F, Omoto C, Cônsoli F L, 2020. Gut bacteria of field collected larvae of *Spodoptera frugiperda* undergo selection and are more diverse and active in metabolizing multiple insecticides than laboratory selected resistant strains [J]. Journal of Pest Science, 93 (2): 833-851.

Herlinda S, Gustianingtyas M, Suwandi S, *et al.*, 2021. Endophytic fungi confirmed as entomopathogens of the new invasive pest, the fall armyworm, *Spodoptera frugiperda* (JE Smith) (Lepidoptera: Noctuidae), infesting maize in South Sumatra, Indonesia [J]. Egypt J Biol Pest Control, 31: 124.

Kanno R H, Bolzan A, Kaiser I S, *et al.*, 2020. Low risk of resistance evolution of *Spodoptera frugiperda* to chlorfenapyr in Brazil [J]. Journal of Pest Science, 93 (1): 365-378.

Keerthi M C, Sravika A, Mahesha H S, *et al.*, 2020. Ahmed SPerformance of the native predatory bug, *Eocanthecona furcellata* (Wolff) (Hemiptera: Pentatomidae), on the fall armyworm, *Spodoptera frugiperda* (J. E. Smith) (Lepidoptera: Noctuidae), and its limitation under field condition [J]. Egyptian Journal of Biological Pest Control, 30: 69.

Lopes F B, Sant'Ana J, 2019. Responses of *Spodoptera frugiperda* and Trichogramma pretiosum to rice plants exposed to herbivory and phytohormones [J]. Neotrop Entomol., 48 (3): 381-390.

Malaquias J B, Caprio M A, Godoy W A C, *et al.*, 2020. Experimental and theoretical landscape influences on *Spodoptera frugiperda* movement and resistance evolution in contaminated refuge areas of Bt cotton [J]. J Pest Sci., 93 (1): 329-340.

Maruthadurai R, Ramesh R, Veershetty C, 2022. Prevalence and predation potential of rove beetle Paederus fuscipes Curtis (Coleoptera: Staphylinidae) on invasive fall armyworm *Spodoptera frugiperda* in fodder maize [J]. Natl Acad Sci Lett., 45 (2): 119-121.

Mason C J, Peifer M, Clair A S, *et al.*, 2022. Concerted impacts of antiherbivore defenses and opportunistic Serratia pathogens on the fall armyworm (*Spodoptera frugiperda*) [J]. Oecologia, 198 (1): 167-178.

Meagher R L, 2001. Trapping fall armywormadults in traps baited with pheromone and a synthetic floral volatile compound [J]. Fla Entomol., 84 (2): 288-292.

Meagher R L, Mitchell E R, 1998. Phenylacetaldehyde enhances upwind flight of male fall armyworm to its sex pheromone [J]. Fla Entomol., 81: 556-559.

Michereff M F F, Magalhães D M, Hassemer M J, 2019. Variability in herbivore-induced defence signalling across different maize genotypes impacts significantly on natural enemy foraging behaviour [J]. J Pest Sci., 92 (2): 723-736.

Nagaratna W, Kalleshwaraswamy C M, Dhananjaya B C, *et al.*, 2022. Effect of silicon and plant growth regulators on the biology and fitness of fall armyworm, *Spodoptera frugiperda*, a recently invaded pest of maize in India [J]. Silicon, 14 (2): 783–793.

Nascimento P T, Von Pinho R G, Fadini M, *et al.*, 2020. Does singular and stacked corn affect choice behavior for oviposition and feed in *Spodoptera frugiperda* (Lepidoptera: Noctuidae)? [J]. Neotrop Entomol., 49 (2): 302–310.

Nboyine J A, Asamani E, Agboyi L K, *et al.*, 2022. Assessment of the optimal frequency of insecticide sprays required to manage fall armyworm (*Spodoptera frugiperda* J. E Smith) in maize (*Zea mays* L.) in northern Ghana [J]. CABI Agriculture and Bioscience, 3: 3.

Nboyine J A, Kusi F, Yahaya I, *et al.*, 2021. Effect of cultivars and insecticidal treatments on fall armyworm, *Spodoptera frugiperda* (J. E. smith), infestation and damage on maize [J]. International Journal of Tropical Insect Science, 41 (2): 1265–1275.

Nwanze J A C, BobManuel R B, Zakka U, *et al.*, 2021. Population dynamics of fall army worm (*Spodoptera frugiperda*) J. E. Smith (Lepidoptera: Nuctuidae) in maize – cassava intercrop using pheromone traps in Niger Delta Region [J]. Bull Natl Res Cent., 45: 44.

Peñaflor M F G V, Erb M, Miranda L A, *et al.*, 2011. Herbivore – induced plant volatiles can serve as host location cues for a generalist and a specialist egg parasitoid [J]. J Chem Ecol., 37 (12): 1304–1313.

Ramos Y, Taibo A D, Jiménez J A, *et al.*, 2020. Endophytic establishment of Beauveria bassiana and Metarhizium anisopliae in maize plants and its effect against *Spodoptera frugiperda* (J. E. Smith) (Lepidoptera: Noctuidae) larvae [J]. Egyptian Journal of Biological Pest Control, 30: 20.

Ramos-López M A, Pérez G S, Rodríguez–Hernández C, *et al.*, 2010. Activity of *Ricinus communis* (Euphorbiaceae) against *Spodoptera frugiperda* (Lepidoptera: Noctuidae) [J]. African J Biotech, 9 (9): 1359–1365.

Richards L A, Dyer L A, Smilanich A M, *et al.*, 2010. Synergistic effects of amides from two piper species on generalist and specialist herbivores [J]. J Chem Ecol., 36 (10): 1105–1113.

Rostás M, Wölfling M, 2009. Caterpillar footprints as host location kairmones for *Cotesia marginiventris*: persistence and chemical nature [J]. J Chem Ecol., 35 (1): 20–27.

Sâmia R R, De Oliveira R L, Moscardini V F, *et al.*, 2016. Effects of aqueous extracts of *Copaifera langsdorffii* (Fabaceae) on the growth and reproduction of *Spodoptera frugiperda* (J. E. Smith) (Lepidoptera: Noctuidae) [J]. Neotrop Entomol., 45 (5): 580–587.

Shi Srujana Y, Kamakshi N, Krishna T M, 2022. Insecticidal activity of diverse chemicals for managing the destructive alien pest fall armyworm *Spodoptera frugiperda* (J. E. Smith) on Maize crop in India [J]. International Journal of Tropical Insect Science, 42 (2): 1095–1104.

Shi Y, Li L Y, Shahid S, *et al.*, 2021. Efect of soil moisture on pupation behavior and inhabitation of *Spodoptera frugiperda* (Lepidoptera: Noctuidae) [J]. Applied Entomology and Zoology., 56 (1): 69–74.

Silvestre W P, Vicenço C B, Thomazoni R A, *et al.*, 2022. Insecticidal activity of Callistemon speciosus essential oil on Anticarsia gemmatalis and *Spodoptera frugiperda* [J]. International Journal of Tropical Insect Science, 42 (2): 1307–1314.

Sousa A C G, Souza B H S, Marchiori P E R, *et al.*, 2022. Characterization of priming, induced resistance, and tolerance to *Spodoptera frugiperda* by silicon fertilization in maize genotypes [J]. J Pest

Sci., 95 (3): 1387-1400.

Sousa T C D S, Leite N A, Sant'Ana J, 2021. Responses of *Trichogramma pretiosum* (Hymenoptera: Trichogrammatidae) to rice and corn plants, fed and oviposited by *Spodoptera frugiperda* (Lepidoptera: Noctuidae) [J]. Neotropical Entomology, 50 (5): 697-705.

Udayakumar A, Shivalingaswamy T M, Bakthavatsalam N, 2021. Legume - based intercropping for the management of fall armyworm, *Spodoptera frugiperda* L. in maize [J]. J Plant Dis Prot., 128 (3): 775-779.

Varshney R, Poornesha B, Raghavendra A, *et al.*, 2021. Biocontrol based management of fall armyworm, *Spodoptera frugiperda* (J E Smith) (Lepidoptera: Noctuidae) on Indian Maize [J]. Journal of Plant Diseases and Protection, 128 (1): 87-95.

Wang L W, Li F, Jiang W, *et al.*, 2021. A preliminary toxicology study on Eco friendly control target of *Spodoptera frugiperda* [J]. Bulletin of Environmental Contamination and Toxicology, 106 (2): 295-301.

Wu J, Li X, Hou R, *et al.*, 2021. Examination of acephate absorption, transport, and accumulation in maize after root irrigation for *Spodoptera frugiperda* control [J]. Environmental Science and Pollution Research, 28 (40): 57361-57371.

Yu H, Yang X, Dai J, *et al.*, 2023. Efects of azadirachtin on detoxifcation related gene expression in the fat bodies of the fall armyworm, *Spodoptera frugiperda* [J]. Environmental Science and Pollution Research, 30 (15): 42587-42595.

Zacarias D A, 2020. Global bioclimatic suitability for the fall armyworm, *Spodoptera frugiperda*, and potential cooccurrence with major host crops under climate change scenarios [J]. Climatic Change, 161 (4): 555-566.

Zhou Y M, Xie W, Ye J Q, *et al.*, 2020. New potential strains for controlling *Spodoptera frugiperda* in China: *Cordyceps cateniannulata* and *Metarhizium rileyi* [J]. Bio Control., 65 (6): 663-672.

吡虫啉在白蚁防治中的应用概述

曹　杨[1]，黄　蕊[2]，薛正杰[1]

（1. 长沙市白蚁防治站，长沙　410000；2. 长沙市农业农村局，长沙　410000）

摘　要：本文总结了吡虫啉对白蚁的药效以及在土壤化学屏障中的应用，比较了吡虫啉与其他常用白蚁防治药剂的防效和毒力，概括了影响吡虫啉药效的因素，展望了未来的研究方向。

关键词：白蚁防治；吡虫啉；化学屏障

Application of Imidacloprid in Termite Control

Cao Yang[1]**，Huang Rui[2]，Xue Zhengjie[1]

（1. *Changsha Termite Control Station*，*Changsha* 410000，*China*；

2. *Changsha Agricultural and Rural Bureau*，*Changsha* 410000，*China*）

Abstract：This paper summarized the control effect of imidacloprid against termites and its application in soil chemical barrier，compared its efficacy and toxicity with other termite agents，and analyzed the factors affecting the control effect of imidacloprid. Moreover，The future research directions of imidacloprid are prospected.

Key words：Termite Control；Imidacloprid；Chemical barrier

　　吡虫啉是新烟碱类杀虫剂的代表，通过选择性控制昆虫神经系统烟碱型乙酰胆碱酯酶受体，阻断昆虫中枢神经系统的正常传导，从而导致昆虫麻痹而死亡，具有触杀和胃毒作用，其特点是高效、低毒、安全和广谱（全国白蚁防治中心，2019）。目前，化学防治技术仍为白蚁防治工作的重要手段，其原理为，通过一定的方法，将药剂直接接触白蚁个体，或者处理栖息和为害对象，使白蚁因接触或吞食药物而中毒死亡，或因此产生忌避作用而不能侵入为害。吡虫啉作为一种常见化学白蚁防治药剂，已大量运用于白蚁的预防和灭治工作中（夏诚等，2011）。本文总结了现阶段吡虫啉在白蚁防治工作中的应用情况和防治效果，为提升白蚁防治服务质量提供理论依据和建议。

1　吡虫啉对白蚁的灭杀效果

1.1　对台湾乳白蚁的灭杀效果

　　研究表明，312.5 mg/L 浓度的吡虫啉水乳剂，在用药后 1 h，对台湾乳白蚁（*Coptotermes*）的致死率为 16.7%。随用药浓度的增加，该虫死亡率呈上升趋势。当浓度到达 5 000 mg/L 时，该虫死亡率为 81.1%（李新平等，2004）。1% 含量的吡虫啉粉剂处理后，48 h 内该虫死亡率为 44%，当药物含量增加至 1.6% 时，死亡率达到 93%（卢川川等，2000）。药土触杀试验中，0.05%、0.10%和0.20%浓度的药土，分别在 144 h、120 h 和 96 h 后，对该虫的触杀死亡率达到 100%（韦昌华等，2000）。

1.2 对散白蚁的灭治效果

10%的吡虫啉悬浮剂可有效避免房屋建筑遭受散白蚁（*Reticulitermes*）侵害，控制率可达 85.3%（王思忠等，2013）。使用 80%吡虫啉水分散粒剂对该虫的控制率为 95%（马艳等，2016）。0.01%浓度的吡虫啉粉剂触杀试验中，散白蚁群体的死亡率在 8 d 时达到 100%；同时，在该浓度药剂的胃毒试验中，散白蚁群体的死亡率在第 6 天达到 100%（林雁等，2006）。

1.3 对土栖白蚁的灭治效果

在野外诱杀试验中，浓度为 0.2%的吡虫啉毒饵可以成功诱杀土栖白蚁（*Odontotermes*），防治效果为 45%以上。但是浓度为 1%的吡虫啉毒饵对该虫没有诱杀效果（陈立志等，2012）。陈冰勇等（2012）设计了室内毒力试验，测定了吡虫啉药液对土栖白蚁的致死中浓度为 0.136 8 mg/L，并且通过比较吡虫啉与阿维菌素和氟虫氰的反应异质性，推断出土栖白蚁群体中可能存在较多的对吡虫啉受体较强的个体。黄求应等（2005）试验结果表明，浓度为 0.025~0.4 μg/ml 的吡虫啉可溶性粉剂在施药后 5 d 内对土栖白蚁具有明显的毒杀效果，且毒杀效果缓慢。同时，当浓度达到 50 μg/ml 时，土栖白蚁表现出明显忌避性。

2 吡虫啉对白蚁的预防效果

2.1 对台湾乳白蚁的预防效果

处理浓度为 8 mg/kg 时，台湾乳白蚁可以在 8 d 内的穿行距离达到 1.17 cm（Song et al.，2006），而浓度低于 1 mg/kg 时，对该虫的穿透行为影响不明显（Yeoh et al.，2007）。分别由德国 Bayer 公司和南京红太阳集团生产的 20%康福多浓可溶剂和 10%大功臣可湿性粉剂 2 种吡虫啉制剂，只需 5%浓度，即可有效阻止该虫穿透琼脂层，48 h 内穿透距离小于 1.4 cm，72 h 后该虫中毒缓死（陈少波等，2002）。

2.2 对散白蚁的预防效果

在毒土试验中，散白蚁群体穿透 150 mg/L 的吡虫啉药剂处理的土壤深度为 1.2 cm，并在 4 d 内全部死亡（何基伍等，2011）。Kuriachan 等（1998）将毒土夹杂在两层未经药物处理的土壤中间，进行散白蚁的穿透试验。结果表明，使用 100 mg/kg 吡虫啉试剂处理过的毒土夹层能够有效防止散白蚁穿行，并且该虫无法在未经药物处理的土壤夹层中存活 7 d 以上。

3 吡虫啉与其他灭蚁剂的效果比较

在药物残留方面，何利文等（2007）对比了 0.062 5%联苯菊酯、1%毒死蜱和 1%吡虫啉 3 种药剂在室内和野外条件下的土壤渗透深度。在 4 L/m² 的施药量施药 24 h 后，室内试验中 3 种药剂在土柱表层 0~5 cm 内残留量为 98%，而野外试验中，土层 0~10 cm 内的残留量为 90%。此外，室内和野外试验中，10~15 cm 的土层中仍有 3 种药剂少量的残留，但超过 15 cm 的土层中几乎没有药物残留。

在防效方面，王思忠等（2013）使用 10% 吡虫啉悬浮剂、5% 联苯菊酯悬浮剂和 0.5% 氟虫腈粉剂处理被散白蚁为害的房屋建筑，10% 吡虫啉悬浮剂的控制率为 85.30%，高于联苯菊酯（84.01%）且显著高于氟虫腈（80.33%）（王思忠等，2013）。

在毒力比较方面，林雁等（2010）利用毒土穿透试验和药膜法，对比了毒死蜱、吡虫啉、氯菊酯、氰戊菊酯、联苯菊酯和氟虫胺 6 种白蚁防治剂的毒力。在毒土穿透试验中，吡虫啉含量为 20 mg/kg 时可以完全阻止散白蚁通过，此浓度高于其余 5 种试剂；在药膜法试验中，致使散白蚁 100% 死亡的吡虫啉试剂浓度为 100 mg/L，高于其余 5 种试剂。在诱杀方面，黄求应等（2005）的研究表明，虽然 0.025 ~ 0.4 µg/ml 氟虫腈和吡虫啉可在施药后 3 d 和 5 d 对土栖白蚁具有明显的灭杀效果，但是由于吡虫啉对土栖白蚁的忌避作用，诱杀效果不佳。同时，陈立志等（2012）通过比较阿维菌素、氟虫腈、灭蚁灵（禁用）和吡虫啉对土栖白蚁的诱杀效果，得到了与上述研究一致的结果。

4　影响药效的因素

由于不同质地的土壤对吡虫啉的吸附作用不同，所以也会对毒杀效果产生一定影响。研究结果表明，吡虫啉含量为 5 mg/kg 的沙土，在 21 d 内对散白蚁的致死率为 95.8%，相当于吡虫啉含量为 50 mg/kg 的沙壤土和黏土对该虫的致死率。土壤质地对散白蚁死亡率和禁食效果的作用最明显的为沙土，其次分别为沙壤土、壤土和黏壤土（Rathna et al.，2000）。

白蚁可能具有修复吡虫啉中毒的能力。室内毒力试验结果表明，黑胸散白蚁受到半数致死剂量吡虫啉浸染一周后，会对该药剂产生忌避性（Thorne et al.，2001），在野外试验中，使用 0.1% 吡虫啉水剂处理被台湾乳白蚁蛀蚀的树木，药物的毒性最多只能在该虫群体内存在 15 个月（Hu et al.，2007）。

除此之外，现阶段研究表明，在吡虫啉药剂中加入辅助成分会对其药效产生增益效果（陈少波等，2002）。Ramakrishnan 等（1999）的研究结果证实，在灭菌的土壤中加入绿僵菌后，吡虫啉对散白蚁的敏感性提高，进而提高了药效。

5　讨论及展望

随着白蚁防治药剂的不断更新换代，吡虫啉已经成为白蚁防治行业广泛使用的药剂（高道蓉等，2009）。在使用该药剂过程中，要注意根据实际情况选择适宜的浓度配比：浓度过低时，无法杀死或抑制白蚁群体；浓度过高时，可能引起白蚁对该药物的忌避性，降低药剂的使用效率。此外，吡虫啉在土壤中会产生多种降解产物，其中存在增强其药效的成分，但有关作用于白蚁的报道较少，在这方面还有待进一步深入研究。

参考文献

陈冰勇，董勇，何林，等，2012. 4 种杀虫剂对黑翅土白蚁的毒力 [J]. 西南师范大学学报（自然科学版），37（4）：87-90.

陈立志，陈静，陈冰勇，等，2012. 4 种杀虫剂毒饵对黑翅土白蚁的防治效果 [J]. 中华卫生杀虫药械，18（4）：296-299，304.

陈少波，陈瑞英，陈雪霞，2002. 吡虫啉防治家白蚁的室内药效试验［J］. 华东昆虫学报，11
（1）：91-94.

高道蓉，高文，夏建军，等，2009. 我国白蚁化学防治的研究进展［J］. 中华卫生杀虫药械，15
（1）：53-56.

何基伍，王众，黄中山，等，2011. 4 种药物对黑胸散白蚁的灭效比较研究［J］. 中华卫生杀虫药
械，17（5）：349-351.

何利文，林雁，黄晓光，等，2007. 3 种白蚁药剂的渗透深度及土壤化学屏障的评价研究［J］. 中
华卫生杀虫药械，13（1）：37-40.

黄求应，薛东，童严严，等，2005. 氟虫腈、吡虫啉作为黑翅土白蚁诱杀药剂的效果［J］. 昆虫
知识，42（6）：656-659.

李新平，吴旭荣，赵飞飞，2004. 吡虫啉、氯氰菊酯乳油对台湾乳白蚁的毒力测定［J］. 中华卫
生杀虫药械，10（1）：47-48.

林雁，黄晓光，2006. 灭蚁灵、氟虫胺及吡虫啉粉剂对散白蚁的药效研究［J］. 中国媒介生物学
及控制杂质，17（5）：382-384.

林雁，张睿，何利文，2010. 6 种白蚁防治药物对散白蚁的室内毒力比较［J］. 中华卫生杀虫药
械，16（1）：30-34.

卢川川，韦昌华，李勇，等，2000. 吡虫啉对台湾乳白蚁的触杀毒力测定［J］. 白蚁科技，17
（3）：1-4.

马艳，何基伍，金超，等，2016. 蚌埠地区 3 种药剂灭治散白蚁效果研究［J］. 现代农业科技
（16）：102，104.

全国白蚁防治中心，2019. 中国白蚁防治专业培训教程［M］. 浙江：浙江大学出版社.

王思忠，谭速进，李宁，等，2013. 3 种白蚁防治药剂对散白蚁的控制效果观察［J］. 农药科学与
管理，34（12）：56-58.

韦昌华，卢川川，易叶华，2000. 吡虫啉防治台湾乳白蚁的初步研究［J］. 华南农业大学学报，
21（4）：33-35，39.

夏诚，张民，2011. 白蚁防治（五）：白蚁的化学防治［J］. 中华卫生杀虫药械，17（5）：
387-389.

Hu X P, Song D, 2007. Effect of imidacloprid granules on subterranean termite foraging activity
in ground-touching non-structural wood［J］. Sociobiology, 50（3）：861-866.

Kuriachan I, Glod R E, 1998. Evaluation of the ability of *Reticulitermes flavipes* Kollar, a subterrane-
an termite（Isoptera：Rhinotemitidae），to differentiate between termiticide treated and untreated soils
in laboratory tests［J］. Sociobiology, 32（1）：151-166.

Ramakrishnan R, Suiter D R, 1999. Imidacloprid-enhanced *Reticulitermes flavipes*（Isoptera：Rhinoter-
mitidae）susceptibility to the entomopathogen Metarhizium anisopliae［J］. J Econ Entomol., 92
（5）：1125-1132.

Rathna R, Daniel R, Cindy H N, *et al.*, 2000. Feeding inhibition and mortality in *Reticulitermes flavipes*
（Isoptera：Rhinotermitidae）after exposure to imidacloprid-treated soils［J］. J Econ Entomol., 93
（2）：422-427.

Song X G, Cheng M L, 2006. Comparative toxicity of kaiqi and Regent on the workers of the Formo-
san subterranean termite, *Coptotermes formosanus*（Isoptera：Rhinotermitidae）［J］. Sociobiology,
48（3）：781-791.

Thorne B L, Breisch N L, 2001. Effects of sublethal exposure to imidacloprid on subsequent behavior of subterranean termite *Reticulitermes virginicus* (Isoptera: Rhinotemitidae) [J]. J Econ Entomol., 94 (2): 492-498.

Yeoh B H, Lee C Y, 2007. Tunneling responses of the Asian subterranean termite, *Coptotermes gestroi* in termiticide-treated sand (Isoptera: Rhinotermitidae) [J]. Sociobiology, 50 (2): 457-468.

我国松材线虫疫木除治技术概况[*]

田静波[1**]，宋　菲[3]，徐红梅[2,3***]，夏剑萍[3]，李金英[3]

（1. 宜昌市夷陵区乐天溪林业管理站，宜昌　443133；2. 经济林木种质改良与资源综合利用湖北省重点实验室，大别山特色资源开发湖北省协同创新中心，黄冈　438000；3. 湖北省林业科学研究院，武汉　430075）

摘　要：我国松材线虫病防控体系包括病害检疫和监测、疫木除治和媒介昆虫防治等组成部分，疫木除治是其中重要环节。在几十年的疫木处置实践中，我国积累了一些疫木除治技术，包括药物熏蒸、高热处理、微波处理、坑埋、定点定向切片和制板、焚烧等。本文综述了我国松材线虫疫木除治技术概况，并总结和讨论了该领域出现的新技术和研究方向。

关键词：松材线虫病；疫木除治；木腐菌

Extinction Treatment in Diseased Wood Caused by *Bursaphelenchus xylophilus*[*]

Tian Jingbo[1**]，Song Fei[3]，Xu Hongmei[2,3***]，Xia Jianping[3]，Li Jinying[3]

（1. *Letian xi Forestry Station of Yiling District in Yichang City*，*Yichang* 443133，*China*；

2. *Hubei Key Laboratory of Economic Forest Germplasm Improvement and Resources Comprehensive Utilization*，*Hubei Collaborative Innovation Center for the Characteristic Resources Exploitation of Dabie Mountains*，*Huanggang* 438000，*China*；3. *Hubei Academy of Forestry*，*Wuhan* 430075，*China*）

Abstract：Extinction Treatment in Diseased Wood Caused by *Bursaphelenchus xylophilus* was important for disease control sysym. Some techniques was developed during decades of practice of diseased wood treatment，including fumigation，heat treatment，microwave processing，buried pit，fixed-point oriented slicing，board manufacturing and burning. Existing techniques and some new techniques with new research spot was reviewed in this paper，aiming at providing scientific basis for disease control.

Key words：Pine wilt disease；Extinction treatment in diseased wodd caused by *Bursaphelenchus xylophilus*；Wood-rotting fungi

松材线虫病（Pine wilt disease）由松材线虫（*Bursaphelenchus xylophilus*）引起，是重要的林业毁灭性病害。自从 1982 年在南京中山陵首次发现，松材线虫病在我国已经

---

* 基金项目：大别山特色资源开发湖北省协同创新中心开放课题基金"利用松材线虫疫木种植茯苓关键技术研究"（202140604）

** 第一作者：田静波，林业工程师，主要从事松材线虫病防治工作

*** 通信作者：徐红梅，副研究员；E-mail：876190291@qq.com

致死超过 5 000 万株松树，为害面积超过 65 万 hm^2，严重威胁我国近 6 000 万 hm^2 松林安全（杨宝君等，2003；叶建仁，2019）。

松材线虫病疫木是松材线虫病主要传染源。为了有效控制松材线虫病快速扩散，我国建立了以病害检疫和监测、疫木除治为主，媒介昆虫防治为辅的综合防控体系，疫木除治是从源头阻断该病害传播蔓延的关键环节（叶建仁，2019）。

我国在过去几十年的松材线虫病疫木处理实践中，形成了多种松材线虫病疫木除治技术，主要包括焚烧、药物熏蒸、高热处理、微波处理、坑埋、定点定向切片和制板等（孙薇等，2011；徐将，2017；林建，2019；张冬生等，2016；蒋平等，2000；宋仿根等，2006；蒋丽雅等，2006；吾中良等，2006；陈元生等，2014；闫闯等，2017；郑礼平，2017；肖漫萍等，2016；骆家玉等，2005；张伟光等，2004；来燕学等，2002；付甫永等，2009）。这些疫木除治措施可归为三类：一是疫木就地无害化处理；二是疫木异地无害化处理后安全利用；三是伐桩除害处理。

1 疫木就地无害化处理

1.1 焚烧

疫木就地焚烧有着操作相对简单、成本低廉、除害彻底等特点，是我国松材线虫疫木除治工程中应用最广泛的一项措施。但是我们应该注意到此方法也存在一些不可忽视的缺陷，例如资源浪费、毁灭天敌昆虫、影响生物多样性、造成环境污染和易引发火灾等（陈虎等，2019）。随着我国林业对于森林生态修复技术的要求日益提高，疫木焚烧带来的环境问题受到越来越多的关注。

1.2 药物熏蒸覆盖

采用化学药物就地套袋熏蒸疫木是一种传统疫木处理方法，要求在气温高于 10℃ 时进行。我国南方大部分地区冬季气温偏低，熏蒸作用难以保证实效，消毒不彻底。此外，该方法还存在污染环境以及不易监管等缺点。国家林业和草原局 2018 年修订的《松材线虫病疫区和疫木管理办法》已经严禁采取套袋熏蒸措施处理疫木（伐桩除外）。

1.3 铁丝网罩隔离疫木

铁纱网罩就地隔离疫木，适用于交通不便利且不具备其他除害处理条件的疫区。该技术对于铁丝直径和网目数均有要求，包裹疫木后必须锁边。

2 疫木安全利用

松材线虫病疫木安全利用前必须经过无害化处理，经过无害化处理的疫木可应用于制作人造板、烧炭、造纸等，方法包括疫木熏蒸、坑埋、高热处理或微波处理等。这些疫木无害化处理技术均被证明在一定条件下可以有效杀死疫木中的松褐天牛和松材线虫，实现疫木安全利用，但都存在一定的局限性，难以在疫木除治工程中推广，有的甚至被国家明令禁止。

按照《松材线虫病防治技术方案（2021 年修订版）》规定，目前适用于所有疫区的松材线虫疫木安全利用途径主要有粉碎和旋切处理后利用，并且仅限于在媒介昆虫非羽化期内进行，要求全过程监管，确保搬运过程疫木不流失、不遗落。

粉碎和旋切处理必须在疫区内就近选择集中处理点，并且达到相应技术要求。

3 伐桩除害处理

疫木伐桩是松材线虫病重要侵染源之一，部分研究表明伐桩中天牛幼虫含量很高，平均每个伐桩中有几十头甚至上百头天牛幼虫（蒋巧根等，1998；王江美等，2009；周成枚等，2000）。因此，疫木伐桩的除害处理是疫木除治过程中不可忽略的一个环节。

伐桩除害处理主要有化学处理、物理机械措施和生物防治等技术，这些技术措施各有优缺点，生物防治技术仍然处在研究阶段，未被大范围推广使用。疫木除治工程中被广泛使用的方法是药物熏蒸后覆膜盖土处理，《松材线虫病防治技术方案（2021年修订版）》规定，伐桩内无媒介昆虫分布或分布极少的重型和轻型疫区，经过科学论证后，可对伐桩进行剥皮处理。

4 疫木无害化处理生物技术研究

综上所述，现阶段我国松材线虫疫木除治主要有粉碎或旋切后利用、焚烧、铁丝网罩隔离和覆膜熏蒸伐桩等方法。受制于松材线虫病疫区的人力、物力和财力限制，部分地区存在疫木清除不彻底现象，导致松材线虫病快速扩散蔓延（叶建仁，2019）。为了探索更加环保、高效的疫木处理方法，不少研究人员致力于疫木处理生物技术研究，以期既可实现疫木无害化处理，又能够减少化学药剂使用和大量人力投入。

近年来，不少学者致力于利用木腐菌分解疫木研究。木腐菌可以利用多种大分子有机化合物，可以在树木上定殖，是植物的末端分解者。部分木腐菌具有药用或食用价值，分解疫木时能够将疫木作为药、食用真菌的栽培材料，从而实现疫木资源化利用。

陈瑶等（2008）研究了23株木腐菌对马尾松木块和松材线虫病病死树伐桩的分解能力，从中筛选出1株硫磺菌和1株杂色云芝菌可以有效分解松材线虫病病死树伐桩。

邓习金等（2014）从13种木腐菌中选出虎掌菌、松生拟层孔菌、粗皮侧耳、硫磺菌和茯苓对疫木伐桩有分解作用，以硫磺菌效果最佳。

胡赛蓉等（2006）、泽桑梓等（2010）、吴云等（2013）开展了松材线虫疫木种植茯苓试验，结果表明利用松材线虫病疫木种植茯苓可实现疫木无害化利用。

陈元生等（2019）采用隔离疫木、种植茯苓和释放花绒寄甲3种措施组合处理松材线虫病疫木，可有效阻断松褐天牛传播松材线虫病，显著降低疫区松树死亡率。

蒙海勤等（2019）通过试验表明，茯苓不仅可以分解松木，还可以有效减少疫木内松材线虫含量，液体培养菌丝效果更好。

陈浩南等（2021）探索了松材线虫病疫木虫菌联合转化技术，结果表明秀珍菇（*Pleurotus pulmonarius*）和白星花可以用于联合处理松材线虫病疫木。

王旻嘉等（2021）认为菌株J5-2（*Ceriporia* sp.）、硫磺菌和糙皮侧耳等木腐菌对松材线虫的抑制作用明显，林间使用可使疫木中线虫数量减少65%以上。

5 讨论

　　松材线虫病疫木除治效果是保障松材线虫病防治成效的基础。我国当前采用的疫木无害化处理方法以就地焚烧为主，部分有条件的疫点采取疫木粉碎或者旋切后加工利用，少量交通困难、山高林密的疫点采取铁丝网罩隔离疫木，这些措施可操作性强，对于遏制疫区松材线虫快速扩散蔓延态势发挥了重要作用。这3种除治措施各有利弊，疫木焚烧除害彻底，但是资源浪费且容易造成生态环境问题；疫木粉碎或者旋切后加工利用可以实现资源利用，却存在疫木下山困难、疫木易流失和不易监管等问题；铁丝网罩隔离疫木则有成本高、存在扩散风险等缺点，难以大面积推广使用。由此可见，随着我国对于森林生态修复的需求日益提高，松材线虫疫木无害化处理技术亟待突破。

参考文献

陈浩南，闫振天，杨世璋，等，2021. 松材线虫病疫木的虫菌联合转化技术研究 [J]. 应用昆虫学报，58（6）：1443-1452.

陈虎，史永鑫，桂翔，等，2019. 松材线虫病除治就地焚烧疫木对森林环境的影响及对策 [J]. 湖北林业科技，48（3）：60-62.

陈瑶，朱天辉，汪来发，2008. 不同木腐菌菌株对松材线虫繁殖的影响 [J]. 四川农业大学学报，26（2）：202-204.

陈元生，黄燕洪，周满生，2014. 松材线虫病疫木伐桩除害处理技术概述 [J]. 林业科技开发，28（1）：12-14.

陈元生，李新远，于海萍，等，2019. 松材线虫病疫木生物除害技术研究 [J]. 中国植保导刊，39（2）：82-86.

邓习金，刘晖，罗惠文，等，2014. 应用木腐菌处理松材线虫疫木伐桩的研究 [J]. 科技视界（26）：341-343.

付甫永，王健，司徒春南，2009. 松材线虫病疫木作坑木安全利用初探 [J]. 中国农学通报，25（16）：298-300.

胡赛蓉，赵宇翔，李北屏，等，2006. 松材线虫病疫木安全利用新途径 [J]. 中国森林病虫，25（5）：26-28.

蒋丽雅，盛常顺，马圣安，等，2006. 松材线虫病疫木的微波除害处理技术 [J]. 南京林业大学学报（自然科学版），30（6）：87-90.

蒋平，何志华，赵锦年，等，2000. 松材线虫罹病木的烘压处理试验 [J]. 森林病虫通讯（6）：30-31.

蒋巧根，张一平，王旭辉，1998. 松材线虫病被害木伐桩灭虫试验研究 [J]. 江苏林业科技，25（3）35-38.

来燕学，周永平，俞林祥，等，2002. 林内就地火烧病死木防治松材线虫病试验 [J]. 江苏林业科技，7（6）：28-32.

林建，2019. 3种熏蒸剂对松疫木中松墨天牛的杀灭效果 [J]. 林业勘察设计（1）：70-73.

骆家玉，潘晓峰，刘心宏，等，2005. 喷蒸法在松材线虫病疫木处理中的应用试验 [J]. 安徽林业科技（4）：5-6.

蒙海勤，叶建仁，王旻嘉，等，2021. 木腐真菌对松材线虫病疫木处理初探 [J]. 南京林业大学学报（自然科学版），45（4）：183-189.

宋仿根，李春耀，张伟英，等，2006. 松材线虫病疫木热烘处理杀虫试验 [J]. 浙江林业科技，26（5）：34-35.

孙薇，尤荣正，2011. 硫酰氟在疫木安全利用上的应用研究 [J]. 华东森林经理，25（4）：19-21.

王江美，赵锦年，陈卫平，等，2009. 松材线虫病疫木伐桩（根）蛀干害虫种类及分布调查 [J]. 江西林业科技（3）：38-40.

王旻嘉，叶建仁，涂煜昇，等，2021. 处理松材线虫病疫木的木腐真菌筛选 [J]. 林业科学，57（6）：93-102.

吾中良，严晓素，奚小华，等，2006. 微波处理松材线虫病疫木技术研究 [J]. 中国森林病虫，25（5）：8-11.

吴云忠，2013. 松材线虫病疫木种植茯苓试验 [J]. 福建林业科技，40（4）：51-55.

肖漫萍，黄旭宇，陈晓燕，2016. 快速处理松材线虫病枯死木的液体成膜剂的研究 [J]. 广东化工，43（3）：14-15.

徐将，2017. 松材线虫病疫木就地覆盖熏蒸除害处理技术研究 [J]. 现代农业科技（12）：150-151.

闫闯，宋崇康，罗致迪，等，2017. 松材线虫病疫木除害技术综述 [J]. 安徽农业科学，45（19）：152-154.

杨宝君，潘宏阳，汤坚，等，2003. 松材线虫病 [M]. 北京：中国林业出版社.

叶建仁，2019. 松材线虫病在中国的流行现状、防治技术与对策分析 [J]. 林业科学，55（9）：1-10.

泽桑梓，刘宏屏，季梅，等，2010. 在思茅松松材线虫病疫木上栽培茯苓的技术研究 [J]. 湖南农业科学（17）：91-94.

张冬生，黄水生，寥三腊，2016. 用铁纱网罩处理松材线虫病疫木的方法介绍与应用 [J]. 生物灾害科学，39（1）：59-61.

张伟光，张艳婷，2004. 微波技术在松材线虫病疫木处理中的应用及效益分析 [J]. 四川林勘设计（3）：55-57.

郑礼平，2017. 松材线虫病疫木林间就地除害技术 [J]. 现代农业科技（2）：106-107.

周成枚，肖灵亚，陆高，等，2000. 松褐天牛在病死木伐桩中种群动态的研究 [J]. 森林病虫通信（1）：14-16.

新形势下湘潭市松材线虫病防控的困境及思考

赵　理，郑　仁

（湘潭市林业综合服务中心，湘潭　411104）

摘　要：松材线虫病是极具危险性的森林病害，是重大的植物疫情。自 2018 年以来，湘潭市发生松材线虫病疫情，造成了巨大经济和生态损失。5 年的防控工作既有经验，也有教训，还暴露出各种问题，本文就湘潭市疫情防控工作提出了下一步的对策建议。

关键词：松材线虫病；防控对策；湘潭市

党的二十大明确要求"加强生物安全管理，防治外来物种侵害"。松材线虫病，是全球森林生态系统中最具危险性和毁灭性的森林病害，属我国重大外来入侵物种，已被我国列入对内、对外的森林植物检疫对象（张志国，2020）。加强松材线虫病防控，遏制松材线虫病疫情扩散势头，是推进生态文明建设的时代呼唤（邵希奎，2011）。本文总结湘潭市防控工作存在的问题，提出了新形势下湘潭市松材线虫病防控措施，对其他地方防控工作也有一定的借鉴作用。

1　湘潭市松材线虫病发生与防控概况

湘潭市 2018 年在岳塘区昭山镇七星村首次发生疫情，2019 年雨湖区、岳塘区、湘乡市、湘潭县被国家林草局列为疫区。在 4 个县（市、区）有 27 个疫点乡镇（湘潭县 10 个，湘乡市 11 个，雨湖区 3 个、岳塘区 3 个），为害面积近 3 万亩。松材线虫病以松树为寄主，松树林是湘潭市森林生态系统的重要组成部分，全市共有松林 111.5 万亩，占全市林地面积的 35.3%，特别是韶山国家风景名胜区，松林面积占比超过 70%。5 年来全市各级共投入防控除治资金 2 151 万多元。5 年来，湘潭市共清理枯死松木 9.931 万株，释放花绒寄甲近 5 万头，飞机撒药面积 12 万亩。5 年来，湘潭市松材线虫病疫情防控工作取得较大成效，有效控制了疫情扩散蔓延速度，减少了灾害损失，保护了森林资源和造林绿化成果。根据 2022 年秋季专项普查数据表明，全市疫点乡镇没有增加，实现了湘乡市东台山国家森林公园、雨湖区响水乡疫点的初步拔除，"绿心地区"的疫情得到了有效控制，韶山国家风景名胜区保持无疫情发生。松材线虫病的发生面积占全市松林面积的 2.7%，总体上仍属于局部地区发生为害。在取得疫情防控阶段性成绩的同时，全市松材线虫病潜在风险仍然较大。目前，疫点乡镇占全市有林地乡镇的 45.5%，潭市镇、翻江镇在松林集中区的相对孤立的疫点仍没有拔除，韶山、乌石伟人故居重点预防区呈四面楚歌，湘潭县部分疫源地的疫情没有得到有效控制且呈持续外扩趋势。回顾总结湘潭市松材线虫病防控 5 年管理工作，既有经验，也有教训，暴露出的各种问题值得思考。

2 松材线虫病防控中存在的问题

2.1 疫情防控管理未形成合力

新形势下，松材线虫病疫情防控体系逐步构建，建立完善了疫情防控政策体系、疫情防控组织管理体系、责任追究制度和防治技术创新体系。一是国家林草局根据中共中央领导同志的指示批示高度重视林业有害生物防控工作，不断强化顶层设计，印发了《关于科学防控松材线虫病疫情的指导意见》《全国松材线虫病疫情防控五年攻坚行动计划（2021—2025 年）》《松材线虫病防治技术方案（2022 年版）》等文件，实施了松材线虫病防控"揭榜挂帅"项目，增加中央林业有害生物防治资金投入，成立工作专班，建立了有关司局单位牵头包片，防控中心专业人员包片蹲点，专员办常态化监督指导的工作机制（董瀛谦等，2022）。二是湖南省委、省政府连续 3 年将林业有害生物防控纳入重点工作、重点推进，将松材线虫病等重大林业有害生物防治纳入林长制考核重要内容，将有害生物成灾率，松材线虫病疫区、疫点、发生面积、病死树数量不增加等方面实行考核扣分制，同时也是"三个重大"事项一票否决的内容之一。当下，松材线虫病防控工作在地方政府、部门甚至林业内部之间没有引起足够重视，思想认识上"上热下冷"现象突出。责任压得不实，没有形成工作合力，没有像抓森林防火一样抓疫情防控，导致疫木除治不彻底，疫木管理粗疏，除治成效不理想。

2.2 生态灾害责任追究制度不完善

建立松材线虫病生态灾害责任追究制度的初心，旨在促使政府树立生态意识，自觉履行生态保护职责，催生建立生态型政府（孙晓红等，2019）。在具体实践中，《松材线虫病生态灾害督办追责办法》没有具体的操作细则，对生态灾害程度评估认定程序未作相应的概括性规定，难以作出客观公正的评估结果，实际运用追责机制操作性不强。因追责主体不包括乡镇政府、村级基层组织和涉松企业及相关负责人，导致责任压实"最后一公里"缺位（董瀛谦等，2022）。松材线虫病防控工作疫点疫木管理、病死松树清除、综合防控措施的落实落地，都需要乡镇政府和村级组织的组织、参与和配合。如将乡镇政府、村级基层组织、涉松企业等排除开外，难以使基层组织负责人主动作为，定会导致防控工作绩效目标难以达到预期。

2.3 木材资源管理不规范

新《中华人民共和国森林法》的实施取消了木材运输证，改变了采伐许可证的颁发权限，大大加大了木材资源管理难度。现行管理模式操作性不强和制度设计上的瑕疵，加上林业主管部门存在审核不到位和巡查力度不够大等因素，对木材加工经营单位的台账管理流于形式，导致滥伐、盗伐，以及收购、加工、运输松木的现象突出，疫木跨区域、跨省异地非法流通时有发生。

2.4 检疫执法不到位

因林业部门行政执法力量不足，原林业部门的行政执法委托授权由森林公安执法。森林公安转隶之后，林业行政执法回归林业部门，市县林业行政执法办案效率和震慑力大打折扣。2019 年 1 月，中共中央办公厅、国务院办公厅《关于推进基层整合审批服务执法力量的实施意见》明确：整合现有站办所执法力量和资源，组建统一的综合行政执法机构，按照有关法律规定相对集中行使行政处罚权（夏正林等，2019）。但实际执行中，检疫执法未真正融入林业部门、乡镇综合执法队的综合执法职责，推诿现象严重，严重影响了林业检疫案件的办理。《中华人民共和国森林法》修订后，《植物检疫条例》《植物检疫条例实施细则（林业部分）》没有同步修订，行政处罚额度50元至2 000元明显偏低，刑事处罚也多适用缓刑，违法成本明显过低。检索中国裁判文书网涉及松材线虫病的刑事案件裁判文书52份，案由为妨害动植物防疫、检疫罪的案件只有18件，说明对涉及松材线虫病的刑事处罚并不多。许多案件因取证困难、损失责任认定难、办案成本高或其他原因采取"以罚代刑"，处罚不到位，震慑力不强。如湘潭市2021年10月办理的一起涉嫌妨害动植物防疫、检疫罪的松材线虫病案件，检察院至今没有起诉。根据法律经济学的原理，在处罚强度不变的情况下，理性的犯罪人实施犯罪的意愿和其被处罚的概率成反比（张学永，2018）。对于松材线虫病的防控，较低违法成本或处罚不到位，会大大增加违法行为的发生率。

2.5 监测、检疫手段落后，防治措施单一

湘潭市当前松材线虫病的防治、监测基本以人工地面调查为主；检疫基本以目测为主，少数进行取样分离镜检（周宏，2019）；防治主要以疫木清理与疫木定点加工、现场烧毁为主，辅以松褐天牛诱杀、化学防治，少量采用免疫注射、天敌防治。总体来说，湘潭市监测、检疫手段落后，防治措施单一。

在监测与检疫上，尽管在实验室有许多先进的措施，但离实践应用还有很大距离，基层监测、检疫多是采用人工现场调查，肉眼观测，手段十分落后，再加上基层监测、检疫人员严重不足，监测、检疫实际成效很低。目前，把"疫区""疫点""疫点小班面积""枯死木数量"作为年度考核硬指标，容易导致在普查数据上报和防控成效上存在水分。疫情的不真实、不客观，直接导致了防治不及时，检疫拦截失效，从而加剧了疫情远距离跳跃传播蔓延。

首先，在防治措施上，以行政措施推进疫木清理为主的单一防治措施，管理模式落后，防治成本高，防治成效低（周宏，2019）。其次，只重视"看得见"防治效果的防治技术措施进行化学防治，大面积普遍采用氯氰菊酯制剂绿色威雷（Cypermethrin），特别是一年当中同一区域多次进行绿色威雷飞机化学防治，直接影响农产品安全。对综合治理措施的重视不够，未结合营造林项目对松林进行林分改造、改培，提高森林自身抗病虫害能力。

2.6 联防联控有待加强

从湘潭市松材线虫病入侵的时空关系分析来看，湘乡、雨湖、岳塘的疫情与周边县市之间的疫情存在时空关系，疫点多发生在交界区域。虽然湘潭、湘乡、双峰、衡山、衡阳、南岳6个县（市、区）早就建立了护林联防会，2018年11月起长株潭"绿心地区"建立了松材线虫病联防联治工作机制，但在松材线虫病防控联动、联防、联控大都停留在会议上、倡议上，联防、联控未落实落地，边界疫情扩散风险不断增加，区域内县市区之间交界处（如韶山市与湘乡市、宁乡市交界处）疫情风险也在不断提升。

2.7 资金保障尤为困难

当前松材线虫病防控资金投入不足、使用效益不高，仍是制约和影响松材线虫病疫

情防控工作质量效率的关键问题。湘潭市松材线虫病防控资金主要以国、省专项除治资金为主，市级资金以奖补方式补充，县级森防经费没有纳入财政预算。由于县乡财力紧张，实际投入松材线虫病防控资金较少，部分县市 2022—2023 年的国、省、市除治资金，目前仍未足额拨付到位。松材线虫病除治作业都是在林间山头，劳动强度大，作业条件差，资金不能及时足额保障，直接影响除治工作的及时开展和除治效率。

2.8　基层队伍力量薄弱

上轮机构改革后，基层林业存在体制上下不对位、人员变动较大、林业专业人员流失严重、业务不熟练等诸多问题；护林员队伍人员年龄偏大、文化水平低。基层队伍力量薄弱难以适应新形势下林业有害生物普查、防控工作，具体体现在专业 App 操作不当，监测普查不到位，疫木除治方法不专业、不规范。管理机构弱化、退化和人员力量减弱等问题，严重影响松材线虫病普查数据的精度和质量，直接导致防控除治的管理、实施、监督难以到位。

2.9　群众参与度不高

当前擅自砍伐松树、捡拾病死松树当柴火或留作他用、阻碍干扰病死松树清理、施工方与林农矛盾冲突等现象在各疫点时有发生。主要原因是宣传工作没有深入，没有形成浓厚的宣传氛围，群众对松材线虫病的为害认识不到位，对松材线虫病的发病规律更不清楚。在防控上以"堵"为主，没有认真去疏导，群众知晓度、参与度不高，严重影响了松材线虫病防控工作的有效开展。

3　新形势下创新机制、转变防控理念的防控措施

松材线虫病防控是一项涉及全社会、多部门的工作，是需要投入大量人力、物力、财力的复杂系统工程（胡鲲，2010），新形势下，松材线虫病防控应加强创新机制、转变防控理念，综合考虑森林生态系统的整体性和疫情防控工作的系统性，整合有效资源，形成工作合力，统筹疫情防控各环节开展系统治理，这是有效治理和防范松材线虫病疫情的治本之策。

3.1　明确主体，压实责任

松材线虫病疫情已对国家生态安全、生物安全和经济发展造成严重威胁（王衡芽等，2004）。党中央、国务院高度重视松材线虫病疫情防控工作，对疫情防控提出了更高要求。坚持"政府主导，属地管理"原则，在当前和今后一个时期，应充分发挥林长制作用，进一步落实各级地方政府的主体防控责任，提升疫情防控能力（董瀛谦等，2022），特别是要明确乡镇、村基层的主体责任，上下同心，齐抓共管，将防控措施落地做实，扎实抓好疫情防控各环节工作（张楠等，2020）。要充分发挥林长制等考核真正作用，健全以目标为导向的疫情防控责任制和考核评价制度，建立疫情防控包片蹲点指导工作机制，强化对疫情防控工作的督导检查和责任追究，实现地方政府由消极被动防控向积极攻坚的转变。

3.2　依法治理，源头管控

应进一步增强依法防控意识，完善林业综合执法。推进《森林病虫害防治条例》《植物检疫条例》等法律法规修订，完善相关技术标准，推进松材线虫病疫情防控工作

法治化、规范化，从根本上解决疫情防控工作错位、缺位问题。新形势下，要强化森林资源管理，加强森林资源管理部门审核工作和巡查工作的严谨性和审慎性，加强事中事后监管，强化从源头上对乱砍滥伐、非法经营行为管理，严厉打击非法采伐、收购、运输、加工、经营、使用疫木及其制品等行为。对涉林木材经营（加工）厂（点）或单位加强监督检查，重点核查、审查企业原料和产品入库出库台账、审查木材来源是否合法（祝荣康，2019）。对失信、失真、违法的涉林木材经营（加工）厂（点）或单位以及个人实行市场禁入制度。依法履行林业植物检疫行政管理和执法职能，进一步优化检疫工作机制和模式，加强检疫执法，强化检疫监管，加大松科植物及其制品调运检疫力度，切断疫情传播渠道。强化疫木源头管控，对山场除治、疫木下山运输、无害化处理等环节进行全过程监管，防止松木无序流动，堵住疫木流失漏洞，防止疫情传播扩散。

3.3 精准施策，提升质量

新形势下，应进一步把"预防为主"摆在更加突出位置，强化疫情监测，全面开展疫情精准监测行动，确保疫情及时发现、及时报告、及时除治。实行人工地面监测与航空航天遥感监测相结合的"天空地"一体化监测，严格执行疫情普查与日常监测制度，充分发挥护林员、乡镇及林场管护员、社会化组织等作用，真正做到监测范围全覆盖。借鉴新冠疫情防控经验，坚持疫情防控底线，因地制宜，分级分区分类管理，科学精准施策。实施以清理病死（濒死、枯死）松树为核心，媒介昆虫防治、打孔注药等为辅助措施的防治策略（毛朝明等，2020），真正做到病死松树"全面除治、精准除治、彻底除治"。统筹疫情防控和生态修复与治理，结合森林抚育、退化林修复、森林质量精准提升等生态工程项目，调整林分树种结构，人工促进森林生态系统正向演替，实现系统治理，提高森林健康水平。强化疫情防控督导指导，及时发现防治质量问题并及时整改。加强对社会化防治组织的管理，开展防控成效评估和企业信用评价，确保疫情防控各项措施落实到位、取得实效。

3.4 创新机制，确保成效

创新管理机制，压实防控责任，以林长制为抓手真正压实地方、部门的主体责任，明确"党政同责、属地负责、部门协同、源头治理、全域覆盖"（蒋红星等，2022）。以五年攻坚行动方案为目标导向，对标对表，设立年度防治目标，按照从小班、山场、乡镇、县区的层次，从小到大，由点到面，逐个攻坚，积小胜为大胜，切实压缩疫情发生面积和枯死松木数量，全力推进松材线虫病疫情防控五年攻坚行动取得成效。创新生态治理，以中央财政国土绿化试点示范项目实施为契机，对重点疫情小班进行改培、修复系统治理，提升森林生态系统功能。对重点生态区采取社会化、集约化、精细化相结合的除治新模式。对资金困难、除治任务大的乡镇探索林农负责制试点，让农民主动参与疫情防控，实现群防群治。继续推行第三方除治成效评估工作，将评估结果运用到激励机制中。机制创新，提升治理效能，确保除治质量。

3.5 加强联防，实现联控

持续深化市际间、相邻区县间、乡镇间联防体系和联席会议、信息沟通、统防统治、联合检查、检疫协作、执法互动、监测预警等方面机制的建设，推进松材线虫病联防联控工作制度化、规范化、常态化，切实提高边界松材线虫病防控成效。使联防联控体系更科学，信息通报更畅快，疫木除治清理更及时，防控成效更明显。

3.6 拓宽渠道，确保投入

坚持"地方政府投入为主、国家重点扶持、社会资本介入"的原则，各级地方人民政府及林业主管部门应积极筹措松材线虫病防控资金，广开渠道，多措并举，特别是要加强与营造林项目融合，通过营林措施实现治标治本，弥补防控经费的不足，努力将预防和除治经费纳入本级财政预算，广泛筹集社会资金，努力提升松材线虫病疫情防控工作效率质量，确保疫情防控政策措施落地、生效。提高林业生物灾害预防性支出比例，特别是加强松材线虫病日常监测和专项普查资金保障。建立有效的经费管理、跟踪检查和专项审计等制度，加强对松材线虫病防控经费的使用管理，确保资金使用效益。探索建立以奖代补激励机制，积极推动森林保险，拓宽松材线虫病防控资金投入渠道，引导社会资本在生态修复、改培系统治理、疫木无害化处理等方面的投入。强化支撑，全力保障打赢松材线虫病疫情防控"阻击战""歼灭战"。

3.7 强化队伍，提升能力

要想青山常在、绿水长流，基层林业队伍亟待加强（李长臣，2015）。基层林业建设，一是要有机构，二是要有人，事业托人，这两点是必要条件。借林长制契机积极解决基层林业机构设置的缺位问题。加强队伍建设，把提高行业队伍整体素质作为长期的任务来抓，创新培训形式，丰富培训内涵，不断提高培训质量，努力打造一支作风优良、技术过硬、勤奋敬业的高素质的防控行业队伍，确保各项防控政策和技术要求能落实、不走样、有实效。

3.8 强化宣传，营造氛围

把宣传工作作为松材线虫病疫情防控的第一道工序，提高群众的认知度、参与度是实现松材线虫病疫情群防群控和专群结合的基础，也是破解基层松材线虫病防控难点痛点的密码。新形势下，应充分利用广播、电视、报刊、网络等多种有效载体，加大对松材线虫病疫情防控工作形势、任务的宣传力度，敲门入户普及防控知识，进一步增强各级党委政府及林业主管部门对松材线虫病疫情防控工作的重视程度。疏堵结合，以案示警，引导、培育和发动全社会力量关心、支持、参与松材线虫病防控工作，形成关心、关注、重视松材线虫病疫情防控工作的良好氛围。

4 结语

新时期，做好湘潭市松材线虫病防控工作：一要加强领导，压实责任；二要依法治理，管控源头，完善林业综合执法；三要扎实做好普查，摸清底数，分级、分区、分类管理，科学精准施策，提升防控质量；四要在管理机制、目标导向、生态治理、除治模式、成效评估等方面创新，提升治理效能，确保成效；五要加强联防联控，切实提高边界松材线虫病防控成效；六要拓宽渠道，确保投入，提高资金使用效益。加强与营造林项目相融合系统治理，弥补防控经费的不足，通过营林措施实现治标治本；七要强化队伍，提升能力，借林长制契机加强队伍建设，把提高行业队伍整体素质作为长期的任务来抓；八要强化宣传，把宣传工作作为松材线虫病疫情防控的第一道工序，提高群众的参与度，是实现松材线虫病疫情群防群控和专群结合的基础。切实做好以上几点，可有效保护区域森林资源，维护国家生态安全和生物安全，为湘潭市经济社会高质量发展提供有力支撑。

参考文献

董瀛谦，阎合，潘佳亮，等，2022. 我国松材线虫病防控对策 [J]. 中国森林病虫，41（4）：1-8.

胡鲲，2010. 加强松材线虫病防控　确保森林资源安全 [J]. 陕西林业（2）：26.

蒋红星，黄向东，2022. 湖南创新机制防控松材线虫病 [N]. 中国绿色时报，2022-09-06.

李长臣，2015. 造林绿化工作技术浅析 [J]. 城市建设理论研究（电子版），5（28）：5019.

毛朝明，阙利芳，蒋灵华，2020. 基于森林演替理论的松材线虫综合治理路径 [J]. 生物灾害科学，43（2）：138-143.

牟建军，2005. 松墨天牛辐射不育的研究 [D]. 杨凌：西北农林科技大学.

邵希奎，2011. 加强检疫严控松材线虫病 [J]. 农业科技通讯（5）：194-196.

孙晓红，陈贞，袁小文，等，2019. 基于松材线虫病生态灾害责任追究制度的思考 [J]. 现代农业科技（20）：117-118.

王衡芽，邹国华，2004. 浅论松材线虫病的除治与预防策略 [J]. 中国造纸学报，19（Z1）：607-608.

夏正林，何典，2019. 我国乡镇政府执法权配置研究 [J]. 江淮论坛（6）：149-155，167.

张楠，梁慧娟，2020. 完善重大疫情防控机制有效提升应急管理能力 [J]. 实践（思想理论版）（3）：20-22.

张学永，2018. 环境犯罪的刑法规制 [J]. 人民论坛（18）：98-99.

张志国，2020. 国家林草局：我国将开展松材线虫病防控5年攻坚行动 [J]. 绿色中国（A版）（8）：70-71.

周宏，2019. 国内松材线虫病主要防治技术述评 [J]. 吉林农业（4）：94-95.

祝荣康，2019. 浅谈木材经营加工许可改革后林政资源管理对策：以广西三江县为例 [J]. 农村科学实验（20）：110-111.

浅析水稻病虫害绿色防控技术与经济效益

周宜当

（湖南省武冈市司马冲镇农业综合服务中心，武冈　422400）

摘　要： 本文浅析介绍水稻病虫害绿色防控技术，包括农业防控技术、物理防控技术及生物防控技术等，并对其产生的经济效益、社会效益、生态效益进行了系统评价，可为水稻病虫害绿色防控技术示范、推广提供参考。

关键词： 水稻；病虫害；绿色防控技术；效益

近几年，湖南省武冈市司马冲镇农业部门始终在积极推行病虫害绿色防控技术，于2018—2021年进行了绿色防控技术的试点和示范，为大规模推广提供参考，该地区农作物播种面积为3.8万亩，其中种植面积达1.6万亩，占到了播种面积的35%。由于不及时控制病虫害，每年产量下降了5%，直接造成了600万元的经济损失。由于农民缺乏科学的药物施用和使用，导致了病虫抗药能力提高、农药在土壤中残留、水质污染等问题，导致稻米品质降低，制约了稻米产业良性可持续发展。为降低农药使用量，确保水稻安全，应结合农艺、物理、生物等绿色防控技术防控病虫害。

1　农业防控措施

选择抗病虫性好的品种，适时进行轮换，合理布局，严格控制播种量，培育壮苗，提高秧苗的田间管理，提高稻株抗病能力。在播种之前，应加强水肥管理，在播种前进行深水灌溉，灌深水并保持水层70 cm，对越冬螟虫幼虫和卵进行杀灭；施足腐熟有机肥，降低施氮量，增加磷、钾肥，注重在水稻有效分蘖后期进行控水，以提高水稻的抗逆性，减轻病虫害的发生；秋季应适时进行深翻，减少冬虫源；结合中耕除草，及时清除田边、路边、沟边上的杂草，降低虫卵数量。另外，要彻底清除病原菌，对当年发生稻瘟病的病株和病秕粒进行根除；在水稻纹枯病、水稻稻曲病流行区，泡田时，在排水口进行菌株的打捞，对田间出现的水稻稻曲病病株进行处理。在收割过程中，采用机械进行稻草的碾压、灭茬、还田等措施，可以有效地杀死幼虫或降低幼虫的越冬数量。

2　物理防控技术

一是用诱捕器对二化螟的成虫进行诱捕。在水稻田中每公顷设置15个诱捕器，一个诱捕器安放范围为一亩，内置一枚诱芯，每25~30 d更换一次诱芯。将诱捕器开口朝下，固定在长1.5 m的竹竿上。诱捕器一般放置在离地面80~120 cm左右或离作物表面10~20 cm的位置。二是用稻草诱捕三代螟虫。5~8株稻草为1束，用小棒固定，将其置于田间，以吸引三代螟虫，每公顷通常用稻草300束，3天更换一次。三是采用防虫网、灭虫灯等防控方法，对防控害虫具有较好的效果，具有较好的推广应用价值。

3 生物防控技术

3.1 二化螟防控

二化螟是一种主要为害水稻叶片和茎秆的杂食性害虫，可引起水稻枯心、白穗等。

3.1.1 利用赤眼蜂进行二化螟的防控

从二化螟的每代蛾始发期开始放蜂，每公顷放蜂150 000头，每亩每次放10 000头，间隔3~5 d后开始第二次放蜂，每代共放蜂3次。每公顷通常设置120个的放蜂点，每亩设6~8个，两点间隔8~10 m。第一次放蜂时，将1 000~2 000头赤眼蜂卡片贴在一次性纸杯的底部，杯口向下，并插入1根1.5 m高的竹子，将涂有赤眼蜂卡片的一次性纸杯放在距稻叶顶端10 cm的地方，用塑料布将其固定在竹竿上。第二、第三次放蜂时，只需将分装好的蜂卡贴在一次性纸杯的底部即可。

3.1.2 采用生物杀虫剂进行二化螟的防控

采用苏云金杆菌（Bt）稀释液，在二化螟的孵化期前后喷洒1次，对二化螟的杀伤效果明显。

3.1.3 利用诱饵植物诱捕二化螟

在路边或沟渠边种植一些具有诱捕作用的蜜源植物，可以有效地防控大螟和二化螟。

3.2 稻瘟病防控

稻瘟病是水稻生产中经常发生的一种病害，其发生时可造成稻谷减产50%以上，甚至是绝收。

3.2.1 对水稻稻瘟病的防控采用多抗霉素水剂

多抗霉素是一种具有广泛用途的抗菌药物，能通过抑制细胞壁几丁质的形成，抑制其细胞壁的形成，最终造成细菌的死亡。2018年，在武冈市司马冲镇五星村进行了5%多抗霉素水剂防控稻瘟病，采用5%多抗霉素水剂1 500 ml，对水稻叶瘟、穗颈瘟进行了防控，并在叶片上均匀喷洒，兑水量为450~625 kg。防控叶瘟：在水稻分蘖期到破口期出现严重的病斑时，按病情发展或遇雨7 d后，再按同一剂量进行第二次施用；穗颈病的防控应在破口期进行，齐穗时，进行同一剂量的第二次施用。试验结果显示，1 500 ml的5%多抗霉素水剂对水稻叶瘟、穗颈瘟的控制效果达90%，且对水稻的生长没有明显的影响，且没有发生药害，对主要天敌群体具有很好的安全性，同时对纹枯病等疾病也有一定的治疗作用，且对野生动物和害虫安全、可靠。

3.2.2 应用枯草芽孢杆菌可湿性粉剂对稻瘟病的防控效果

用上海地天生物杀虫剂有限公司的1 000亿芽孢/g的枯草芽孢杆菌可湿性粉剂1 000 g，在7—8月进行3次喷洒，结果表明，控制率达到93%。它能产生抑制细菌生长的抗菌素，引起菌丝断裂、解体，并溶解细菌的细胞壁，造成穿孔、畸形等。

3.3 稻田养鸭技术

湖南省武冈市农业技术推广中心于2009年开始实施的水稻—鸭共育技术，采用30 cm×20 cm的秧苗，在30~35 d内放养雏鸭，每亩放鸭8~12只，雏鸭体重150 g。通常 3~4 亩为 1 组，在野外用钢丝网均匀地隔离。每一组鸭都要建造一间 1.6 m² 的斜顶鸭棚，以便在夜间休息和人工喂养。放养后，每天早晚各人工喂养 1 次，每只鸭投食 50 g；在水稻抽穗后，采取了一种措施，以避免鸭对稻穗的摄取。通过增加稻田行距，改善稻田的生长条件，提高了稻田的通风、透光、结实、水、肥、气、热协调，不采用药物控制，也不产生稻瘟病、纹枯病。

3.4 稻田养蟹技术

2016 年、2017 年先后在武冈市司马冲镇进行了 2 次试种，其中，水稻 530 kg，螃蟹 20 kg，成活率 58%。4 月设置临时池塘、环形沟、防逃墙等田间工程，在温度超过 12℃时进行暂养，并在放养前用盐水消毒，暂养期间，豆饼的投入量约为总重量的 3%。在 6 月中旬，秧苗返青后，把蟹种放到田间，在放养之前把旧水更换。每日 8：00—9：00、16：00—17：00，以 4：6 的比例喂养鸡肠和豆饼，投食量为 2%~3%。

4 水稻病虫害绿色防控措施

4.1 强化病虫监测预警，降低农药使用次数

加强病虫监控和早期防治，根据地理位置、作物品种、病虫害发生等因素减少用药数量，合理设置测报站，通过现场分析指导、集体培训、互联网信息发布等多种方式加强对测报队伍业务能力的培养，提高其预测预报的专业业务水平。根据全市主要病虫害的发生情况，适时发出预报预警，并提出防控意见，引导技术人员科学用药、科学预防控制病虫害，做到不达防控指标不防控，到达防控指标不防控。

4.2 推广精准施药技术，促进农药减量减污染

大力发展自动喷雾机、植保无人机等节约型植保设备，并辅以特殊的添加剂，既可确保控制的有效性，又可降低用量，避免药水的漂浮，增加杀虫剂的防治效率。

4.3 优化农药使用结构

推广使用"三高四低"环境友好型药剂，替代剂量大、效果差、病虫抗性高的陈年型杀虫剂。大力发展阿维菌素、吡蚜酮、苏云金杆菌、氯虫苯甲酰胺，替代有机磷和氨基甲酸；大力发展三环唑、三环己唑醇、吡唑醚菌酯、氰烯菌酯、春雷霉素、井冈霉素、枯草芽孢杆菌属等，以取代抗性较低的旧菌株。新推广的药剂具有高效低毒、低残留、低污染、使用剂量少等特点，再配合科学、合理地使用，既能确保控制的效果，又能降低使用的剂量和使用频率。

4.4 积极推进绿色防控与统防统治融合

以科技成果为支撑，以先进的社会控制机构为平台，在全市范围内广泛推广绿色防控技术，进行统一管理。如无人机、喷杆喷雾器等，对二化螟、稻瘟病等进行了大规模的药剂防治。

4.5 建立病虫害绿色防控示范区

大规模开展病虫害的绿色防治示范，展示灯光诱蛾、性诱剂、色板及赤眼蜂等生物物理防治技术，追踪监测各种防治技术的成效，增强示范带动作用。

5 效益分析

5.1 经济效益

5.1.1 绿色防控模式

在绿色防控模式中，每亩投入 200 元的种子、化肥、新的飞蛾诱捕装置，1 000 亿芽孢/g（5 元/袋，1 包），人工除草机械、人工费用 150 元，合计 380 元；水稻的平均产量 530 kg/亩，价格为 6 元/kg，平均每亩收入 3 180 元，纯收入 2 800 元。常规栽培方式，每亩投入 215 元，常规化学药剂投资 15 元；稻谷平均产量 530 kg/亩，5 元/kg，亩收入 2 650 元，纯收入 2 420 元。与传统的栽培方式比较，绿色防控的亩投入提高了 175 元，但净收益提高 380 元。

5.1.2 稻田养蟹模式

水稻池塘养殖模式，每亩投入 200 元的种子和化肥，420 元的螃蟹，25 元的新型诱虫器，15 元的枯草芽孢杆菌，人工除草机械的 150 元，稻田养蟹模式总投入 810 元。稻谷的平均产量 530 kg/亩，按照 20 元/kg 的标准，亩收入 10 600 元/亩。螃蟹的平均产量是 20 kg/亩，70 元/kg，收入 1 400 元/亩。总收入 12 000 元，净收益 11 190 元。传统模式的投资仍然是 215 元，平均亩产 580 kg，5 元/kg，收入 2 900 元，净收益 2 685 元。与传统耕作方式比较，在水塘养殖中，每亩增加了 595 元的投入，而净收益提高了 8 505 元。

5.2 社会效益

通过推广绿色、高效、可持续的综合防控技术，培育生产出大量的绿色农产品。绿色防控系统的建立，既符合现代农业的发展要求，又可做到绿色、可持续发展。

5.3 生态效益

通过推广应用水稻病虫害绿色防控措施，可以大幅度降低农药用量，尽量避免环境和水体污染，有效地保护了农田的生态平衡，大幅度改善了农田的生态环境。

6 加强水稻病虫害绿色防控技术推广应用

6.1 积极运用网络，构建网络推广平台

在信息化和互联网的飞速发展下，推进农业绿色害虫防治技术的普及，必须通过互联网建设完善的网络营销平台，完善服务系统，为广大农户提供更加完善、便利的服务。相关技术人员和病虫害防治专家可以利用互联网进行技术交流，并利用网上技术，学习国外先进技术，提高防治技术。同时，通过互联网实现了信息分享，能实时共享农作物害虫的防治技术。要充分利用网上营销的优势，就必须派遣专业的工作人员进行网站的维护与管理，及时进行信息的更新，并强化对网络的监控。

6.2 提升水稻种植户技术水平，提高认知程度

通过各种形式的宣传手段，开展基层农业生产的绿色防控技术培训。各级领导要增强科技观念，采取先进的宣传方法，提高农户对新技术的认知。要把科技成果应用于农业生产，把科技推广和宣传工作做好。派遣科技人员到基层进行示范和引导，真正让农户了解到绿色防控技术在水稻生产中的作用，提高农业科技推广的广泛性。各有关方面

要协同推进，有步骤、有系统地推进水稻病虫害防治技术的发展。另外，要在乡镇、村培养新技术示范户，让其他农民了解新技术的好处，科学广泛地将技术运用在农作物防治上。

6.3 加强推广力度，改善推广方法

在推广绿色防治技术方面，应结合试验、示范、推广、培训等工作，建立健全的推广系统，开展新技术推广工作。

6.3.1 建立农业生产基地

根据当前的形势，开展病虫害绿色防控技术示范，并组织农民到基地中观摩和参与，让农户看得见、认得清、学得会，并大力推广发展新技术。

6.3.2 要加大对职业农民新技术推广和技术培训力度

通过经验讨论会、新技术交流会等方式，不断提升职业农民的病虫害绿色防控技术水平，同时还要做好相应的技术支持，确保新技术可以切实发挥效益。

7 结语

综上所述，突发性、流行性病虫害的出现，使绿色防治工作更加困难。草地贪夜蛾、蝗虫、黏虫、水稻稻瘟病、叶枯条斑病等具有突发性，突发性、流行性的病虫害，受气候、栽培等多种因素的制约，发生的时机、程度具有不确定性，单一的生物、物理、生态控制措施难以保证理想的防效。今后很长一段时间，病虫害的主要防治措施还是以化学杀虫剂为主，应加快开发高效、低毒、环境友好型杀虫剂，以确保对害虫的紧急扑救和生态环境的安全性。"绿色防治"是一种具有发展性的技术理念，根据不同国家、地区、不同发展阶段，其技术路线、技术方法和管理要求也会发生变化。目前，我国提出了"绿色防治"的概念，根据我国实际情况，在今后的发展过程中，将会随着科学技术的发展、技术的更新，以及人类与自然的和谐共存这一基本原则，对绿色防治技术的需求将会逐渐提升。因此，绿色防治工作是一个不断发展、不断探索、不断实践、不断提升的过程。

参考文献

归连发，王新其，曹黎明，等，2020. 上海水稻病虫害绿色防控技术研究与应用［J］. 作物研究，34（3）：262-268.

彭红，赵峰，张先华，等，2019. 河南省水稻病虫害绿色防控技术规程集成及应用效果研究［C］//农作物病虫害绿色防控研究进展：河南省农作物病虫害绿色防控学术讨论会论文集.［出版者不详］：112-115.

张玮强，路凤琴，吴锦霞，等，2020. 闵行区水稻病虫害绿色防控技术应用与推广［J］. 上海农业科技（2）：99，105.

张先华，2019. 固始县水稻病虫害绿色防控技术集成示范与成效［C］//农作物病虫害绿色防控研究进展：河南省农作物病虫害绿色防控学术讨论会论文集.［出版者不详］：118-120.

武冈市南方水稻黑条矮缩病的发生特点、原因及防控对策

周宜当

（湖南省武冈市司马冲镇农业综合服务中心，武冈　422400）

摘　要： 2009 年以来武冈市均不同程度发生南方水稻黑条矮缩病，通过对南方水稻黑条矮缩病发生情况的调查分析，发现武冈市南方水稻黑条矮缩病有发生面广、轻重不一、集中中稻为害、发生品种较多、水稻感病时期不同、发生程度不同的发生特点。经分析认为，带毒白背飞虱迁入时期与迁入量、易感病品种的种植、监测难度大、农户忽视对水稻前期白背飞虱的防控是其发生的主要原因。本文根据发生原因从提高对南方水稻黑条矮缩病的认识，加大监测预警力度，搞好预控保健栽培，抓好"治虱防矮"技术措施，强化技术指导和服务等方面提出了相应的防控对策。

关键词： 武冈市；南方水稻黑条矮缩病；发生特点；原因；防控对策

南方水稻黑条矮缩病俗称"矮病"，是前几年在越南北部和我国南部稻区发生的一种新的水稻病毒病。2001 年由华南农业大学周国辉教授在广东省首次发现，2008 年被正式鉴定为南方水稻黑条矮缩病新种。2009 年，全国已在广东、广西、湖南、江西、海南、浙江、福建、湖北和安徽 9 个水稻主产省、自治区发生，发生面积约 33.33 万 hm^2，失收面积 0.67 万 hm^2。近几年来，该病在全国呈蔓延趋势，主要为害水稻、玉米等粮食作物，严重威胁我国粮食生产安全。南方水稻黑条矮缩病病原为植物呼肠孤病毒科斐济病毒属（southern rice black-streaked dwarf virus，SRBSDV），其发生传播方式主要是以白背飞虱带毒传染，不经过卵传播病毒。

水稻是武冈市主要粮食作物之一，常年种植面积在 4 万 hm^2 以上。近几年通过对南方水稻黑条矮缩病在武冈市的发生特点、原因进行了分析研究，对掌握南方水稻黑条矮缩病在武冈市的发生规律，如何采用积极有效的防控措施，促进武冈市水稻安全生产有着重要的意义。

1　发生概况

由于武冈市地处湘西南半丘陵山区，适宜的气候有利于水稻多种病虫害的发生。其中南方水稻黑条矮缩病于 2009 年首次在武冈市水稻上发现，当年发生面积为 80 hm^2，后逐年加重发生，至 2013 年发生面积达到了 1 000 hm^2，对武冈市的粮食产量造成了一定程度的减产，严重影响粮食生产安全。从 2014 年开始，武冈市人民政府高度重视南方水稻黑条矮缩病的防控工作，每年投入大量的财力物力，并运用切实可行的综合防控技术加强对该病的防控，得到了有效的控制。2014 年发生面积为 400 hm^2，至 2017 年发生面积为 165 hm^2，2019 年发生面积仅 60 hm^2，2020 年零星发生。南方水稻黑条矮缩病的发生在武冈市得到了有效控制。

2　发生特点

2.1　发生面广，轻重不一

南方水稻黑条矮缩病在武冈市前几年发生的范围较广，分布在全市的各个乡镇。由于各地水稻品种的种植不同、带毒白背飞虱迁入的时期与迁入量不同、农户施药防治稻飞虱的方法不同等原因，各地发生程度不一。采取种子拌药后，在前期对白背飞虱防效好的田块，南方水稻黑条矮缩病发生较轻，偶见有病株。2014年开始，武冈市免费发放预防白背飞虱的种衣剂，种粮大户在双季稻区实施了药剂拌种后，南方水稻黑条矮缩病就发生非常轻。而一些农户没有采取种子拌药措施和前期忽视对白背飞虱的防治，其田间植株发病就较多，发生较为严重；带毒白背飞虱迁入较早的田块，稻株早期感病，田间症状表现较早，利于农户采取防控措施，控制该病的传播蔓延，发生就较轻；而带毒白背飞虱迁入较晚的田块，稻株处于幼穗分化时期，在稻株感染病毒时水稻植株高度已发育完全，稻株未出现矮化，农户往往会忽视防治，而此时传毒系列活动时间与水稻后期易感病期吻合，田间稻株已经大面积感染了南方水稻黑条矮缩病，导致在水稻抽穗时出现正常抽穗但不结实的现象，因此发生就较重。如2015年发生在文坪镇双江村的中稻正常抽穗但不结实的情况就属于这一原因。

2.2　集中中稻为害，发病品种较多

南方水稻黑条矮缩病在武冈市主要集中在中稻上发生，早稻、晚稻发生较轻。早稻由于生育期短，加之前期气温偏低，白背飞虱难以快速发生为害而传毒；晚稻生产期间为害水稻的稻飞虱以褐飞虱为主，白背飞虱几乎没有，没有媒介传毒。因此南方水稻黑条矮缩病在武冈市的早稻、晚稻上发生较轻。而中稻生长生育期长，前期为害中稻的稻飞虱以白背飞虱为主，其带毒率和传毒概率较高，故而在中稻上发生较重。中稻发病田块以病丛、病株呈零星团出现较多，病团大小不一，轻则几株、几丛、几十丛，重则占水稻田面积的80%。近几年，笔者调查在武冈市种植的水稻品种发生南方水稻黑条矮缩病的情况表明，发生该病的品种较多，主要有隆香优130、恒丰优华占、鱼鳞稻、D奇宝527、丰源优299、丰源优272、T优207等，产量损失20%~80%不等。

2.3　水稻感病时期不同，发生程度不同

带毒白背飞虱迁入较早的田块，稻株于分蘖期感染，田间发病症状表现较早，一般出现零星矮化的稻丛，感染越早，植株矮缩越明显。感染病株分蘖增多，叶短而僵直，叶面皱褶，叶色变浓变绿，心叶的下叶叶鞘呈螺旋状伸出，中上部叶片基部可见纵向皱褶，叶背的叶脉和茎秆在染病初期有蜡白色条状突起，植株有高节位分枝并生有倒生根。这种情况下农户会立即采取防控措施防治白背飞虱，消灭传毒媒介，切断传播途径，并拔除病株，保护其他健株的安全生长，控制了该病的传播蔓延，发生程度就较轻；而农户忽视防治的，则发生程度非常严重。带毒白背飞虱迁入较晚的田块，稻株处于幼穗分化时期，在稻株感染病毒时水稻植株高度已发育完全，稻株未出现矮化，但表现高位分枝和倒生根症状，这种情况下农户往往忽视了防治，这时水稻已经大面积发病了，会出现在抽穗时正常抽穗而不结实的现象，严重的抽穗迟且小，稻穗呈全包颈或半包颈，因此发生程度就较重。如2015年带毒媒介白背飞虱迁入武冈市较晚，前期送检

的白背飞虱样品检测均未带毒，7月送检的白背飞虱样品检测有带毒，而7月中稻田间尚未见到矮缩植株的出现，直到8月下旬中稻处于黄熟期了，明显看到不结实勾头的植株。在同一块田，相邻蔸间正常抽穗结实的稻株无高节位分枝和气生根，而正常抽穗但不结实的稻株却有高位分枝、白色蜡条和向上生长的气生根。通过调查，不勾头的植株感染南方水稻黑条矮缩病，田块病蔸率为5%~80%不等。其与苗期、分蘖前期感染南方水稻黑条矮缩病的症状比较，有它的相同之处和不同之处：其相同之处是有白色蜡条、高位分枝、向上方向生长的气生根和空秕不实；不同点是植株不矮缩。

3 发生原因

3.1 带毒白背飞虱迁入时期、迁入量

南方水稻黑条矮缩病的发生迟早和轻重，与带毒白背飞虱迁入当地的时期、迁入量密切相关（表1）。当年带毒白背飞虱迁入当地的时间早、迁入量大，则南方水稻黑条矮缩病发生早且重，反之则发生迟、轻或无发生。

表1 历年白背飞虱及南方水稻黑条矮缩病发生情况

年份	灯下始见白背飞虱成虫日期	检测始见带毒白背飞虱日期	始见至6月30日单灯总虫量（头）	南方水稻黑条矮缩病发生面积（hm²）
2015	4月19日	5月20日	8 149	800
2016	4月21日	6月2日	26 220	400
2017	3月24日	7月5日	19 227	165
2018	4月12日	6月5日	4 160	200
2019	4月8日	6月1日	4 309	60
2020	4月11日	6月28日	4 612	5

3.2 易感病品种的种植

南方水稻黑条矮缩病的发生程度在品种间表现不一，相同栽培区域，有些品种发生较重，有些品种发生较轻，有些品种没有发生。近几年在我地种植的水稻品种中，发生南方水稻黑条矮缩病较重的品种有隆香优130、恒丰优华占、鱼鳞稻、D奇宝527、丰源优299、丰源优272、T优207等。

3.3 监测难度大

南方水稻黑条矮缩病主要通过传毒媒介白背飞虱带毒传播，而白背飞虱在武冈市系外地迁飞进入，迁入期早、峰次多、虫量大。其迁飞机制复杂，影响因素较多，对迁飞进入的白背飞虱难以监测，不能及时防治。也导致对白背飞虱的带毒率难以及时检测，传毒速度较快，进而加大了对南方水稻黑条矮缩病的防控难度。

3.4 农户忽视对水稻前期白背飞虱的防控

农户易轻视水稻前期白背飞虱的防治。2015年是武冈市近几年水稻虫害发生较轻的一年。5月大田调查，白背飞虱田间百蔸虫量最高为360头，6月田间百蔸虫量最高

为1 141头，7月田间百兜虫量最高才448头，8月田间百兜虫量最高为195头，农户认为田间虫口少，忽视了前期对白背飞虱的防治，导致当年中稻于幼穗分化期感染南方水稻黑条矮缩病，在抽穗结实时出现正常抽穗但不结实的现象。因此只要有带毒白背飞虱迁入，哪怕虫口数量再少，忽视防治同样会发生南方水稻黑条矮缩病，且局部发生程度会较重，只不过是发病面积相对少一些。即使有大量白背飞虱迁入，只要迁入白背飞虱虫口不带毒，田间虫口数量再大，忽视防治只会出现白背飞虱为害现象，不会发生南方水稻黑条矮缩病。

4 防控策略

水稻一旦染上南方水稻黑条矮缩病病毒，目前尚无办法救治。因此做好白背飞虱的前期防控，压低虫口基数，切断传染链，减少传毒概率，是降低南方水稻黑条矮缩病发病风险的关键。

4.1 提高对南方水稻黑条矮缩病的认识

南方水稻黑条矮缩病是前些年在武冈市新发生的一种水稻病毒性病害，具有暴发流行性、潜在危害性和极端危险性的特点，防控不当，对水稻生产造成严重威胁。但是措施得当，该病是可防可控的。很多老百姓缺乏对该病的认识，认为水稻发生南方水稻黑条矮缩病这一现象是水稻种子产生了质量问题，要求种子经销商赔偿损失，造成双方矛盾重重。

4.2 加大监测预警力度

加强监测预警，做好防治关键期内传播媒介白背飞虱的系统监测、大面积普查及带毒率检测，准确掌握白背飞虱的发生发展动态、带毒率情况。武冈市植保部门为了及时掌握全市各区域的白背飞虱和南方水稻黑条矮缩病的发生情况，提高对白背飞虱和南方水稻黑条矮缩病的测报准确率，自2013年起在全市18个乡镇分别建立了白背飞虱和南方水稻黑条矮缩病的监测网点，及时采集白背飞虱样本送相关检测机构进行带毒检测，并收集、整理和反馈检测信息，制定相应预控方案，及时发布虫情预报和防治警报，为大面积"治虱防矮"提供科学依据。

4.3 搞好预控保健栽培

一是要避免种植抗性弱的品种。筛选在种植区域内南方水稻黑条矮缩病发生较轻或者没有发生的品种种植。二是加强肥水管理。全面实施测土配方施肥，施用有机肥，增施磷钾肥，提升水稻抗病抗虫能力；科学管水，及时排水晒田。

4.4 抓好"治虱防矮"技术措施

在秧田期和本田初期的防治关键时期，将传毒媒介白背飞虱消灭在传毒之前，控制病毒传播。①全面普及种子药剂拌种处理。选用高含量吡虫啉、噻虫嗪等种子处理悬浮剂拌种预防白背飞虱。在种谷催芽露白后用70%吡虫啉种衣悬浮剂10 ml加少量清水混匀，再与干谷重量1.5~2.5 kg的芽谷拌匀，晾干后播种。②在秧苗叶片展开后及时防治白背飞虱，压低秧苗期白背飞虱的虫口数量。移栽前3 d科学施用送稼药，做到带药下田。移栽时注意剔除疑似病株，以减少本田毒源。③水稻移栽后至孕穗期注意及时防治白背飞虱。选用25%吡蚜酮可湿性粉剂、10%吡虫啉可湿性粉剂或10%烯啶虫胺水剂等药剂，可以配合使用8%宁南霉素水剂或80%盐酸吗啉胍水分散粒剂等药剂。大田分蘖期发现疑似病株及时拔除，空蔸处可以从健丛中掰蘖补苗。同时要加强肥水管理，促进早发。处于分蘖末期至孕穗期且发病程度不重的水稻，及时将病株拨出并集中无害化处理，减少毒源量。对发病特别严重的田块，采取改种下茬水稻或其他作物。

4.5　强化技术指导和服务

自2014年至今，武冈市人民政府高度重视对南方水稻黑条矮缩病的防控：一是每年组织乡镇农技站、种粮大户、合作社、种子经销商等技术人员，举办南方水稻黑条矮缩病防控技术培训班，每年至少举办一期。在各乡镇、部分村组不定期召开防治南方水稻黑条矮缩病的技术课。二是每年在种子销售旺季发放防控南方水稻黑条矮缩病的技术资料，要求全市各种子代理商、种子零销商在配送和销售种子时，必须引导推荐农民购买使用种衣剂拌种。在该病的防控关键时期发布《病虫情报》（公告版），在全市张贴，同时组织技术人员深入一线开展技术指导与服务，进村入户，将该病的防控技术措施宣传到千家万户，增强农民"治虱防矮"的主动力，切实控制该病的发生与流行。三是争取政府资金投入。武冈市人民政府自2014年至今，每年划拨专项经费采购预防南方水稻黑条矮缩病的种衣剂，免费发放给种植双季稻的合作社、种粮大户及部分农户，至2020年，武冈市已累计投入资金140余万元。四是积极培育和发展病虫害专业化统防统治服务组织开展病虫害防治，至2020年，全市已发展病虫害专业化统防统治服务组织8家，大面积开展无人机施药，大力提升了植保社会化服务能力，提高病虫害的防治水平，减少农药使用量。统防统治服务组织的发展为全市农作物病虫害大面积防控，特别是有效实施"治虱防矮"措施防控南方水稻黑条矮缩病起到主力军的作用。

参考文献

陈卓，宋宝安，2011. 南方水稻黑条矮缩病防控技术 [M]. 北京：化学工业出版社.

钟天润，刘宇，刘万才，2011. 2010年我国南方水稻黑条矮缩病发生原因及趋势分析 [J]. 中国植保导刊，31（4）：32-34.

周国辉，温锦君，蔡德江，等，2008. 呼肠孤病毒科斐济病毒属一新种：南方水稻黑条矮缩病病毒 [J]. 科学通报，53（20）：2500-2508.

周国辉，张曙光，邹寿发，等，2010. 水稻新病害南方水稻黑条矮缩病发生特点及为害趋势分析 [J]. 植物保护，36（1）：144-146.

研究论文

春季迁飞路径上气象因子对一代东方黏虫发生的影响*

唐广耀**，杜星晨，吴思睿，刘艳敏，郭线茹，王高平***

（河南省害虫绿色防控国际联合实验室/河南省害虫生物防控工程实验室/
河南农业大学植物保护学院，郑州　450002）

摘　要：黏虫［*Mythimna separata*（Walker）］是一种鳞翅目夜蛾科的昆虫，成虫具有迁飞习性，幼虫具有群集性、暴食性，发生范围广，在 27 °N 以南地区终年能够进行繁殖。成虫期的黏虫需要补充营养才能完成迁飞和生殖活动，并且成虫期补充营养的质量也能够对幼虫的发生数量产生影响。王高平（2006）发现：春季黏虫迁飞路径上的紫云英具有丰富的花蜜，可为迁飞的黏虫成虫提供能量补充，其面积剧增是 20 世纪 70 年代黏虫频繁特大暴发的关键因子。采用偏相关分析和线性回归分析，探索 1960—1979 年和 1980—1992年两个时间段内越冬代黏虫迁飞路径（迁出地、迁飞中转地、迁入地）上各有哪些气象因子与紫云英面积组合能提高一代黏虫发生程度预测准确性。越冬代成虫春季迁飞期迁飞路径上气象因子与麦田一代黏虫发生面积关系的分析结果如下。①1960—1979 年，偏相关结果分析显示，除迁飞路径上紫云英面积影响外，黏虫的发生面积与迁出地的温度（$R=$0.487，$P=0.048<0.05$）、迁飞中转地的温度（$R=0.561$，$P=0.019<0.05$）、迁飞中转地湿度（$R=0.516$，$P=0.028<0.05$）、迁入地的降水量（$R=0.507$，$P=0.032<0.05$）之间存在正向的相关关系；1980—1992 年，仅能分析出紫云英面积对一代黏虫发生面积产生显著影响，迁飞路径上各气象因子对黏虫发生不产生显著影响。②通过线性回归分析发现，在 1960—1979 年，我们可以建立 3 个回归方程预测麦田一代黏虫发生面积 y，分别是利用紫云英面积（$y=0.882X-0.550$，复相关系数 $R=0.721$）预测、利用紫云英面积 X_1 和迁入地降水量 X_2（$y=0.928X_1+0.692X_2-1.390$，复相关系数 $R=0.802$）预测、利用紫云英面积 X_1 和迁出地温度 X_3（$y=0.995X_1+0.399X_3-7.692$，复相关系数 $R=0.824$）预测。迁飞路径上的其他气象因子不能与黏虫发生面积建立线性回归方程。对 1980—1992 年的数据分析发现，我们只能建立紫云英面积 X 与黏虫发生面积 y（$y=0.591X+0.357$）的线性回归方程，这一阶段春季迁飞期主要气象因子与麦田一代黏虫的发生面积均不能建立线性关系。

关键词：黏虫；迁飞；气象因子

　　黏虫［*Mythimna separata*（Walker）］是一种喜温暖高湿的昆虫，适宜的环境条件能够为黏虫的生存提供适宜的生存条件。黏虫成虫的发育温区较广，而最适宜黏虫的温度范围在 16~25℃，且更偏向于 25℃ 这一侧；相对湿度的高低对成虫产卵也有显著影响，高温低湿环境能够显著降低产卵量，最适宜的相对湿度范围在 50%~70%，且成虫

---

* 基金项目：国家重点研发计划课题（子课题）"小麦、玉米抗逆减灾和绿色防控技术体系构建"（2017YFD0301104）

** 第一作者：唐广耀，硕士研究生，主要从事应用昆虫生态学研究；E-mail：tgy9732@163.com

*** 通信作者：王高平，教授，主要从事应用昆虫生态学研究；E-mail：wanggaoping@henau.edu.cn

产卵的适温上限会随着相对湿度的提高而提高（赵圣菊，1988）。

黏虫的发生在不同年代或者世代之间与气象因子存在密切相关关系。1990—2001年，广西壮族自治区融水县气温连续多年持续升高，从而促使虫源基数增加，再加上2002年8月发生连续降雨，从而为各虫态黏虫的发生提供了有利的生境（蓝继新，2002）；2004年，6—8月降雨天数达到43 d，强降雨天数的增加，从而诱发三代黏虫在洛阳地区的大发生（赵宗林和姜道威，2005）；高明等（2007）对豫西地区2002年、2004年、2006年3次黏虫暴发的原因分析发现，7月下旬平均气温和降水量适中对作物的生长及黏虫暴发有一定的促进作用；在2012年的黏虫大暴发时期，华北、东北地区的雨水充足促进了当地玉米作物的生长，同时为黏虫种群的扩大提供了有利的直接和间接条件（王宁等，2014）。充足雨水也能够促进黏虫的迁入，屈丽莉等（2014）对2013年辽宁省的降水量分析发现比往年多，这样可以促进黏虫可以更好地降落、产卵以及生长发育。但也有研究表明，连续降雨天气过长会影响黏虫的发生，反而影响了黏虫的生殖发育（范俊珺等，2015）。2016年我国山西、陕西、河南三省交界地带由于6—7月雨水充足，导致二代黏虫在该地区集中降落，同时降雨促进了杂草等食料的生长，因此为三代黏虫创造了适宜的生存条件，从而引起三代黏虫在该地区部分田块的大暴发（程登发和赵中华，2016）。多年来，更多的学者们关注的是黏虫幼虫期气象因子对黏虫发生及其对作物生长发育的影响，选取的时间、空间跨度更多地针对某个地区气候变化对当地黏虫幼虫发生的影响。而根据Wang等（2006）的分析可知，春季黏虫成虫迁飞期迁飞路径上蜜源植物面积对黄淮流域麦田一代黏虫发生有极大影响，稻田绿肥紫云英的种植面积与一代黏虫发生面积存在极显著的相关关系，远高于虫源区小麦等黏虫幼虫寄主作物对一代黏虫发生面积的影响，揭示了紫云英面积剧增是20世纪70年代一代黏虫频繁特大暴发的关键因子。那么，迁飞路径上气象因子是否对越冬代黏虫的迁飞过程以至麦田一代黏虫也会产生影响，还有待进一步探究。

本研究依据越冬代黏虫成虫迁出、迁飞中转和迁入高峰期，立足宏观地理尺度、数十年时间跨度，选取春季虫源地（迁出地）、迁飞中转地及迁入地33年的平均气温、平均降水量和平均相对湿度，来分析这些气象因子与紫云英面积组合是否能提高对一代黏虫幼虫发生程度预测的精确性。以期通过本研究能够为未来对黏虫发生精准预测提供借鉴和基础性资料。

1 材料与方法

根据王高平（2006）分析，春季成虫迁飞期迁飞路径上蜜源植物面积与麦田黏虫发生面积呈显著正相关，本文在此基础上分析迁飞期气象因子与迁入降落黏虫后代幼虫发生程度的关系。

1.1 气象站点选取

春季从华南地区羽化的黏虫成虫，向北迁飞，经停南岭至长江流域一带的迁飞中转地而大量降落至黄淮海流域麦田产卵（王高平，2006）。黏虫成虫迁飞行为的高峰期：华南迁出区为3月上中旬，黄淮海流域黏虫迁入区为3月中下旬（李光博等，1964；李光博，1995）。因此，本文按照黏虫成虫迁出地、迁飞中转地和迁入地分区选择代表性气象站点。

1.1.1 迁出地气象站点选择

越冬代黏虫成虫的迁出地主要是华南地区，即广东省、广西壮族自治区（大致为22°N~25.5°N）。广西壮族自治区共选择了7个气象站点（市/县）：桂林市、河池市、柳州市、来宾市、梧州市、南宁市、玉林市。广东省共选择7个站点（市/县）：梅县、佛冈县、河源、广宁县、惠来县、罗定市、信宜市。选择的气象站点（14个）及选取的迁出高峰期如表1所示。

表1 越冬代黏虫迁出地所取气象站点与迁出期选择

台站号	站点	省份	经度、纬度（°E,°N）	迁出高峰期（月/日）
57957	桂林	广西	110.30、25.32	3/02—3/21
59023	河池	广西	108.05、24.70	3/02—3/21
59046	柳州	广西	109.40、24.35	3/02—3/21
59117	梅县	广东	116.10、24.27	3/02—3/21
59087	佛冈	广东	113.53、23.87	3/02—3/21
59242	来宾	广西	109.23、23.75	3/02—3/21
59293	河源	广东	114.68、23.73	3/02—3/21
59271	广宁	广东	112.43、23.63	3/02—3/21
59265	梧州	广西	111.30、23.48	3/02—3/21
59317	惠来	广东	116.30、23.03	3/02—3/21
59431	南宁	广西	108.35、22.82	3/02—3/21
59462	罗定	广东	111.57、22.77	3/02—3/21
59453	玉林	广西	110.17、22.65	3/02—3/21
59456	信宜	广东	110.93、22.35	3/02—3/21

1.1.2 迁飞中转地气象站点选择

越冬代黏虫成虫的迁飞中转地主要是湖南省、江西省、浙江省、湖北省中南部、安徽省南部、江苏省南部等地（大致为26.50°N~32.00°N）。湖南省共选择6个站点（市/县）：岳阳市、常德市、长沙市、邵阳市、衡阳市、武冈市。江西省共选择7个站点（市/县）：庐山市、景德镇市、南昌市、贵溪市、宜春市、吉安市、广昌县。浙江省共选择8个站点（市/县）：平湖市、慈溪市、杭州市、金华市、嵊县、衢州市、丽水市、玉环市。湖北省共选择3个站点（市/县）：宜昌市、荆州市、黄石市。安徽省共选择3个站点（市/县）：安庆市、黄山市、屯溪区。江苏省共选择2个站点（市/县）：常州市、溧阳市。选择的气象站点（29个）及选取的迁飞高峰期如表2所示。

表 2 越冬代黏虫成虫迁飞中转地所取气象站点与迁飞中转期选择

台站号	站点	省份	经度、纬度（°E、°N）	迁飞中转期（月/日）
58343	常州	江苏	119.93、31.77	3/07—3/26
58345	溧阳	江苏	119.48、31.43	3/07—3/26
57461	宜昌	湖北	111.30、30.70	3/07—3/26
58464	平湖	浙江	121.08、30.62	3/07—3/26
58424	安庆	安徽	117.05、30.53	3/07—3/26
57476	荆州	湖北	112.18、30.33	3/07—3/26
58467	慈溪	浙江	121.22、30.27	3/07—3/26
58407	黄石	湖北	115.05、30.25	3/07—3/26
58457	杭州	浙江	120.17、30.23	3/07—3/26
58437	黄山	安徽	118.15、30.13	3/07—3/26
58531	屯溪	安徽	118.28、29.72	3/07—3/26
58556	嵊县	浙江	120.82、29.60	3/07—3/26
58506	庐山	江西	115.98、29.58	3/07—3/26
57584	岳阳	湖南	113.08、29.38	3/07—3/26
58527	景德镇	江西	117.20、29.30	3/07—3/26
58549	金华	浙江	119.65、29.12	3/07—3/26
57662	常德	湖南	111.68、29.05	3/07—3/26
58633	衢州	浙江	118.87、28.97	3/07—3/26
58606	南昌	江西	115.92、28.60	3/07—3/26
58646	丽水	浙江	119.92、28.45	3/07—3/26
58667	玉环	浙江	121.27、28.08	3/07—3/26
58626	贵溪	江西	117.22、28.30	3/07—3/26
57679/57687	长沙	湖南	112.92、28.22	3/07—3/26
57793	宜春	江西	114.38、27.80	3/07—3/26
57766	邵阳	湖南	111.47、27.23	3/07—3/26
57799	吉安	江西	115.97、27.12	3/07—3/26
57872	衡阳	湖南	112.60、26.90	3/07—3/26
58813	广昌	江西	116.33、26.85	3/07—3/26
57853	武冈	湖南	110.63、26.73	3/07—3/26

1.1.3　迁入地气象站点选择

越冬代黏虫成虫的迁入地主要是河南中南部、安徽北部、江苏北部以及山东南部（大致为33.00 °N~36.00 °N）。河南省共选择7个站点（市/县）：开封市、郑州市、商丘市、许昌市、宝丰县、南阳市、驻马店市。安徽省共选择3个站点（市/县）：砀山县、亳州市、宿州市。江苏省共选择3个站点（市/县）：赣榆区、徐州市、射阳县。山东省共选择5个站点（市/县）：莒县、兖州区、日照市、菏泽市、临沂市。选择的气象站点（18个）及选取迁入高峰段如表3所示。

表3　越冬代黏虫成虫迁入地所取气象站点与迁入期选择

台站号	站点	省份	经度、纬度（°E、°N）	迁入期（月/日）
54936	莒县	山东	118.83、35.58	3/12—3/31
54916	兖州	山东	116.85、35.57	3/12—3/31
54945	日照	山东	119.53、35.38	3/12—3/31
54906	菏泽	山东	115.43、35.25	3/12—3/31
54938	临沂	山东	118.35、35.05	3/12—3/31
58040	赣榆	江苏	119.12、34.83	3/12—3/31
57091	开封	河南	114.38、34.77	3/12—3/31
57083	郑州	河南	113.65、34.72	3/12—3/31
58005	商丘	河南	115.67、34.45	3/12—3/31
58015	砀山	安徽	116.33、34.42	3/12—3/31
58027	徐州	江苏	117.15、34.28	3/12—3/31
57089	许昌	河南	113.85、34.02	3/12—3/31
57181	宝丰	河南	113.05、33.88	3/12—3/31
58102	亳州	安徽	115.77、33.87	3/12—3/31
58150	射阳	江苏	120.25、33.77	3/12—3/31
58122	宿州	安徽	116.98、33.63	3/12—3/31
57178	南阳	河南	112.58、33.03	3/12—3/31
57290	驻马店	河南	114.02、33.00	3/12—3/31

1.2　气象因子起止年度选择

根据前人的研究，影响昆虫的气象因子有很多，气象因子包括温度、湿度、降水、风速、气压等，这些因素对昆虫的生物学活动和迁徙行为产生深刻影响。本文重点选取越冬代黏虫迁飞期的气温、降水量和相对湿度3个主要变量进行分析。本研究中气象数据来源于中国气象数据服务网发布的信息，统计1960—1992年历年的迁出地、迁飞中转地和迁入地上的平均气温、平均降水量和平均相对湿度，本文目的是在春季蜜源植物与麦田一代黏虫关系的基础上分析气象因子的作用，因而在时间上分为两个阶段：第一阶段是1960—1979年，第二阶段是1980—1992年。划分的依据是第一阶段1960—1979年（时期一）是农业集体经营期，紫云英面积波动较大，紫云英对一代黏虫影响极大；1980—1992年（时期二）是联产承包责任制实施期，紫云英面积变小、对一代黏虫影响弱化；故本研究在宏观尺度上分析除了紫云英种植面积影响外，气象因子对黏虫发生的影响。1993年至今由于紫云英不再进行种植面积统计，因而不在本文分析范围内。

1.3 数据处理

紫云英种植面积数据摘录于林多胡等（2000）。黏虫的发生面积取自《中国植物保护五十年》（陈生斗等，2000）。用SPSS 26.0软件通过偏相关分析和逐步多元线性回归分析，来综合研究黏虫发生面积与迁飞路径上相关气象变量间的关系，$P<0.05$认为差异有统计学意义。

偏相关分析也称净相关分析，是指当两个变量同时与第三个变量相关时，将第三个变量的影响剔除，只分析将要探索的两变量间相关程度的过程。本研究中即分析迁飞路径上的气象因子（平均气温、平均降水量和平均相对湿度）3个因素与黏虫发生面积之间构成的偏相关性。例如：若分析迁入地的平均气温与黏虫发生面积之间的相关性时，通过控制紫云英面积、迁入地降水量和平均相对湿度这几个变量，得到的复相关系数R值即为偏相关系数。

2 结果与分析

2.1 1960—1979年一代黏虫发生面积及主要气象因子分析

2.1.1 1960—1979年麦田黏虫发生面积及主要气象因子变化

如图1所示，1960—1979年，麦田黏虫发生面积波动较大，其中1976年、1979年黏虫发生面积超过6×10^{10} m^2，分别达到6.53×10^{10} m^2、6.97×10^{10} m^2，属于特大发生年份。

如图2A所示，1960—1979年越冬代黏虫成虫迁飞期迁出地的降水量整体上变化幅度大，其中平均降水量最大的为1960年，达到7.09 mm/d，而1977年最小，为0.27 mm/d；越冬代黏虫成虫中转地的降水量整体上变化幅度也较大，在1960—1964年，呈现出逐年递减情况，1964年以后变化幅度较大，1971年最低，为1.77 mm/d；迁入地的降水量整体上相对稳定，平均降水量为0.94 mm/d，但1967年、1972年平均降水量分别达到2.95 mm/d、2.57 mm/d。

如图2 B所示，1960—1979年越冬代黏虫成虫迁出地的气温除1968—1972年出现大幅度变化外，最低气温为1970年，为12.12 ℃/d，其余年份整体上变化幅度不大，平均气温达到16.58 ℃/d；中转地气温变化整体上趋于稳定，平均气温达到10.00 ℃/d；迁入地的平均气温基本稳定在8.68 ℃/d，但在1970—1979年呈现出"波浪式"变化。

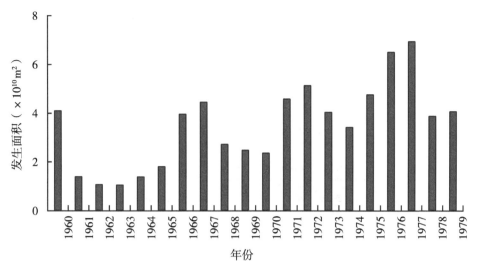

图1　1960—1979 年中国麦田黏虫发生面积

如图 2 C 所示，1960—1979 年越冬代黏虫成虫迁出地的日均相对湿度整体上变化幅度不大，平均相对湿度达到 80.36%/d，但 1977 年最低，达 69.39%/d；中转地的日均相对湿度趋于稳定，平均相对湿度达到 80.61%/d；迁入地的相对湿度变化幅度相对较大，最高为 1972 年达 76.65%/d，最低为 1962 年的 40.93%/d。

2.1.2　1960—1979 年一代黏虫发生面积与春季迁飞期气象因子之间的偏相关分析

通过对 1960—1979 年气象因子与黏虫发生面积之间进行偏相关分析，结果如表 4 所示。

表 4　黏虫发生面积与迁飞期气象因子之间的偏相关分析

时间	相关因子	控制变量	复相关系数 R
1960—1979 年	迁入地降水量	紫云英面积、迁入地温度	0.507
	迁入地温度	紫云英面积、迁入地降水量和相对湿度	0.161
	迁入地相对湿度	紫云英面积、迁入地温度	0.426
	迁飞中转地降水量	紫云英面积、迁飞中转地温度	0.317
	迁飞中转地温度	紫云英面积、迁飞中转地降水量和相对湿度	0.561
	迁飞中转相对湿度	紫云英面积、迁入地温度	0.516
	迁出地降水量	紫云英面积、迁出地温度	0.154
	迁出地温度	紫云英面积、迁出地降水量和相对湿度	0.487
	迁出地相对湿度	紫云英面积、迁入地温度	−0.056

从 1960—1979 年结果可以看出，黏虫的发生面积与迁出地的温度（$R=0.487$，$P=0.048<0.05$）、迁飞中转地的温度（$R=0.561$，$P=0.019<0.05$）、迁飞中转地相对湿度

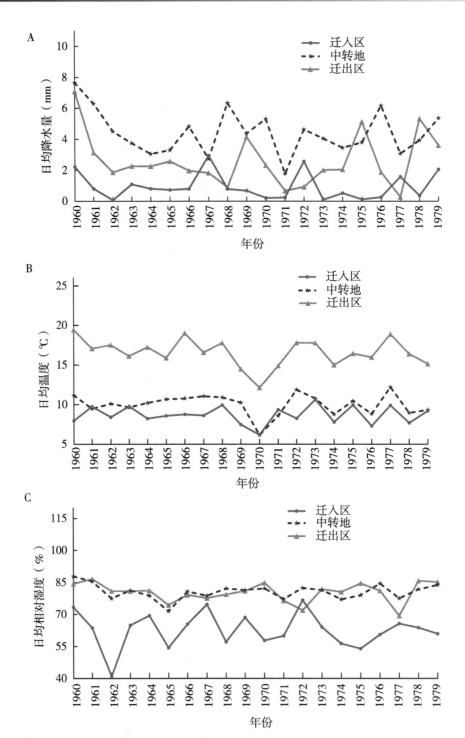

图 2　1960—1979 年春季越冬代黏虫迁飞期迁飞路径上主要气象因子变化情况

　　注：迁出区选取时间段为 3/02—3/21，中转地选取段时间为 3/07—3/26，迁入区选取时间段为 3/12—3/31。

（$R=0.516$，$P=0.028<0.05$）、迁入地的降水量（$R=0.507$，$P=0.032<0.05$）之间的相关系数为正，表明这 4 个气象指标能够对黏虫发生面积产生一定的影响。

但是黏虫的发生面积与迁出地的降水量（$R=0.154$，$P=0.541>0.05$）、迁出地相对湿度（$R=-0.056$，$P=0.825>0.05$）、迁飞中转地的降水量（$R=0.317$，$P=0.200>0.05$）、迁入地相对湿度（$R=0.426$，$P=0.078>0.05$）、迁入地的气温（$R=0.161$，$P=0.537>0.05$）之间的相关性并不显著。

2.1.3　1960—1979 年一代黏虫发生面积与春季迁飞期气象因子之间的回归分析

分析 1960—1979 年的气象因素对黏虫的发生存在相关性，然后进行逐步线性回归分析来验证分析结果，结果如表 5 所示。

表 5　黏虫发生面积与迁飞期气象因子之间的回归方程拟合（1960—1979 年）

相关因子	回归方程	复相关系数 R
紫云英面积与黏虫发生面积	$y=0.882X_1-0.550$	0.721
紫云英面积、迁入地降水量与黏虫发生面积	$y=0.928X_1+0.692X_2-1.390$	0.802
紫云英面积、迁出地温度与黏虫发生面积	$y=0.995X_1+0.399X_3-7.692$	0.824

注：X_1 表示紫云英种植面积，X_2 表示迁入地降水量，X_3 表示迁出地温度。

从上述结果可以看出，1960—1979 年可以建立 3 个回归方程，表明紫云英面积、迁入地降水量和迁出地温度对黏虫的发生存在高度的相关性，紫云英面积、紫云英面积+迁入地降水量、紫云英面积+迁出地温度与黏虫发生面积之间的复相关系数依次为 $R=0.721$（$P<0.01$）、$R=0.802$（$P<0.01$）、$R=0.824$（$P<0.01$）表明这 3 个回归方程的建立达到了显著水平，除紫云英面积影响外，迁出地温度对黏虫发生面积的影响最大，这和上述偏相关分析的结果一致；而不与迁飞中转地温度和相对湿度建立线性回归方程，表明迁飞中转地的温度和相对湿度对黏虫的发生面积不产生线性关系。

为了验证回归方程的准确度，我们也随机选取了几年的数据代入建立的回归方程中来验证，1961 年黏虫发生面积为 $1.42\times10^{10}\,m^2$，结合当年的迁入地降水量和迁出地温度，得出的黏虫发生面积分别为 $1.27\times10^{10}\,m^2$ 和 $1.38\times10^{10}\,m^2$；1975 年黏虫发生面积为 $4.78\times10^{10}\,m^2$，结合当年的迁入地降水量和迁出地温度，得出的黏虫发生面积分别为 $4.39\times10^{10}\,m^2$ 和 $5.00\times10^{10}\,m^2$；1978 年黏虫发生面积为 $3.90\times10^{10}\,m^2$，结合入当年的迁入地降水量和迁出地温度，得出的黏虫发生面积分别为 $3.76\times10^{10}\,m^2$ 和 $4.13\times10^{10}\,m^2$。

以上推测的黏虫发生面积均在误差允许范围之内，可以说明所建立的回归模型有一定的可信度。同时我们对迁飞路径上主要气象因子以及紫云英面积同时与黏虫的发生面积之间建立回归方程分析发现，只能建立紫云英面积、迁出地温度与黏虫发生面积之间的回归方程。综合分析可知，黏虫发生面积除受紫云英面积影响外，迁出地温度、迁入地降水量与黏虫发生也有一定的关联性，且迁出地温度的影响程度>迁入地的降水量。

2.2 1980—1992年一代黏虫发生面积及主要气象因子分析

2.2.1 1980—1992年麦田黏虫发生面积及主要气象因子变化

如图3所示,1980—1992年,小麦黏虫幼虫的发生面积波动幅度较小,平均发生面积为2.45×10^{10}m^2,最大发生面积是1984年达到3.82×10^{10}m^2。

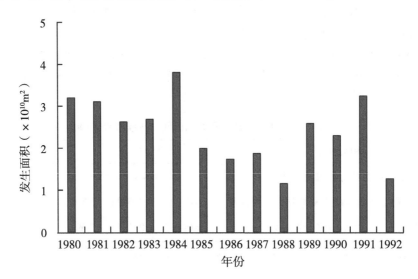

图3　1980—1992年中国麦田黏虫发生面积

如图4A所示,1980—1992年越冬代黏虫成虫迁出地的平均降水量为3.43 mm/d,1982—1988年越冬代黏虫成虫迁出地的降水量变化幅度较大,其余年份降水量相对稳定,中转地的平均降水量达到6.25 mm/d,且1990—1992年逐年升高,1992年达到最高12.27 mm/d;迁入地的降水量基本维持稳定,平均降水量为1.31 mm/d。

如图4 B所示,1980—1992年越冬代黏虫成虫迁出区的平均气温达到16.54 ℃/d,最高为1987年20.31 ℃/d,最低为1985年12.12 ℃/d;中转地的气温相对较为稳定,平均气温为9.89 ℃/d,只有个别年份(1981年和1990年)气温可达12℃/d以上;迁入地的气温也较为稳定,平均气温为7.87 ℃/d。

如图4 C所示,1980—1992年越冬代黏虫成虫迁出地的相对湿度基本趋于稳定,变化幅度较小,平均相对湿度为80.14%/d;中转地的相对湿度也基本上维持在一定范围内(76.64%/d~87.76%/d),平均相对湿度82.35%/d。迁入地的相对湿度则变化幅度较大,最高年份1991年达77.88%/d,最低为1989年的58.17%/d。

2.2.2 1980—1992年一代黏虫发生面积与春季迁飞期气象因子之间的偏相关分析

通过对1980—1992年气象因子与黏虫发生面积进行偏相关分析,结果如表6所示。

从1980—1992年结果可以看出,黏虫发生面积与迁入地降水量($R=0.025$,$P=0.941>0.05$)、迁入地温度($R=0.043$,$P=0.907>0.05$)、迁入地湿度($R=-0.120$,$P=0.726>0.05$)、迁飞中转地降水量($R=-0.217$,$P=0.522>0.05$)、迁飞中转地温度($R=0.418$,$P=0.230>0.05$)、迁飞中转地湿度($R=0.115$,$P=0.736>0.05$)、迁出地降水量($R=-0.135$,$P=0.692>0.05$)、迁出地温度($R=0.223$,$P=0.536>0.05$)、迁

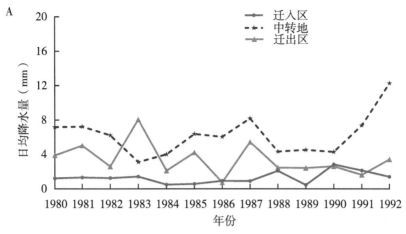

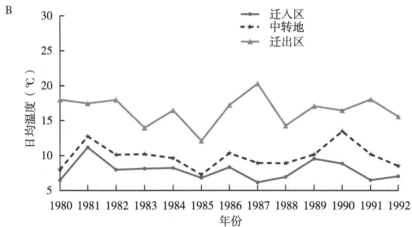

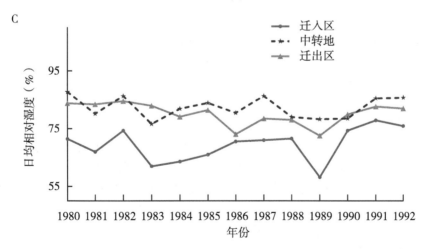

图 4　1980—1992 年春季越冬代黏虫迁飞期迁飞路径上主要气象因子变化情况

　　注：迁出区选取时间段为 3/02—3/21，中转地选取时间段为 3/07—3/26，迁入区选取时间段为 3/12—3/31。

出地湿度（$R=0.081$，$P=0.813>0.05$）之间都不产生显著相关性，表明这一阶段气象因子对黏虫发生不产生显著影响。

表6 黏虫发生面积与迁飞期气象因子之间的偏相关分析（1980—1992年）

相关因子	控制变量	复相关系数 R
迁入地降水量	紫云英面积、迁入地温度	0.025
迁入地温度	紫云英面积、迁入地降水量和相对湿度	0.043
迁入地相对湿度	紫云英面积、迁入地温度	−0.120
迁飞中转地降水量	紫云英面积、迁飞中转地温度	−0.217
迁飞中转地温度	紫云英面积、迁飞中转地降水量和相对湿度	0.418
迁飞中转地相对湿度	紫云英面积、迁入地温度	0.025
迁出地降水量	紫云英面积、迁出地温度	−0.135
迁出地温度	紫云英面积、迁出地降水量和相对湿度	0.223
迁出地相对湿度	紫云英面积、迁入地温度	0.081

2.2.3 1980—1992年一代黏虫发生面积与春季迁飞期气象因子之间的回归分析

分析1980—1992年的气象因子与黏虫发生面积之间的关系，结果如表7所示。

表7 黏虫发生面积与迁飞期气象因子之间的回归方程拟合（1980—1992年）

相关因子	回归方程	复相关系数 R
紫云英面积与黏虫发生面积	$y=0.591X_1+0.357$	0.568

注：X_1表示紫云英种植面积。

分析表明：1980—1992年，只能建立紫云英面积与黏虫发生面积之间的关系（$R=0.568$，$P=0.043<0.05$），迁飞路径上的气象因子与黏虫发生面积之间均建立不了回归方程，这一结果和偏相关分析的结果保持一致。

3 结论与讨论

根据在河南中部地区（许昌市、漯河市）一代黏虫幼虫发生高峰期通常为4月底至5月初，一代黏虫成虫的高峰期在5月中下旬（金和年等，1989），而在安徽东部地区同样发现一代黏虫幼虫发生高峰期通常是在4月中旬到5月下旬，5月下旬至6月上旬是成虫发生高峰期（王军和周菲，2018），黏虫麦田世代发生期为60~65 d；黏虫迁飞的起始温度为10℃，而小麦主产区3月中下旬的平均气温在15℃左右（马世骏，1963），本文据此推算，越冬代黏虫迁入小麦主产区的高峰时间段应该为3月中下旬。结合李光博等（1964）的标记回收试验结果，本文设置5 d作为迁出地、迁飞中转地与迁入地之间气象因子选取的时间间隔，据此得出有意义的结果，这为提高黏虫宏观测报的准确性提供了思路。

本研究结果表明，1960—1979 年越冬代黏虫在春季迁飞期，迁入地的降水量和迁出地的温度对黏虫的发生有显著性影响，且这种关系呈现出正相关关系，迁飞路径上紫云英面积与迁出地温度组合、紫云英面积与迁入地降水量组合来建立回归方程，预测一代黏虫发生面积，其复相关系数高于单纯利用紫云英面积的预测。另外，迁飞中转地的温度和相对湿度也能对黏虫的发生产生显著影响，但是不能与其构成线性关系。1980—1992 年麦田一代黏虫发生面积与迁飞期气象因子之间无显著相关，仅与紫云英种植面积有关。1980 年以后迁飞期气象因子对一代黏虫的发生不产生显著影响，我们认为是由于这一阶段栽培管理措施发生了变革，如麦田用药防治黏虫频次提高，黏虫的发生量相对没有 1980 年之前波动大，影响一代黏虫发生的因素更为复杂，跨省份的大时空气象因子对黏虫的影响被其他因素掩盖了。当然，本文仅研究越冬代黏虫成虫迁飞期气象因子的影响，而麦田一代黏虫幼虫发生期局部区域的气象因子会影响当地黏虫的发生。1993 年以后紫云英的面积已不在农业部门统计范围之内，且南方小麦面积不会恢复到之前的水平，从长远来看，不会成为类似 1970 年黏虫大范围发生的关键因子（王高平，2006）。

黏虫是一种喜好潮湿温暖但又怕高温干旱的昆虫，迁出地的温度升高，会引起黏虫选择新的栖息环境，这也刚好解释了黏虫春季北迁的原因。对温度变化响应的昆虫还有新疆天山西部的阿伯罗娟蝶（于非等，2012）、西喜马拉雅地区的果蝇（Subhash *et al.*，2008）等，他们在面对温度升高时会立刻转向高纬度或高海拔地区来扩大自己的适生区。山东省西南地区的气候变化显示，1965—2006 年春季气温升高对棉铃虫的发生起促进作用，1~2 代的发生期越早，发生量会越大（张翠英等，2008）。迁入区的降水量也能引起黏虫发生波动，和前人的研究保持一致。1972—1996 年山东烟台地区黏虫发生较重，与当地温湿度偏高有一定的关联（刘英智等，2021），2021 年河南省洛宁县一代黏虫重发生的原因之一就是降雨偏多，相对湿度可达 83%，十分适宜黏虫生活（刘帆，2022）。2012 年我国华北、东北地区黏虫大发生，张云慧等（2012）分析出当年的降雨和下沉气流有利于黏虫的迁入而不利于迁出，从而导致黏虫大面积聚集从而引起大暴发。齐国军等（2019）也探究出草地贪夜蛾迁入时期的降雨也能够为其降落提供极大的便利。在河南省春季蜜源植物花期降雨增多的年份，会导致二代黏虫幼虫发生较大面积，这也能够说明降雨能够为黏虫创造合适的气象条件（周沛文，2018）。金翠霞（1979）已经总结出黏虫发生数量和降水量有线性关系，结果也显示如果雨量过大，黏虫的卵和幼虫却不利于存活。棉铃虫的研究中也说明了暴雨反而会抑制棉铃虫的发生。因此，我们推测 1960—1979 年迁出地的温度升高和迁入地的降水量增加也是诱发黏虫幼虫数量增加的一大原因。

通过本文对这 2 个时间段分析，让我们对黏虫发生的影响因子又多了 2 个分析角度，这样有利于我们对后续的黏虫发生影响因素展开更多研究。结合分析我们可知，春季黏虫成虫迁飞期气象因子对紫云英等蜜源植物的花蜜产生影响，继而也会对黏虫的迁飞及生殖发育产生影响，了解一代黏虫的发生趋势，可以进一步研究分析二代黏虫的发生变化趋势，然而在探讨春季一代黏虫的发生面积时，作物布局、风速风向、天敌种类和数量、耕作方式、蜜源植物等环境因素都有可能会对黏虫发生产生影响，本论文在分析过程中更多的是考虑主要气象因子叠加蜜源植物面积的影响，未来我们在继续分析黏虫发生规律的研究中还要融入更多可能性的因素，以及加大对全国范围的数据统计，从而能够获得更准确的预测。

参考文献

陈生斗，胡伯海，2000. 中国植物保护五十年 [M]. 北京：中国农业出版社.

程登发，赵中华，2016. 我国部分地区黏虫暴发原因分析与对策建议 [J]. 种子科技，34（10）：89-90.

范俊珺，李德芳，吴丹，等，2015. 气象因素对二代黏虫迁入及发生危害的影响 [J]. 云南农业科技（3）：47-49.

高明，蔡娟，柴俊霞，等，2007. 豫西3代黏虫频繁暴发的成因及采取的监控对策 [J]. 中国植保导刊，27（9）：16-17.

金翠霞，1979. 黏虫发生数量与降水量及相对湿度的关系 [J]. 昆虫学报，22（4）：404-412.

金和年，李继培，郭松景，等，1989. 麦田一代黏虫种群数量变动趋势及其原因分析 [J]. 河南农业科学（3）：13-14.

蓝继新，2004. 2002年融水县黏虫大发生原因浅析 [J]. 广西植保，17（1）：33-34.

李光博，王恒祥，胡文绣，1964. 黏虫季节性迁飞为害假说及标记回收试验 [J]. 植物保护学报，3（2）：101-110.

李光博，1995. 黏虫 [M] //中国农作物病虫害.2版. 北京：中国农业出版社：697-720.

林多胡，顾荣申，2000. 中国紫云英 [M]. 福州：福建科学技术出版社.

刘帆，2022. 洛宁县一代黏虫的重发原因及防治对策 [J]. 河南农业，31（34）：28.

刘英智，卢传兵，缪玉刚，等，2021. 1959—2020年山东烟台黏虫种群数量演变特征分析 [J]. 中国植保导刊，41（8）：36-42.

马世骏，1963. 黏虫蛾迁飞的生理生态学背景 [J]. 科学通报，14（9）：65-68.

齐国军，马健，胡高，等，2019. 首次入侵广东的草地贪夜蛾迁入路径及天气背景分析 [J]. 环境昆虫学报，41（3）：487-496.

屈丽莉，郭英伟，2014. 辽宁省2013年黏虫严重发生原因分析 [J]. 辽宁农业科学，55（3）：78-79.

王高平，2006. 主要农业害虫迁飞致灾机制及防控对策研究 [D]. 北京：中国农业大学.

王军，周菲，2018. 小麦黏虫发生与分布特点研究 [J]. 四川农业科技，365（2）：40-42.

王宁，马梁臣，姚瑶，2014. 2012年东北地区玉米黏虫爆发的气象成因分析 [J]. 气象灾害防御，21（4）：33-36.

于非，王晗，王绍坤，等，2012. 阿波罗绢蝶种群数量和垂直分布变化及其对气候变暖的响应 [J]. 生态学报，32（19）：6203-6209.

张翠英，刘继敏，成兆金，等，2008. 气候变化对鲁西南棉铃虫的影响 [J]. 中国棉花，35（9）：9-11.

张云慧，张智，姜玉英，等，2012. 2012年三代黏虫大发生原因初步分析 [J]. 植物保护，38（5）：1-8.

赵圣菊，1988. 黏虫与气象 [M]. 北京：气象出版社.

赵宗林，姜道威，2005. 2004年洛阳市部分地区3代黏虫暴发及其成因 [J]. 中国植保导刊，26（2）：17.

周沛文, 2018. 花蜜组分、花前和花期降雨对黏虫发生影响的研究 [D]. 郑州: 河南农业大学.

Subhash R, Ravi P, Seema R, 2008. Climatic changes and shifting species boundaries of *Drosophilids* in the Western Himalaya [J]. Acta Entomologica Sinica, 51 (3): 328-335.

Wang G P, Zhang Q W, Ye Z H, *et al.*, 2006. The role of nectar plants in severe outbreaks of armyworm *Mythimna separata* (Lepidoptera: Noctuidae) in China [J]. Bulletin of Entomological Research, 96 (5): 445-455.

花绒寄甲的昼夜节律行为研究[*]

王钦召[**]，钟辉辉，李超群，张江涛，曾菊平，刘兴平[***]

（江西农业大学/鄱阳湖流域森林生态系统保护与
修复国家林业和草原局重点实验室，南昌 330045）

摘 要：在25℃条件下，花绒寄甲卵的孵化、幼虫化蛹、成虫羽化在24 h中均有一定比例发生。其中，卵孵化率的54.89%发生在11：00—18：00；化蛹率高峰期发生在14：00—15：00，低谷期则发生在04：00—05：00；成虫羽化率高峰段出现在08：00—10：00，占一天中羽化比例的21.92%。而花绒寄甲不论单配制还是群养模式，成虫交配与产卵行为具有明显的昼夜节律。其中，单配制模式下，成虫交配高峰发生在23：00，群养模式下交配高峰则推迟至24：00。产卵行为单配模式下出现18：00、22：00两个高峰，而群养模式下只有18：00单个高峰。这些结果显示了花绒寄甲卵的孵化、幼虫的化蛹以及成虫交配与产卵行为具有明显昼夜节律。

关键词：花绒寄甲；昼夜节律

Observation of Circadian Behavioral Rhythms in
Dastarcus helophoroides [*]

Wang Qinzhao[**]，Zhong Huihui，Li Chaoqun，Zhang Jiangtao，
Zeng Juping，Liu Xingping[***]

（*Key Laboratory of National Forestry and Grassland Administration on Forest Ecosystem Protection and Restoration in Poyang Lake Watershed，College of Forestry，Jiangxi Agriculture University，Nanchang 330045，China*）

Abstract：At a constant temperature of 25℃, the behavior of oviposition, pupation, and eclosion of *D. helophoroides* occurred throughout the 24h cycle. Specifically, 54.89% of eggs hatched between 11：00 and 18：00. The larvae exhibited a peak of pupation at 2-3 pm and a trough at 4-5 am. The peak of adult eclosion was observed at 8-10 am, accounting for 21.92% of the daily eclosion rate. The mating and oviposition behavior of this beetle displayed a pronounced circadian rhythm, mainly occurring in the scotophase in both monogamous and mass-rearing patterns. In monogamous pattern, the mating peak of adults was observed at 23：00, while delayed at 24：00 in the mass rearing pattern. The oviposition behavior displayed two peaks at 8：00 and 22：00 in monogamous pattern, while only one peak at 18：00 in mass rearing pattern. These results dem-

　＊ 基金项目：国家自然科学基金（31760106）
　＊＊ 第一作者：王钦召，博士，主要从事森林害虫综合治理；E-mail：qinzhaowang@163.com
　＊＊＊ 通信作者：刘兴平，教授，主要从事森林害虫综合治理；E-mail：xpliu@jxau.edu.cn

onstrate that there is a significant circadian rhythm in hatching, pupation, mating and oviposition behavior of this beetle.

Key words：*Dastarcus helophoroides*；circadian rhythms

昼夜节律普遍存在于各类昆虫之中，是昆虫响应外部环境因素，调整生理与行为适应环境变化的一种策略（Saunders，2002）。昆虫在不同发育阶段通常具有相对稳定的节律性行为，这有利于昆虫获得适宜的生存环境，抵御不良环境的影响，减少种间竞争和资源消耗以及躲避天敌（Sharma，2003；Miyazaki *et al.*，2009；Bertossa，2013）。目前对昆虫的孵化、化蛹、羽化、交配、产卵节律已在膜翅目（Ndoutoume-Ndong *et al.*，2006）、鞘翅目（Greenberg *et al.*，2006；Omkar and Singh，2007；Liu *et al.*，2010）、鳞翅目（Wu *et al.*，2014）、直翅目（Nishide *et al.*，2015）等多种昆虫种类中得到证实，其中各种行为活动根据昆虫自身不同发育阶段形成白天或夜间等固定活动节律。因此，了解和利用昆虫昼夜行为节律在害虫监测与防治以及天敌昆虫的综合利用中得到广泛应用。

在有害生物防控措施中，化学防治依然是主要手段，物理与生物防治手段为辅。然而，化学药剂对天敌昆虫通常具有一定致死和亚致死效应（Liu *et al.*，2012；He *et al.*，2019）。同时，在生物防治中，天敌昆虫的不同释放时间明显影响其配偶寻找以及形成资源竞争（Vogt and Nechols，1991；Miranda *et al.*，2015）。因此，如何避免在天敌昆虫活动高峰期施用化学药剂以及如何确定天敌昆虫的林间释放时间等问题都是当前生物防治措施需要重点考虑的问题。从生物学的角度，通过了解天敌昆虫的昼夜活动节律，掌握这类昆虫生长各阶段的节律性行为将有效协调化学药剂与生物天敌对害虫实施共同高效防治。然而，当前对于天敌昆虫的昼夜节律行为的了解依然较少（Omkar and Singh，2007；Omkar *et al.*，2009；Bertossa *et al.*，2013；Chen *et al.*，2020）。充分了解天敌昆虫活动规律，有利于提供更好生物防控策略。

目前，魏建荣等（2008）研究发现花绒寄甲成虫日活动节律主要集中在黄昏至隔天上午，交配行为发生于19：00—22：00，在24 h周期循环暗光条件下，成虫活动节律易被干扰，活动能力出现明显下降。同时，吕飞等（2015）研究表明花绒寄甲移动与静息行为存在明显昼夜节律。其中，移动行为主要发生于暗期，且存在2个高峰，主要发生在20：30—22：30与02：00—04：00两个时段，而静息行为主要发生于光期。然而，前人研究仅对少数行为如移动和休息等节律进行界定，具体交配、产卵等行为昼夜节律不明确，同时，该虫不同发育阶段昼夜规律尚未明了。因此，探明花绒寄甲在24 h昼夜循环中的各种行为节律，不仅有助于丰富天敌昆虫昼夜行为节律的理论研究，而且能够更好地确定其林间释放与药剂喷洒时间，减少对天敌昆虫的负面作用并提供技术理论依据。

在本研究中，通过采用人工接种花绒寄甲幼虫到替代寄主大麦虫（*Zophobas morio* Fabricius）蛹上进行花绒寄甲的室内人工饲养，并使用监控设备对该虫不同发育阶段进行观察和记录，揭示花绒寄甲化蛹、羽化、交配与产卵等行为节律，以确定天敌昆虫花绒寄甲的活动规律，有助于林间防治措施的调整，提高协同防治效果。

1 材料与方法

1.1 供试虫源

花绒寄甲成虫于 2018 年 5 月采自江西省赣州市枯死马尾松疫木中。将生活在树皮及木质部内部的花绒寄甲成虫或茧蛹收集，将成虫按 60 头/盒的密度放入底部垫有尼龙纱布的透明塑料盒（长×宽×高 = 20 cm×15 cm×10 cm）中，带回实验室并放入人工气候箱（T：25℃±1℃，RH：65%±5%，L：D = 12 h：12 h）中饲养。成虫开始产卵后，每天收集带有卵块的牛皮纸（卵卡），将卵卡放入小型塑料养虫盒并置于相同环境的人工气候箱中。当有幼虫孵化时，随机选取新孵幼虫，接种到替代寄主大麦虫的蛹上。并在之后每年补充一定数量野外种群个体，以防止室内种群近亲繁衍衰退的影响。成虫使用人工饲料饲养，饲料配比参考颜学武（2014）制作，每 3 d 更换饲料与水源，置于 25℃±1℃、相对湿度 65%±5%、光照周期 12L：12D 人工气候箱中，并在室内繁殖 3 代之后作为成虫交配、产卵等行为实验虫源。

1.2 实验条件和仪器

根据花绒寄甲不同发育阶段生活习性，野外卵、幼虫、蛹期均处于无光照的寄主植物被害虫为害形成的虫道内。因此，卵、幼虫及蛹均放置于人工气候箱（浙江宁波东南仪器有限公司）中饲养，饲养的环境条件设置为温度 25℃±1℃，相对湿度 65%±5%，无光照。本研究中，花绒寄甲的卵的孵化节律、幼虫的化蛹节律和成虫的羽化节律的观察均在上述环境条件下进行，而成虫的交配和产卵行为则在恒温 25℃±1℃的行为观测室内通过自主设计无光照小型昆虫行为监控装置（专利号：ZL202021010480.7）进行每日 24 h 循环记录，光期设置为 06：00—18：00，暗期为 18：00—06：00。此外，花绒寄甲卵粒微小，为减少花绒寄甲卵块受光照影响，使用数码显微镜（Dino – Lite AM3113），通过软件 DinoCapture 2.0 连接电脑对卵块拍照后进行产卵数统计。

1.3 实验设计

1.3.1 花绒寄甲卵的孵化节律

花绒寄甲成虫置于透明塑料盒中（长×宽×高 = 20 cm×15 cm×10 cm），参照梁洪柱等（2013）以 60 头/盒密度按上述方法饲养，使用马尾松实心木块（长×宽×高 = 5 cm×3 cm×3 cm），且两面通过皮筋固定 3 张深黄色牛皮卡纸（长×宽 = 5 cm×3 cm）作为产卵场所，将带有同日所产卵块的深黄色牛皮卡纸卵卡置于无光照人工气候箱中培养，每个培养皿（直径 = 7 cm，高度 = 1.6 cm）中放置 1 张卵卡，重复 20 次。统计每张卵卡上卵数，以 24 h 为周期，每个整点进行人工观察，记录每小时卵的孵化数量，并统计相关时间点内卵的孵化率。为避免光源对卵的干扰，将卵卡转移至暗室中采用弱红光手电筒进行照明观测。

1.3.2 花绒寄甲幼虫的化蛹节律

选取成虫同一天产卵的卵卡置于透明塑料盒中（长×宽×高 = 10 cm×7 cm×5 cm），每盒放置 5 张卵卡，置于无光照人工气候箱中培养，共计 20 盒。每日 08：00 固定查看幼虫孵化情况，待发现少量幼虫孵化出现后，立即清理塑料盒中与卵卡上已孵化的幼虫，并将盛有卵卡的塑料盒重新放回人工气候箱中，2 h 后盒中孵化的幼虫作为实验虫源。同时，收集恒温暗室中新鲜蜕皮化蛹（6 h 内）的大麦虫蛹作为替代寄主。参照石昊妮（2020）人工接虫方法，以 1：3（替代寄主蛹：花绒寄甲幼虫）比例进行人工接虫，并将接好虫的大麦虫蛹放入透明圆柱体指形管（直径×长 = 1.5 cm×5 cm）底部，模拟虫道并起固定作用。此外，指形管上部放入"W"形折叠牛皮纸（长×宽 = 2 cm×1 cm）作为化蛹场所，指形管顶部塞入无菌脱脂棉球进一步固定蛹体，防止羽化成虫出逃，总计共接 630 管，每 10 管为一组放入无光照人工气候箱中。当老熟幼虫开始吐丝并形成完整茧形时记为化蛹个体，24 h 周期内每小时采用弱红光手电筒进行观测 1 次，直至所有幼虫个体化蛹结束，统计每个时间段内花绒寄甲幼虫的化蛹率。

1.3.3 花绒寄甲成虫的羽化节律

选用 1.3.2 中已化蛹的花绒寄甲茧作为羽化节律观察虫源。当观察到茧内成虫咬破茧壳视为羽化，并将破壳成虫移出指形管，减少对管内剩余未破壳茧的干扰。以上述相同的方法进行成虫的羽化节律观察，采用弱红光手电筒每小时记录 1 次成虫羽化情况，统计花绒寄甲成虫在 24 h 中每个整点的羽化率。

1.3.4 花绒寄甲成虫的交配与产卵节律

选取同日羽化的花绒寄甲成虫，按唐桦等（2007）方法区分羽化成虫雌雄性别，并按雌雄性比为 1：1 进行随机配对，放入垫有滤纸以及人工饲料与水源（海绵体：长×宽×高 = 1 cm×1 cm×1 cm）的透明圆形培养皿（直径×高 = 7 cm×1.6 cm）中。提供绑有牛皮卡纸的马尾松木块（长×宽×高 = 3 cm×2 cm×1 cm）作为产卵场所，将木块一面使用铅笔标记编排序号朝向监控镜头，绑有牛皮卡纸一面朝下放置。以 6 皿为 1 组置于监控摄像下，共配 60 对。根据前期对花绒寄甲成虫活动规律监控视频观察，成虫每日 10：00—14：00 时段内大部分个体处于休息期，为避免干扰成虫夜间行为活动，选择在此时间段内每日更换饲料与补充水源，并检查马尾松木块下牛皮卡纸中是否存在卵块。每日从监控仪器中导出相应视频，仔细观察花绒寄甲成虫开始出现抱对情况。当雌雄成虫尾部生殖器接触，且雌雄虫体尾部连接处呈微拱起状，顶面视图显示"一"字形时，视为交配发生。当花绒寄甲尾部垂直或与木块底部牛皮卡纸形成一定角度时，结合卵卡上卵块具体方位并查看监控视频确定成虫产卵行为。记录 24 h 周期内每小时交配次数与产卵次数。由于同一皿中配对成虫存在雌性拒绝交配现象，造成相邻时间内雄性多次追逐雌性发起交尾现象时，按最后一次成功交配时间节点记录。统计花绒寄甲成虫在单配制下的交配率与产卵率，从配对当日起开始监控，监控周期持续 2 个月。此外，选取 20 对置于透明塑料养虫盒内（长×宽×高 = 20 cm×15 cm×10 cm）作为群养处理，重复 3 次。观测群养条件下成虫交配与产卵节律，由于群养模式下成虫产卵时间集中，且虫体间容易相互遮挡，使用木块与牛皮纸结合做成的产卵基质不适合观察，因此，采用玻璃（长×宽 = 5 cm×3 cm）与黑色牛皮卡纸中间区域相贴合，四边形成夹缝供成虫产卵。

1.3.5 统计分析

所有数据均使用 SPSS 25.0 统计软件来分析花绒寄甲上述各行为的昼夜节律。所有百分率数据进行平方根反正弦转换，并检验数据的正态性与方差齐性。以 24 h 为一个循环，统计每个时段的孵化率、化蛹率、羽化率、交配率和产卵率等指标。当数据符合正态分布且方差齐性时采用单因素方差分析（ANOVA），Tukey's HSD 进行多重比较；数据符合正态分布但方差不齐时，采用校正单因素方差分析（Welch's ANOVA）；数据不符合正态分布时采用 Kruskal-Wallis H 检验，Bonferroni 比较。其中成虫交配率、产卵率光期与暗期比较采用 Mann-Whitney U 检验。本文数值均以平均值±标准误表示，所有图形均在 Origin 2022b 中完成。

2 结果分析

2.1 花绒寄甲卵的孵化节律

根据花绒寄甲习性，花绒寄甲卵的孵化期处于无光环境条件。本次实验通过对 1 162 粒卵的孵化观察，发现花绒寄甲的卵在 24 h 内各时间点均有不同比例的孵化。在 12：00 孵化率最高，达到 8.02%±6.12%，11：00—18：00 处于较高阶段，卵的孵化率占总孵化率的 54.89%，而 08：00 和 09：00 孵化率最低，分别为 0.73%±0.73% 和 0.37%±0.37%。统计分析发现，花绒寄甲卵在不同时间节点的孵化率存在显著差异（Welch $F=13.678$，$df=23$，$P=0.000<0.001$，图 1）。

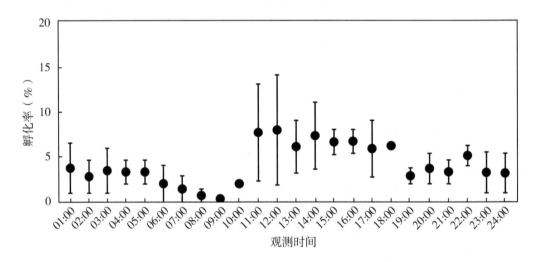

图 1　花绒寄甲卵的孵化节律（无光照环境，Welch's ANOVA 检验，$P<0.05$）

2.2 花绒寄甲幼虫的化蛹节律

对花绒寄甲 1 872 头幼虫进行观测统计，结果表明，花绒寄甲幼虫在 24 h 中各时间段均可发生化蛹行为，各时间段幼虫化蛹率在 1.61%~6.43%。分析表明，花绒寄甲幼虫各时间段的化蛹率存在显著差异（Welch $F=5.664$，$df=23$，$P=0.000<0.001$，图 2）。其中 08：00、14：00 和 15：00 化蛹率均达到 6% 以上，04：00 和 05：00 化蛹率最低，分别占 1.60%±0.34% 与 1.77%±0.12%。

2.3 花绒寄甲成虫的羽化节律

研究发现，花绒寄甲成虫在 24 h 中不同时间段均有一定比例羽化现象发生（图 3）。在 8：00—10：00 存在 1 个高峰段，花绒寄甲成虫羽化占总羽化率的 21.92%。其中羽

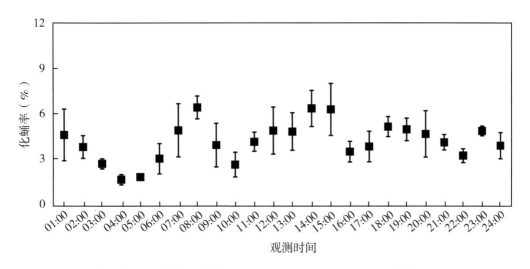

图 2　花绒寄甲幼虫的化蛹节律（无光照环境，Welch's ANOVA 检验，$P<0.05$）

化高峰出现在 08：00，羽化率达到 $8.54\%\pm2.50\%$，羽化低谷出现在 04：00，羽化率仅占 $1.71\%\pm0.50\%$。统计表明，各时段内的成虫羽化率具有显著差异（Kruskal-Wallis：$H=42.844$，$df=23$，$P=0.007$，图 3）。

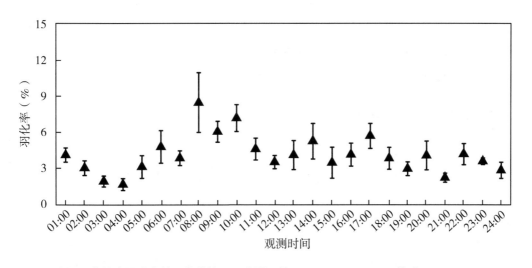

图 3　花绒寄甲成虫的羽化节律（无光照环境，Kruskal-Wallis H 检验，$P<0.05$）

2.4　花绒寄甲成虫的交配节律

对花绒寄甲成虫进行持续 8 周 24 h 不间断的视频监控观测，单配制下总计监测到 290 次成功交配记录。其中发现光期花绒寄甲成虫总体交配率为 $0.56\%\pm0.15\%$，而暗期达到 $7.24\%\pm0.49\%$，群养下花绒寄甲交配情况与单配相似，群养花绒寄甲光期总体交配率为 $0.53\%\pm0.22\%$，暗期为 $7.24\%\pm0.84\%$。统计发现，花绒寄甲成虫光期与暗期交配率有极显著差异（单配：Mann-Whitney，$Z=-9.885$，$P=0.000<0.001$。群

养：Mann-Whitney，$Z = -6.573$，$P = 0.000 < 0.001$。图 4）。

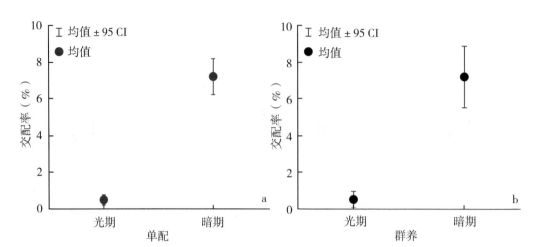

图 4　昼夜下花绒寄甲单配制（a）和群养（b）的交配率（Mann-Whitney U 检验，$P<0.05$）

花绒寄甲在单配和群养条件下各时段的交配率如图 5 所示。其中，单配制下花绒寄甲成虫的交配主要集中在 18：00—05：00，交配率占 90.89%，交配高峰出现在 23：00，交配率达到 10.28%±1.26%。06：00—17：00 时间段内大部分成虫处于静伏休息状态，只有极少量交配发生。而群养下，成虫交配高峰推迟至 24：00，交配率为 14.56%±4.62%。且 23：00—02：00 时段内交配率均高于 10%。统计分析表明，花绒寄甲成虫各时间段的交配率存在极显著差异（单配：Kruskal-Wallis，$H = 111.879$，$df = 23$，$P = 0.000 < 0.001$。群养：Kruskal-Wallis，$H = 64.537$，$df = 23$，$P = 0.000 < 0.001$。图 5）。

2.5　花绒寄甲成虫的产卵节律

花绒寄甲成虫在单配制和群养条件下 07：00—13：00 产卵行为几乎未见，14：00 后成虫产卵比例逐步提升（图 6）。单配制条件下成虫在 18：00 达到第 1 次产卵高峰，产卵率为 10.36%±1.81%。随后产卵率呈下降趋势，但在 22：00 达到第 2 次产卵高峰，产卵率占 13.05%±2.57%。在群养条件下，花绒寄甲成虫的产卵只存在 1 次产卵高峰，同样为 18：00，产卵率达 11.77%±5.28%。统计分析表明，24 h 各时段内花绒寄甲成虫产卵率在单配制或群养条件下均存在极显著差异（单配：Kruskal-Wallis，$H = 84.375$，$df = 23$，$P = 0.000 < 0.001$。群养：Kruskal-Wallis，$H = 63.574$，$df = 23$，$P = 0.000 < 0.001$。图 6）。

进一步对不同交配模式下花绒寄甲成虫光期与暗期总体产卵率比较。单配制条件下，花绒寄甲产卵率为 2.30%±0.55%，暗期为 5.74%±0.56%。群养条件下，成虫光期产卵率仅为 1.35%±0.45%，暗期则为 6.55%±0.88%。结果表明，在两种配对模式下花绒寄甲成虫的产卵率在光期与暗期间存在极显著差异（单配：Mann-Whitney，$Z = -5.263$，$P = 0.000 < 0.001$。群养：Mann-Whitney，$Z = -5.036$，$P = 0.000 < 0.001$。图 7）。

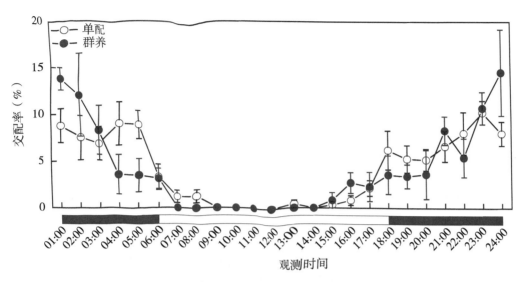

图 5　花绒寄甲在不同交配模式下的交配节律

（图中水平条白色为光期，黑色为暗期，Kruskal–Wallis H 检验，$P<0.05$）

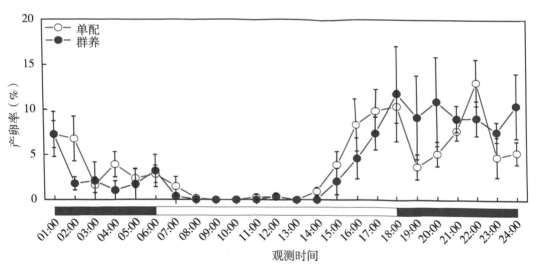

图 6　花绒寄甲在不同交配模式下的产卵节律

（图中水平条白色为光期，黑色为暗期，Kruskal–Wallis H 检验，$P<0.05$）

3　结论与讨论

　　我们的观察表明，花绒寄甲卵的孵化全天可见，50%以上的卵集中孵化在11：00—18：00，特别是11：00—12：00达到高峰（图1），由于花绒寄甲卵处于树体虫道或树皮裂缝下，光线受到遮挡（杨忠岐等，2018），可能对于光周期的响应并不敏感。前人研究表明，花绒寄甲卵和幼虫的发育起点温度均在15℃以上（宋墩福等，2015），而花绒寄甲越冬代成虫产卵后第1代幼虫于5月上旬出现（雷琼等，2003），此时早晚温度相对较低，中午至下午段温度处于一天中最高，较高的温度可能有利于初孵幼虫活动，快速寻找自身寄主，而不同时间孵化可能是为减少种内资源竞争。同时，有研究表明变温循环周期下卵的孵化具有节律性，恒温下孵化节律则显著降低（Smith et al., 2013），而本研究采用恒温方式观察卵的孵化节律是否存在同样因素干扰需要进一步研究。此外，我们观察发现，花绒寄甲卵的孵化期较短，同批次卵集中在 2～3 d 之内完成孵化，且第一天集中孵化超 80% 以上。这也可能是该虫并无明显昼夜节律的原因之一。我们所知昆虫卵期容易遭受捕食，从而形成较高的死亡率，而延长卵期的发育将导致被捕食风险概率的提升（Mira and Bernays, 2002；Potter et al., 2011）。花绒寄甲这种高比例集中孵化可能也与其他某些种类的昆虫一样是为避免更晚孵化出来的幼虫被同类取食的一种生存策略（Richardson et al., 2010；Endo and Numata, 2020）。另外，也有研究表明昆虫的同步集中孵化有可能是因为物理振动刺激而引起（Nishide and Tanaka, 2016）。虽然我们观察并未发现花绒寄甲初孵幼虫存在相残现象，但花绒寄甲卵呈块状扇形分布，集中孵化是否也受物理振动刺激影响还需进一步探索。然而卵暴露于自身不能控制的温度环境中，如何感知温度以响应和适应环境变化仍然是值得探索的问题。

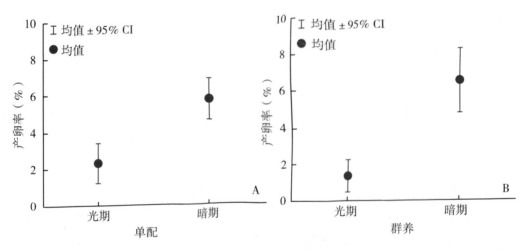

图 7　昼夜下花绒寄甲单配制（A）和群养（B）的产卵率（Mann-Whitney U 检验，P<0.05）

我们研究发现花绒寄甲的幼虫化蛹与成虫羽化行为 24 h 可见，且呈上下波动形式（图 2，图 3）。其中化蛹与羽化行为在一定时间范围内具有一定相似性，两种行为规律均从 01：00 回落至 04：00 的最低点，再回升至 08：00 的最高点。同样，在野外幼虫和蛹的发育均处于寄主植物中寄主为害所形成的虫道之中，处于完全无光照环境条件，光周期对两种行为可能不存在影响，而更多的是响应外界温度的变化。然而，幼虫不同发育速率和营养吸收对于化蛹时间也存在着一定干扰（Miyazaki et al., 2009），本实验中替代寄主蛹按 1：3 比例接入花绒寄甲幼虫，观察发现并非所有幼虫最后能够到达化蛹这一阶段，同一寄主内的不同幼虫个体间可能存在一定资源竞争关系，营养吸收较好幼虫个体，其发育可能加速化蛹时间的提前，并延长同寄主上其余幼虫的发育历期，从而导致化蛹时间较为分散。同时，众多研究表明温度对于昆虫的羽化行为的影响，例如，黑腹果蝇、六斑月瓢虫和木虱姬小蜂虽大部分时间可见羽化，但往往集中在清晨温度较低时，研究认为，此时有利于昆虫的展翅以及寻找配偶等活动（Panda et al.，2002；Omkar and Singh，2007；Chen et al.，2020），而葱蝇幼虫化蛹于土壤之中，不同土壤深度的蛹则根据土壤温度的变化调节羽化时间（Tanaka and Watari，2003）。而本研究中，花绒寄甲成虫羽化节律并不明显，并未集中羽化于该虫活动高峰的夜间。由于成虫的羽化阶段处于树体之中，且第 1 代成虫往往在当年 6—7 月羽化（温小遂等，2020），此时平均温度较高，早晚温差并不显著，该虫可能受早晚温度波动影响较小。同时，花绒寄甲成虫羽化后并未达到性成熟期，且破茧后往往会停留茧中取食茧壳补充营养（雷琼等，2003），不需要在活跃期外出活动，我们推测这可能是导致花绒寄甲成虫羽化时间分布较为分散的主要原因。

昼夜节律系统响应外在光周期、温度和光强等变化，具有内在温度补偿机制，同时也受到内源性生物钟的控制，同步内在生理行为，是物种对于外部环境的一种适应性（Yerushalmi and Green，2009）。对花绒寄甲成虫采取两种交配模式观察发现，花绒寄甲成虫交配与产卵行为开始于黄昏前后，主要集中发生在一天当中的暗期。而交配行为随着光强减弱而逐渐活跃，交配行为主要在夜间发生已在不同种类昆虫中均有发现（张永慧等，2006；Wu et al.，2014；Li et al.，2019）。同时，发现两种交配模式下交配与产卵行为时间分布均较为接近，这与前人对花绒寄甲成虫活动规律时间重合（魏建荣等，2008；吕飞等，2015），表明花绒寄甲成虫的交配和产卵行为与成虫活动规律有着高度相关性，同样具有明显的昼夜节律，产卵与交配行为可能受到内源性生物钟的控制。然而，在两种不同的交配模式下，交配高峰存在一定的差异（图5），其中花绒寄甲成虫在单配交配模式下的交配存在双峰现象，分别在 23：00 和 04：00—05：00；而在群养模式下，只存在单峰现象，出现在 24：00—01：00。在我们的观察中，单配制下雌性成虫往往具有一定选择性，存在拒绝雄性成虫交配情况发生，而雄性成虫则是在不断尝试下追逐雌性，容易形成交配时间往后推迟现象，而在群养模式下，雄性成虫在活跃期中，短时间内具有多个选择对象，交配成功概率可能相比单配制下更高。此外，我们观察发现，花绒寄甲单配制下成虫交配间隔时间较长，这可能导致两种模式下交配高峰的时间不同。

对花绒寄甲成虫产卵行为观察，我们发现在不同交配模式下，两者均从 15：00 开始出现，并逐步上升，在 18：00 达到高峰后开始回落，但不同的是单配制下成虫产卵行为在 22：00 达到第二次高峰（图6）。众多研究表明，花绒寄甲成虫对温度比较敏感，且温度影响成虫的产卵量，温度过高或过低都不利于花绒寄甲成虫产卵，在 22~23℃时产卵量最高（杨忠岐等，2012；陈元生等，2017）。而野外花绒寄甲成虫产卵期集中在 6—8 月底（雷琼等，2003），白天温度较高，而黄昏至夜间温度可能更适合成虫产卵。同时，有研究表明产卵基质对于雌性的产卵行为也存在影响，且雌性成虫可以通过触角与腹部等一系列产卵前期行为感知并选择产卵基质与地点，当提供适合的化学线索与物理线索时雌性拒绝产卵的概率才会更低（Sambaraju and Phillips，2008；Sambaraju et al.，2016）。本实验中，单配制产卵条件提供了马尾松木块与粗糙牛皮卡纸，具有一定化学与物理线索，相较群养模式下提供的玻璃与牛皮卡纸组合可能更适合产卵，产卵基质的不同可能阻碍群养模式下成虫产卵行为。且群养模式中，所有个体产卵均集中于提供基质上，雌性成虫是否会感知其余卵块化学信号，并选择不产卵或少产卵，以避免后代出现资源竞争还有待验证。本研究结果表明，花绒寄甲卵、蛹与成虫羽化行为活动在 24 h 中并不集中，交配与产卵行为与花绒寄甲自身活动周期存在重叠，表明不同发育阶段的活动规律在一天中具有不同适应度。

参考文献

陈元生，尹春明，罗致迪，等，2017. 饲养条件对松褐天牛生物型花绒寄甲成虫产卵和寿命的影响 [J]. 中国植保导刊，37（3）：33-38.

雷琼，李孟楼，杨忠歧，2003. 花绒寄甲的生物学特性研究 [J]. 西北农林科技大学学报（自然科学版）（2）：62-66.

吕飞，海小霞，王志刚，等，2015. 人工光暗条件下花绒寄甲成虫活动行为节律 [J]. 昆虫学报，58（6）：658-664.

宋墩福，陈元生，涂小云，2015. 花绒寄甲赣南种群发育起点温度与有效积温研究 [J]. 中国植保导刊，35（6）：58-60，44.

魏建荣，杨忠歧，唐桦，等，2008. 花绒寄甲成虫的行为观察 [J]. 林业科学，44（7）：50-55.

温小遂，宋墩福，杨忠歧，等，2020. 天敌花绒寄甲与寄主松褐天牛成虫出现期的关系 [J]. 林业科学，56（9）：193-200.

杨忠歧，李孟楼，雷琼，等，2012. 温度对花绒寄甲发育和生殖的影响 [J]. 中国生物防治学报，28（1）：9-14.

杨忠歧，王小艺，张翌楠，等，2018. 以生物防治为主的综合控制我国重大林木病虫害研究进展 [J]. 中国生物防治学报，34（2）163-183.

张永慧，郝德君，王焱，等，2006. 松墨天牛成虫交配与产卵行为的观察 [J]. 昆虫知识（1）：47-49，142.

Bertossa R C, van Dijk J, Diao W, et al., 2013. Circadian rhythms differ between sexes and closely related species of *Nasonia* wasps [J]. PLoS One, 8 (3)：e60167.

Chen C, He X Z, Zhou P, et al., 2020. *Tamarixia triozae*, an important parasitoid of Bactericera cockerelli：circadian rhythms and their implications in pest management [J]. BioControl, 65 (5)：537-546.

Endo J, Numata H, 2020. Synchronized hatching as a possible strategy to avoid sibling cannibalism in stink bugs [J]. Behavioral Ecology and Sociobiology, 74 (2)：1-10.

Greenberg S M, Armstrong J S, Setamou M, et al., 2006. Circadian rhythms of feeding, oviposition, and emergence of the boll weevil (Coleoptera：Curculionidae) [J]. Insect Science, 13 (6)：461-467.

He F, Sun S, Tan H, et al., 2019. Compatibility of chlorantraniliprole with the generalist predator *Coccinella septempunctata* L. (Coleoptera：Coccinellidae) based toxicity, life-cycle development and population parameters in laboratory microcosms [J]. Chemosphere, 225：182-190.

Li X W, Jia X T, Xiang H M, et al., 2019. The effect of photoperiods and light intensity on mating behavior and reproduction of *Grapholita molesta* (Lepidoptera：Tortricidae) [J]. Environmental entomology, 48 (5)：1035-1041.

Liu T X, Zhang Y M, Peng L N, *et al.*, 2012. Risk assessment of selected insecticides on *Tamarix-ia triozae* (Hymenoptera: Eulophidae), a parasitoid of *Bactericera cockerelli* (Hemiptera: Trizoidae) [J]. Journal of Economic Entomology, 105 (2): 490-496.

Liu X P, He H M, Kuang X J, *et al.*, 2010. Mating behavior of the cabbage beetle, *Colaphellus bow-ringi Baly* (Coleoptera: Chrysomelidae) [J]. Insect Science, 17 (1): 61-66.

Mira A, Bernays E A, 2002. Trade-offs in host use by *Manduca sexta*: Plant characters vs natural ene-mies [J]. Oikos, 97 (3): 387-397.

Miranda M, Sivinski J, Rull J, *et al.*, 2015. Niche breadth and interspecific competition between *Doryc-tobracon crawfordi* and *Diachasmimorpha longicaudata* (Hymenoptera: Braconidae), native and intro-duced parasitoids of *Anastrepha* spp. fruit flies (Diptera: Tephritidae) [J]. Biological Control, 82: 86-95.

Miyazaki Y, Nisimura T, Numata H, 2009. Circannual pupation rhythm in the varied carpet beetle *An-threnus verbasci* under different nutrient conditions [J]. Entomological science, 12 (4): 370-375.

Ndoutoume-Ndong A, Rojas-Rousse D, Allemand R, 2006. Locomotor activity rhythms in two sympatric parasitoid insects: *Eupelmus orientalis* and *Eupelmus vuilleti* (hymenoptera, eupelmidae) [J]. Comptes Rendus Biologies, 329 (7): 476-482.

Nishide Y, Tanaka S, Saeki S, 2015. Adaptive difference in daily timing of hatch in two locust species, *Schistocerca gregaria* and *Locusta migratoria*: the effects of thermocycles and phase polyphenism [J]. Journal of insect physiology, 72: 79-87.

Nishide Y, Tanaka S, 2016. Desert locust, *Schistocerca gregaria*, eggs hatch in synchrony in a mass but not when separated [J]. Behavioral Ecology and Sociobiology, 70 (9): 1507-1515.

Omkar, Pandey P, Rastogi S, 2009. Rhythmicity in life history traits of Parthenium beetle, *Zygogramma bicolorata* (Coleoptera: Chrysomelidae) [J]. Biological Rhythm Research, 40 (2): 189-200.

Omkar, Singh K, 2007. Rhythmicity in life events of an aphidophagous ladybird beetle, *Cheilomenes sex-maculata* [J]. Journal of Applied Entomology, 131 (2): 85-89.

Panda S, Hogenesch J B, Kay S A, 2002. Circadian rhythms from flies to human [J]. Nature, 417 (6886): 329-335.

Potter K A, Davidowitz G, Arthur Woods H, 2011. Cross-stage consequences of egg temperature in the insect*Manduca sexta* [J]. Functional Ecology, 25 (3): 548-556.

Richardson M L, Mitchell R F, Reagel P F, *et al.*, 2010. Causes and consequences of cannibalism in noncarnivorous insects [J]. Annual review of entomology, 55 (1): 39-53.

Sambaraju K R, Donelson S L, Bozic J, *et al.*, 2016. Oviposition by female *Plodia interpunctella* (Lep-idoptera: Pyralidae): Description and time budget analysis of behaviors in laboratory studies [J]. In-sects, 7 (1): 4.

Sambaraju K R, Phillips T W, 2008. Effects of physical and chemical factors on oviposition by *Plodia in-terpunctella* (Lepidoptera: Pyralidae) [J]. Annals of the Entomological Society of America, 101 (5): 955-963.

Saunders D S, 2002. Insect Clocks, 3nd ed [M]. Oxford: Pergamon Press: 1-43.

Sharma V K, 2003. On the significance of circadian clocks for insects [J]. Journal of the Indian Institute of Science, 83 (1-2): 3.

Smith A R, Nowak A, Wagner P, *et al.*, 2013. Daily temperature cycle induces daily hatching rhythm

in eastern lubber grasshoppers, *Romalea microptera* [J]. Journal of Orthoptera Research, 22 (1):
51-55.

Tanaka K, Watari Y, 2003. Adult eclosion timing of the onion fly, *Delia antiqua*, in response to daily cycles of temperature at different soil depths [J]. Naturwissenschaften, 90 (2): 76-79.

Vogt E A, Nechols J R, 1991. Diel activity patterns of the squash bug egg parasitoid *Gryon pennsylvanicum* (Hymenoptera: Scelionidae) [J]. Annals of the Entomological Society of America, 84 (3): 303-308.

Wu S H, Refinetti R, Kok L T, *et al.*, 2014. Photoperiod and temperature effects on the adult eclosion and mating rhythms in *Pseudopidorus fasciata* (Lepidoptera: Zygaenidae) [J]. Environmental entomology, 43 (6): 1650-1655.

Yerushalmi S, Green R M, 2009. Evidence for the adaptive significance of circadian rhythms [J]. Ecology letters, 12 (9): 970-981.

入侵种红棕象甲棕榈种群的肠道菌
及纤维素降解能力研究[*]

李晓媚[1][**]，周晋民[1]，张　弛[1]，张林平[1]，刘兴平[1]，曾菊平[1,2][***]

(1. 江西农业大学林学院，鄱阳湖流域森林生态系统保护与修复国家林业
和草原局重点实验室，南昌　330045；2. 江西庐山森林生态
系统定位观测研究站，九江　332900)

摘　要：新近发现重要检疫害虫红棕象甲转移为害本土棕榈树，严重威胁当地农林生态系统。"共生入侵"假说认为入侵害虫与其共生菌（尤其肠道微生物）存在共生关系，驱使着入侵扩散进程。据此，本次以红棕象甲棕榈种群肠道菌为研究对象，通过与原引入的加拿利海枣种群、人工饲料种群的肠道菌数量、组成对比，揭示红棕象甲新种群的肠道菌变化特征。并进一步以纤维素降解菌为检测对象，比较分析不同食源种群的纤维素降解菌功能群差异，及其降解能力。以营养琼脂培养基和羧甲基纤维素钠培养基培养，检查菌落生长，结果发现来自不同食源的红棕象甲肠道菌差异较大：①加拿利海枣种群肠道菌丰富度最高，而棕榈种群肠道菌丰富度相比下降了近50%；②棕榈种群肠道纤维素降解菌中，缺失一些强降解力菌株（如AM、BR、BS），导致其与加拿利海枣种群相比，降解能力明显下降。而通过形态、理化性状相似性比较，并基于16rDNA序列构建系统发育树，初步鉴定菌株AV（AM）、D（U）、BR分别为 *Bacillus cereus*、*Klebsiella variicola*、*Bacillus pumilus* 纤维素降解菌。除了食源外，红棕象甲肠道菌也因虫态不同而异，其中成虫肠道菌最丰富，其次为幼虫，而蛹期仅检测到少量菌株。以上结果说明，红棕象甲转移到本土棕榈树为害后，其定殖、建群可能需要经历一个比预期时间更长的适应期才可能稳定。预示红棕象甲侵入新区后，早期防控工作应重视跟踪监测与点上防治的结合，争取在其定殖瓶颈阶段将种群压到最低。

关键词：入侵害虫；红棕象甲；棕榈；肠道菌；纤维素降解菌

＊ 基金项目：江西省林业科技创新专项（201815）

＊＊ 作者简介：李晓媚，本科生，从事林业害虫防治研究；E-mail：1911198210@ qq. com

＊＊＊ 通信作者：曾菊平，副教授，主要从事昆虫生态保护与林业害虫防治研究；E-mail：zengjupingjxau@ 163. com

Gut Microbiota and Cellulose Degrading Ability of the Red Palm Weevils Population From the Native Palm Plant of *Trachycarpus fortune* *

Li Xiaomei[1]**, Zhou Jinmin[1], Zhang Chi[1], Zhang Linping[1],

Liu Xingping[1], Zeng Juping[1,2]***

(1. *Key Laboratory of Forest Ecosystem Protection and Restoration in Poyang Lake Basin*,

National Forestry and Grassland Administration, *College of Forestry*, *Jiangxi Agricultural University*,

Nanchang 330045, *China*; 2. *observation and Research Station of Forestry*

Ecosystem in Lushan Mountain, *Jiujiang* 332900, *China*)

Abstract: The important quarantine pest, the red palm weevil (RPW), *Rhynchophorus ferrugineus* Olivier, has been discovered to transfer damaging the native palm plant of *Trachycarpus fortune*, posing a serious threat to the local agricultural and forestry ecosystem. The "symbiotic invasion" hypothesis suggests that the symbiotic relationship between invasive pests and their symbiotic bacteria (especially gut microbiota) drives the invasion and diffusion process. Based on this, this study focused on the gut microbiota of the native palm pest population, by comparing the composition of gut microbiota with the original introduced population in *Phoenix canariensis* as well as the artificial feeding population, in order to reveal the possible changes in gut microbiota.

And we further detected cellulose degrading bacteria, which as the functional group, to compared the difference of abundance as well as the degradation ability among different food-source populations. We cultivated the intestinal bacteria of the RPW using NA culture medium and sodium carboxymethyl cellulose culture medium, and checked the growth of bacteria, it was found that there were significant differences in gut microbiota of RPW among food-source populations.

①The intestinal bacteria richness of *P. canariensis* population was the highest, while that of the native palm population decreased by nearly 50% relatively; ②In the gut cellulose degrading bacteria of the native palm population, there were some strong degrading strains (such as AM, BR, BS) missing, resulting in a significant decrease in their degradation ability compared to the original population. By comparing the similarity of morphological and physicochemical traits, and constructing a phylogenetic tree based on 16rDNA sequence, the strains AV (AM), D (U), and BR were preliminarily identified as the following three cellulose degrading bacteria, *Bacillus cereus*, *Klebsiella variicola*, and *Bacillus pumila*. In addition to the food source, the gut microbiota of the RPW also varied depending on the insect stages, and the adults showed the most abundance of gut microbiota, followed by larvae, and only a small number of strains were detected in pupae.

The above results indicate that after transferring to the native palm plant in dietary, this invasive pest may require a longer adaptation period than expected before being stable in colonization. It suggests that after the RPW invades a new area, we should pay attention to combine tracking and monitoring method to prevent and control this invasive pest during early period, and striving to minimize the population size when still being bottleneck stage.

Key words: The red palm weevil of *Rynchophorus ferrugineus* Olivier; Endophytic bacteria;

Cellulose degrading bacteria; Invasive pests; Palmaceae

昆虫等陆生节肢动物与微生物共生是自然界普遍存在的现象（薛宝燕等，2004）。昆虫共生菌就是一类存在于昆虫外骨骼、肠道或其他特殊器官的微生物，它们与昆虫宿主共同经历着漫长的进化过程（Engel，2013；Muhammad，2016；郑林宇等，2022）。显然，昆虫为共生菌提供了营养与小生境；而共生菌则参与并促进了昆虫宿主的营养、消化（如复合多糖的降解）、发育、繁殖、抗寄生虫和抵御天敌等功能（Engel，2013；Muhammad，2016），成为宿主在特定生境中定殖和生态进化的主要驱动力，甚至影响其社会行为，并与昆虫宿主协同进化（Sudakaran，2012）。如蟑螂和蚂蚁的肠道微生物可帮助回收氨、促进一些必需氨基酸合成（Sabree，2012；郑林宇等，2022）；白蚁利用肠道共生菌产生的木质纤维素降解酶，降解木质纤维素（Brune，2014）等。不仅如此，许多昆虫的肠道微生物种群的组成可能因个体而异，也可能因生命阶段而异。事实上，影响昆虫肠道微生物的潜在因素较多，包括地理位置、肠道环境、遗传、食物摄入量以及宿主年龄等。如生活在不同地理条件下的昆虫种群，常具有不同的营养来源，因而拥有不同的肠道细菌区系等（Sudakaran，2012；Muhammad，2016）。

红棕象甲（*Rhynchophorus ferrugineus* Oliver.）属鞘翅目象甲科棕榈象属，又称锈色棕榈象（王凤等，2009；陈义群等，2011），它是一种为害棕榈科植物的重要经济害虫（胥丹丹等，2017），备受重视，被国家有关部门列为检疫性有害生物之一（宋玉双等，2005）。该虫原产于印度，较早地传播入侵到中东、欧洲等棕榈科植物种植区。在我国，该虫已传播入侵海南、福建、广东、广西、云南、上海、江西等多个地区。起初，该虫主要为害椰子，后成为海枣类植物上的重要害虫。而近些年，伴随棕榈科植物的频繁引种、种植，几乎观察到所有的棕榈科植物都可能存在被红棕象甲为害的风险（陈义群等，2011；王钦召等，2017；王辉等，2020）。该虫蛀食破坏性强，可导致入侵地大量棕榈科植物相继死亡（林燕婷等，2014；王辉等，2020）。尤其，在中国南部海南、中山和深圳等早期入侵地，红棕象甲的为害性依然很大，控制形势仍不容乐观。当前，红棕象甲以化学防治为主，但显然效果不佳，仍需开发寻找更多的、新的有效控制方法、措施。而透过对红棕象甲的有益肠道微生物或共生菌研究，或有助于促进新的生物防治技术突破与产生。

红棕象甲与其肠道微生物群建立了兼性互惠关系（Habineza，2019），而分离比较红棕象甲肠道内的需氧菌和兼性厌氧菌，获知其肠道内生态系统复杂（Khiyami and Alyamani，2008），肠道细菌中90%及以上属于厚壁菌门和变形菌门，肠道菌群变化则可显著影响该虫的营养代谢（Muhammad，2016；Muhammad *et al.*，2017），包括参与多糖、蔗糖降解等代谢（Butera，2012；Jia，2013）。其实，红棕象甲肠道内多种兼性厌氧微生物可能在营养供应、致病、入侵和多糖的降解等方面发挥着重要作用。为此，本研究以新发现的本土寄主植物棕榈的红棕象甲为研究对象，通过与源自加拿利海枣（*Phoenix canariensis*）种群及人工饲养种群的肠道细菌群落对比，同时与经羧甲基纤维素钠（CMC）培养基筛选的纤维素降解菌株数、纤维素降解能力对比，揭示红棕象甲寄主转移至本土棕榈后的肠道菌变化特征，及其可能出现的营养供应、代谢等功能上的变化。

1 材料和方法

1.1 材料

1.1.1 供试虫源

2020 年 7 月，分别从江西农业大学周边的受害棕榈（*Trachycarpus fortunei*）与九江市受害的加拿利海枣上，连同植物受害部位一起，采集红棕象甲幼虫、蛹、成虫（雌、雄），带回实验室，编号后放置在室温条件下饲养。另外，取研究组在室内用苹果、椰糠等人工饲养的红棕象甲二代个体，作为人工饲料对照组。

1.1.2 供试培养基

细菌分离培养基（NA）：酵母提取物 3.0 g，蛋白胨 10.0 g，葡萄糖 10.0 g，琼脂 15.0 g，NaCl 5.0 g，蒸馏水 1 000 ml，pH 值 7.2~7.4。将上述物质溶解后，用蒸馏水定容到 1 000 ml。121℃，灭菌 20 min。

筛选培养基（CMC）：CMC-Na 20 g、Na_2HPO_4 2.5 g，KH_2PO_4 1.5 g，蛋白胨 2.5 g，琼脂 20 g，蒸馏水 1 000 ml，pH 值 7.0~7.2。将上述物质溶解后，用蒸馏水定容到 1 000 ml。121℃，灭菌 20 min。

LB 液体培养基：胰蛋白胨 10 g，酵母提取物 5 g，NaCl 10 g，蒸馏水 1 000 ml，pH 值 7.0。将上述物质溶解后，用蒸馏水定容到 1 000 ml。121℃，灭菌 20 min。

滤纸降解培养基：$(NH_4)_2SO_4$ 1 g，KH_2PO_4 1 g，$MgSO_4 \cdot 7H_2O$ 0.7 g，NaCl 0.5 g，蒸馏水 1 000 ml，将上述物质溶解后，用蒸馏水定容到 1 000 ml，加入 6 cm×1 cm 滤纸条。121℃，灭菌 20 min。

1.2 主要仪器设备

EL104 型电子天平（海特勒-托利多仪器有限公司）、数显恒温水浴锅（金坛医疗仪器厂）、立式压力蒸汽灭菌器、单人单面洁净工作台（SW-CJ-1D 苏洁净化）、电热鼓风干燥箱（天津市泰斯特仪器有限公司 101-OAB 型）、台式高速冷冻离心机（安徽中科中佳科学仪器有限公司 HC-2516）、恒温摇床（常州菲普实验仪器厂 ZD-88）、PCR 梯度热循环仪（杭州晶格科学仪器有限公司）、琼脂糖水平电泳仪（北京市六一生物科技有限公司）、pH 计（海特勒-托利多仪器有限公司 FE20）。

1.3 试验方法

1.3.1 红棕象甲肠道细菌的分离与纯化

将饥饿处理过的红棕象甲幼虫、蛹、雌虫和雄虫各 3 头，经过 2 次用 75%酒精消毒 60 s 后用无菌水漂洗 3 次，然后在无菌操作台内解剖，获取其完整肠道。将肠道研磨后分别稀释至 10^{-4}、10^{-5}、10^{-6} 三种浓度梯度，采用涂布平板法，各取 50 ml 肠道研磨稀释液涂布到 NA 培养基上，并在培养箱（28℃）内培养 2 d 后，从平板上挑取形态不同的单菌落划线接种到装有 NA 培养基的斜面上，多次划线直至纯化得到单菌落，并于 4℃冰箱内保存备用。

1.3.2 纤维素降解菌的筛选

采用羧甲基纤维素钠（CMC）培养基对纯化菌株进行初筛。28℃条件下于 NA 培养基上培养 48 h 活化菌种，然后接种至 CMC 培养基平板上，培养 3~4 d，再滴入 1%浓度的刚果红溶液，使其布满整个平板表面，染色 5 min 后倒掉刚果红溶液，加入 1 mol/L 浓度的 NaCl 溶液（袁梅等，2016），5 min 后倒掉 NaCl 溶液并观察菌落周围是否具有透明圈并测定水解圈直径（D）与菌落直径（d），计算 D/d 比值（即 HC 比值），挑取生长速度快且 HC 比值更大的菌株纯化、保种（周东兴等，2018）。

1.3.3 初筛菌株的滤纸降解能力测定

挑取已经纯化的菌株分别接种于 LB 液体培养基中。在 37℃、120 r/min 的摇床中培养 24 h。然后按培养基体积 1% 的接种量将菌液接种于滤纸降解培养基中，置于 37℃ 恒温摇床中，100 r/min 振荡培养 7 d，观察滤纸被降解的效果（刘锁珠等，2017）。滤纸降解效果评判依据：+表示滤纸整体膨胀；++表示滤纸整体膨胀并弯曲；+++表示滤纸无定形；++++表示滤纸被降解成浆糊状；+++++表示滤纸被降解为半清状。

1.3.4 纤维素降解菌的鉴定

1.3.4.1 菌株形态观察

将筛选得到的菌株接种在 NA 培养基上，放置在 28℃ 的培养箱中，培养 24 h 后出现单菌落，观察菌落的大小、颜色、边缘、形状、透明度等特征。

1.3.4.2 菌株生理生化测定

菌株的形态学及生理生化鉴定参照《常见细菌系统鉴定手册》（东秀珠和蔡妙英，2001）。对待测菌株分别进行革兰氏染色试验、接触酶试验、3%KOH 溶解性试验、甲基红试验、谱伏（VP）试验、明胶液化试验、纤维素水解试验、淀粉水解试验和芽孢染色试验（樊玉珍等，1983；何文兵等，2015；曾庆武，2008）。

1.4 细菌菌株分子鉴定

1.4.1 细菌菌株 DNA 提取

采用 Ezup 柱式细菌基因组 DNA 抽提试剂盒提取菌株基因组 DNA，具体方法如下。

（1）样品处理。

a. 革兰氏阴性细菌：取 1 ml 培养 24 h 的 NA 液体细菌培养物，加入 1.5 ml 的离心管中，室温 10 000 r/min 离心 1 min，弃上清液，收集菌体。加入 200 μl Buffer GTL，用涡旋振荡器充分悬浮。

b. 革兰氏阳性细菌：取 1 ml 培养 24 h 的 NA 细菌培养物，加入 1.5 ml 离心管中，室温 10 000 r/min 离心 1 min，弃上清液，收集菌体。加入 180 μl 溶菌酶溶液，37℃ 处理 30 min 以上。

（2）加入 200 μl Proteinase K 溶液，充分混匀。

（3）加入 200 μl Buffer GL，充分混匀，56℃ 水浴 10 min，孵育过程中每隔几分钟颠倒离心管使样本分散均匀。溶液变得清亮后短暂离心，可去除管盖内壁的水珠。

（4）加入 200 μl 无水乙醇，充分振荡，此时可能会出现絮状沉淀，短暂离心后可以去除管盖内壁水珠。

（5）将一个离心吸附柱放入收集管中，将上一步所得溶液和絮状沉淀转移到吸附柱中，12 000 r/min 离心 1 min，弃收集管中的滤液。

（6）向吸附柱内加入 500 μl Buffer W1，室温 12 000 r/min 离心 30 s，弃收集管中废液。

（7）向吸附柱内加入 600 μl Buffer W2，室温 12 000 r/min 离心 30 s，弃收集管中废液。

（8）向吸附柱内加入 500 μl Buffer W2，室温 12 000 r/min 离心 30 s，弃收集管中废液。

（9）干燥。将离心吸附柱于 12 000 r/min 离心 2 min，甩干残留漂洗液。

（10）将离心吸附柱置于一个新的 1.5 ml 离心管中，加入 100 μl Buffer EB，室温放置 2 min，12 000 r/min 离心 1 min，离心管底溶液即基因组 DNA。

（11）提取 DNA 后，即进行下一步实验，或直接保存在−20℃备用。

1.4.2 16S rDNA 的 PCR 产物扩增

（1）16S rDNA 选用细菌通用引物：27F 序列 5′-AGAGTTTGATCCTGGCTCAG-3′；1492R 序列为 5′-GGTTACCTTGTTACGACTT-3′。

（2）20 μl PCR 扩增体系：引物 27F 和 1492R 各 1 μl，2×Tap PCR Master mix 10 μl，内生细菌的 DNA 模板 1 μl，双蒸水 7 μl。

（3）PCR 扩增程序：95℃预变性 5 min，95℃变性 45 s、55℃退火 50 s、72℃延伸 40 s，从变性到延伸共 30 个循环，72℃延伸 8 min，无限循环 30 min。

1.4.3 扩增产物测序及系统发育树构建

16S rDNA 扩增产物经电泳检测后，送北京擎科生物科技有限公司双向测序。将测得的序列在 NCBI 中用 Blast 软件搜索进行 Nucleotide blast 核苷酸序列对比，并从库中下载相似性较高的菌株 16S rRNA 基因序列，用 DNA STAR 进行多序列比对，用 MEGA 5.0 采用邻接法进行系统进化树的构建，自展次数 1 000 次检验各分支的置信度。

1.5 数据分析

用卡方检验各组的肠道菌株数的差异，用单因素方差分析不同食物源的红棕象甲及其虫态间的肠道菌半径大小差异，以及滤纸降解率的差异。显著水平设为 $P<0.05$，分析在 SPSS 17.0 完成。

2 结果与分析

2.1 红棕象甲肠道细菌菌株

采用涂布法分离得到肠道细菌菌株 71 株，而对照组则未见细菌菌株生长。其中，中肠 41 株，后肠 30 株，数量相当，差异不显著（$X^2=1.7$，$P=0.19$）。

2.1.1 不同食源的菌株数

从图 1 可知，不同食源的肠道细菌菌株数不同，但差异未达显著水平（$X^2=4.25$，$P=0.119$）。其中，加拿利海枣组菌株最多，有 30 株（占比 42.25%），其次为人工饲料组 25 株（占比 35.21%），而棕榈组菌株最少，有 16 株（占比 22.53%），数量上仅为加拿利海枣组的 1/2 左右。

2.1.2 不同虫态的菌株数

从图 1 可知，不同虫态的肠道细菌菌株数不同，差异显著（$X^2=13.04$，$P=0.001$）。其中，成虫菌株最多，有 38 株（占比 53.5%），而幼虫与蛹的菌株数相当，分别为 17 株与 16 株（图 1），仅为成虫菌株数量的 1/2 左右。

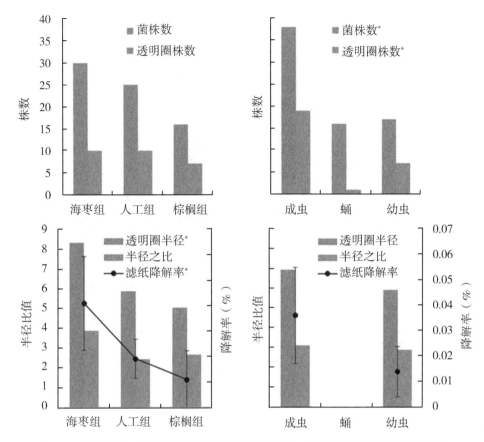

图 1   不同食源与虫态的红棕象甲肠道细菌菌株数、纤维素降解菌及其降解能力

2.2   红棕象甲的肠道纤维素降解菌

2.2.1   纤维素降解菌菌株

用羧甲基纤维素钠培养基筛选分离纯化的肠道菌株，经刚果红染色后，观察到具有清晰透明圈细菌菌株 27 株（图 2），株数占总菌株的 38.02%。其中，中肠 15 株，后肠 12 株，数量相当，差异不显著（$X^2 = 0.33$，$P = 0.56$）。

同样地，不同食源的纤维素降解菌的菌株数相当，差异也不显著（$X^2 = 0.67$，$P = 0.72$），其中，加拿利海枣组与人工饲料组均为 10 株，多于棕榈组（7 株）。

但是，不同虫态的纤维素降解菌的菌株数差异显著（$X^2 = 18.67$，$P < 0.001$），成虫最多，幼虫其次，而蛹最少，仅 1 株。

2.2.2   纤维素降解菌筛选株形态与生理生化特征

从图 1 可知，来自不同食源的菌株透明圈半径不同，差异显著，加拿利海枣组显著大于棕榈组。但成虫与幼虫的菌株透明圈半径差异不显著。

选取透明圈半径与菌落半径（HC 比值）大于 3mm 菌株 10 株，进一步从形态、生理生化特征上对比筛选，接入 NA 培养基培养。表 1 显示，10 株菌株大多为圆形、白色、不透明（如 P、S，图 3），有 3 株（AM、AV、BS）透明圈半径明显更大，其他菌体湿润、有光泽、边缘等形态性状的株数相当。

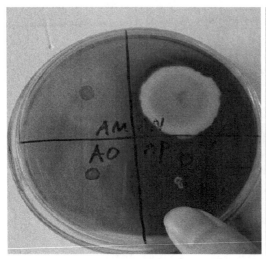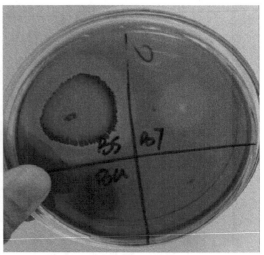

图2　刚果红培养基上纤维素降解菌（AM、AD、AP、AN、BS、BU、BT）透明圈差异

表1　筛选的红棕象甲肠道纤维素降解菌形态、培养特征

菌株	半径（mm）	透明圈半径（mm）	形状	颜色	透明	湿润	边缘整齐	有光泽	是否中凸
B	0.5	3.0	长条	白色	+	+	−	+	+
D	2.5	9.0	圆形	白色	−	+	+	+	+
S	2.0	6.5	圆形	白色	+	+	+	+	+
P	2.5	9.5	不规则	白色	−	−	−	−	−
U	1.0	3.0	圆形	黄色	−	+	+	+	+
AM	2.5	14.0	圆形	白色	−	−	−	−	−
AV	2.0	13.5	圆形	白色	−	−	+	−	−
BR	1.5	6.5	圆形	白色	−	−	+	+	−
BS	2.0	12.0	圆形	白色	−	−	+	−	+
BT	1.5	7.5	圆形	白色	−	−	−	−	−

注：+表示是，−表示否。

　　对筛选的10株分别进行接触酶试验、3%KOH溶解性试验、甲基红试验、伏普（vp）试验、明胶液化试验、淀粉水解试验、纤维素水解试验，表2结果显示，淀粉水解与纤维素水解试验均为阳性；革兰氏染色试验B、D、U菌株为阴性，其他均为阳性；而伏普（vp）试验除BR外，结果均为阴性（表2）。

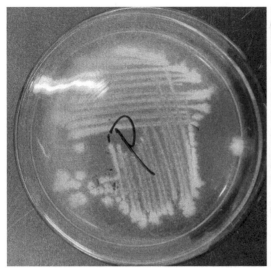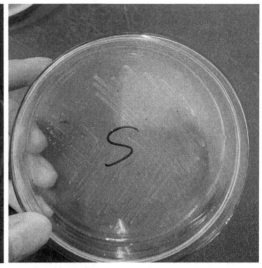

图 3　纤维素降解菌菌株 P、S 在 NA 培养基上的形态

表 2　筛选的红棕象甲肠道纤维素降解菌生理生化特征

测试试验	B	D	P	S	U	AM	AV	BR	BS	BT
革兰氏染色	−	−	+	+	−	+	+	+	+	+
接触酶试验	+	+	−	−	+	−	−	+	−	−
3%KOH	+	+	−	−	+	+	+	−	−	−
甲基红试验	+	+	−	+	−	−	−	−	−	−
伏普（vp）试验	−	−	−	−	−	−	−	+	−	−
明胶液化试验	+	+	−	−	−	−	−	−	−	−
淀粉水解试验	+	+	+	+	+	+	+	+	+	+
纤维素水解试验	+	+	+	+	+	+	+	+	+	+
芽孢试验	+	−	+	+	−	+	+	+	+	+

注：+表示阳性，−表示阴性。

2.2.3　不同食源、虫态的纤维素降解菌降解能力比较

从图 1 可知，不同食源的红棕象甲纤维素降解能力差异显著，例如，得益于 AM、BR、BS 纤维素降解菌株（表3），加拿利海枣组红棕象甲的降解能力显著强于棕榈组。但是，降解能力成虫与幼虫相当，差异不显著。同样地，红棕象甲的中肠与后肠的降解能力也无显著差异。

2.2.4　纤维素降解菌的性状相似性与系统发育分析

基于纤维素降解菌的形态与理化性状，采用系统聚类法，获知其性状相似性关系。由图 4 可知，共聚成 4 组：①AM、AV 与 BS；②BR、BT 与 S；③D 与 P；④B 与 U。基于 16S rDNA 构建的系统发育树也显示，AV 与 AM 相似率高达 99%，推断两者为同源菌株，可能为 *Bacillus cereus*。同样地，D 与 U 相似率也高达 99%，推断其为 *Klebsiella variicola*；BR 与 *Bacillus pumilus* 同源性高达 99%；B 与 *Xenophilus azovorans* 同源性高达 99%。

表 3　筛选的红棕象甲肠道纤维素降解菌对滤纸的降解能力

菌株	降解效果	失重率
B	+	0.26%
D	+	0.80%
P	+	2.51%
S	+	1.87%
U	+	2.60%
AM	++	6.01%
AV	+	4.90%
BR	++	5.62%
BS	++	5.16%
BT	+	4.50%

注：+表示滤纸出现膨胀变化，++表示滤纸出现整体膨胀与弯曲变化。

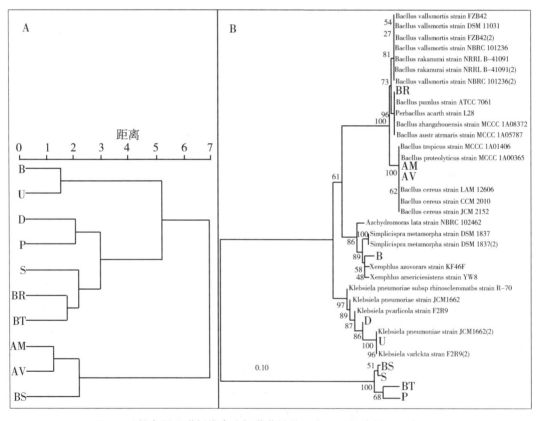

图 4　红棕象甲肠道纤维素降解菌菌株的形态、理化性状相似性（A）
及基于 16S rDNA 的系统发育树（B）

3　结论与讨论

昆虫肠道微生物群落复杂，与昆虫宿主协同进化（Sudakaran，2012），形成共生关系（Engel，2013；Muhammad，2016；郑林宇等，2022），这种关系在宿主营养、消化、发育、繁殖等方面发挥功能（Muhammad，2016）。然而，昆虫肠道共生菌组成、区系等，受宿主发生地、肠道环境、遗传、食物等多种因素影响，且伴随宿主年龄、生长发育而变化（Muhammad，2016）。入侵害虫红棕象甲种群发生受益于与其肠道微生物群的兼性互惠关系（Habineza，2019），肠道菌群变化可显著影响其营养代谢（Muhammad，2016；Muhammad *et al.*，2017），包括多糖、蔗糖降解等（Butera，2012；Jia，2013）。新近发现红棕象甲侵入国内部分新区后，转移扩散到本土植物棕榈上取食危害，威胁当地生态系统安全（王辉等，2020）。但是，寄主转移后，红棕象甲需首先应对新寄主的适应问题。而本次研究预示，这种适应过程可能较预期时间更长，因为，与原加拿利海枣种群相比，棕榈种群与肠道微生物的兼性互惠关系丧失严重，使其营养、消化、代谢等关联功能衰减，种群发生受到不利影响。

采用传统的分离与培养技术，在棕榈种群中，检测到红棕象甲肠道菌的菌株数量在下降。研究结果显示，食源为加拿利海枣的红棕象甲种群肠道菌的菌株数量最多，其次为人工饲料组，而食源为本土棕榈的红棕象甲种群肠道菌的菌株数最少，仅为原种群的50%左右，丰富度水平下降，肠道菌群结构发生变化。这些结果说明食源会影响红棕象甲肠道菌群的组成与丰富度，而这种变化也同样出现在许多其他昆虫（Dewar *et al.*，2014；Li *et al.*，2014；Wang *et al.*，2016；Mohammed *et al.*，2018；Huang *et al.*，2021）。例如，分别用柑橘木虱、蚜虫与人工饲料（猪肝15 g、蜂蜜3 g、蒸馏水35ml）饲喂异色瓢虫（*Harmonia axyridis*），发现各组肠道微生物组成和多样性不同，其中，人工饲料组的肠道微生物丰富度最低（Huang *et al.*，2021）。而对应地，跟踪调查各组的生物学参数，也发现人工饲料组的各项生物学参数表现最差，多数个体无法完成正常发育。

一些重要的功能菌群丰富度下降，甚至消失，可能使昆虫宿主的关联功能下降，进而影响昆虫个体发育、存活及其种群发生。例如，以上取食3种不同食物的异色瓢虫的生物学参数变化，即可能与响应食物变化的链球菌科丰度、微球菌科丰度、葡萄球菌科丰度和肠杆菌科丰度的变化相关（Huang *et al.*，2021）。也就是说，食源可能通过改变成虫异色瓢虫肠道微生物群，而影响昆虫发生（如生物学参数变化）。同样地，本研究结果也显示，红棕象甲转移到本土棕榈植物取食为害后，发现其肠道内与纤维素降解、代谢相关的关键降解菌消失（如AM、AV菌株），而对应地，比较棕榈组与加拿利海枣组的纤维素降解能力，可知新种群较原种群的纤维素降解能力显著下降。因而，可以推测，棕榈组的种群发生也可能因此受到不利影响，但具体如何，仍应在新入侵地展开跟踪调查（王辉等，2020），及在室内开展种群饲养试验，获得种群大小变化与生物学参数等方面的直接证据。

前期研究表明，红棕象甲肠道微生物群常表现出高度稳定性，不同生命阶段、寄主植物下丰度变化小（Butera，2012；Jia，2013；Tagliavia，2014；Valzano，2012）。但这一结论值得质疑，本次研究比较红棕象甲不同虫态的肠道菌群，发现蛹期的肠道菌明显更少，在组成、丰富度与群落结构上与成虫、幼虫差异大。而相对地，成虫可能较幼虫的肠道菌群结构更完整，菌株数与纤维素降解菌的丰富度均显著优于幼虫。事实上，本次筛选出的纤维素降解菌菌株（如 AM、AV 等），均来自野外的成虫肠道。然而，从取样部位来看，红棕象甲的中肠与后肠的肠道菌群在结构、组成及其纤维素降解功能上，都较为相似，分化不明显。

总之，本研究以传统的分离培养方法，部分揭示入侵害虫转移为害本土棕榈后的肠道菌群的变化。并且，出于棕榈科植物高纤维含量、纤维素降解菌可能参与"共生入侵"等考虑（Liu，2018；Rimoldi，2018），重点比较不同食源的红棕象甲肠道纤维降解功能菌群构成与功能变化，结果发现棕榈种群肠道菌群与原入侵种群明显不同，表现得更为劣势，包括：①菌群种类、株数或丰富度下降；②纤维素降解菌关键菌株缺失，降解能力下降。说明红棕象甲转移到本土棕榈树为害后，其定殖、建群可能需要经历一个比预期更长的适应期，才可能进入稳定期。这预示着，一旦红棕象甲侵入新区后，早期防控工作须以跟踪监测与点上防治为主，目标是在其定殖的瓶颈阶段，尽力将种群大小降到最低。另外，本次通过形态特征、生理生化、16S rDNA 序列分析等方法，鉴定菌株 AV（AM）、D（U）、BR 分别为 *Bacillus cereus*、*Klebsiella variicola*、*Bacillus pumilus* 纤维素降解菌。

致谢

感谢江西农业大学林学院邹武、孙尚在实验操作过程给予的指导与帮助。

参考文献

陈义群，年晓丽，陈庆，2011. 棕榈科植物杀手：红棕象甲的研究进展［J］. 热带林业，39（2）：24-28.

东秀珠，蔡妙英，2001. 常见细菌系统鉴定手册［M］. 北京：科学出版社.

樊玉珍，林植富，王照福，等，1983. 仔猪腹泻致病性大肠杆菌的分离与鉴定［J］. 兽医科技杂志（1）：18-20.

何文兵，慈慧，张美娟，2015. 东北朝鲜族泡菜中乳酸菌的分离鉴定［J］. 通化师范学院学报，36（4）：11-13.

林燕婷，2014. 红棕象甲的免疫致敏与跨代传递效应［D］. 福州：福建农林大学.

刘锁珠，李龙，付冠华，等，2017. 藏猪源高产纤维素酶菌株的筛选及鉴定［J］. 西北农林科技大学学报（自然科学版），45（3）：43-50.

宋玉双，2005. 十九种林业检疫性有害生物简介（Ⅱ）［J］. 中国森林病虫，24（2）：32-37.

王凤，鞠瑞亭，李跃忠，等，2009. 利用甘蔗饲养红棕象甲的技术［J］. 昆虫知识，46（6）：967-969.

王辉，王钦召，孟令春，等，2020. 入侵害虫红棕象甲转移为害本土棕榈树的风险评估［J］. 植物保护学报，47（4），920-928.

王钦召，曾菊平，2017. 红棕象甲在江西省的风险性分析及防控管理对策［J］. 植物检疫，31（2）：53-58.

胥丹丹，陈立，王晓伟，等，2017. 我国入侵昆虫学研究进展［J］. 应用昆虫学报（6）：885-897.

薛宝燕，程新胜，陈树仁，等，2004. 昆虫共生菌研究进展［J］. 中国微生态学杂志（3）：64-66.

袁梅，谭适娟，孙建光，2016. 水稻内生固氮菌分离鉴定、生物特性及其对稻苗镉吸收的影响［J］. 中国农业科学，49（19）：3754-3768.

曾庆武，2008. 反硝化细菌的分离筛选及应用研究［D］. 武汉：华中农业大学.

郑林宇，伦才智，柳丽君，等，2022. 昆虫共生菌调控宿主生长发育和生殖的研究进展［J］. 植物保护学报，49（1）：207-219.

周东兴，王广栋，邬欣慧，等，2018. 腐熟堆肥中纤维素降解菌筛选鉴定及酶学特性研究［J］. 东北农业大学学报，49（5）：60-68.

Muhammad A，2016. 红棕象甲的肠道菌群结构及其对宿主营养代谢的影响［D］. 福州：福建农林大学.

Brune A，2014. Symbiotic digestion of lignocellulose in termite guts［J］. Nature Reviews Microbiology，12（3）：168-180.

Butera G，Ferraro C，Colazza S，*et al.*，2012. The cultural bacterial community of frass produced by larvae of *Rhynchophorus ferrugineus* Olivier（Coleoptera：Curculionidae）in the Canary island date palm［J］. Lett. Appl. Microbiol.，54，530-536.

Dewar M L，Arnould J P Y，Krause L，*et al.*，2014. Interspecific variations in the faecal microbiota of *Procellariiform seabirds*［J］. FEMS Microbiol. Ecol.，89，47-55.

Engel P，Moran N A，2013. The gut microbiota of insects：diversity in structure and function［J］. FEMS Microbiology Reviews，37（5）：699-735.

Habineza P，Muhammad A，Ji T，*et al.*，2019. The promoting effect of gut microbiota on growth and development of red palm weevil，*Rhynchophorus ferrugineus*（olivier）（coleoptera：dryophthoridae）by modulating its nutritional metabolism［J］. Frontiers in Microbiology，10：1212.

Huang Z，Zhu L，Lv J，*et al.*，2022. Dietary effects on biological parameters and gut microbiota of *Harmonia axyridis*［J］. Front. Microbiol.，12：818787.

Jia S G，Zhang X W，Zhang G Y，*et al.*，2013. Seasonally variable intestinal metagenomes of the red palm weevil（*Rhynchophorus ferrugineus*）［J］. Environ. Microbiol.，15：3020-3029.

Khiyami M. Alyamani E，2008. Aerobic and facultative anaerobic bacteria from gut of red palm weevil（*Rhynchophorus ferrugineus*）［J］. Afr. J. Biotechnol.，7：1432-1437.

Li X M，Zhu Y J，Yan Q Y，*et al.*，2014. Do the intestinal microbiotas differ between paddlefish（*Polyodon spathala*）and bighead carp（*Aristichthys nobilis*）reared in the same pond？［J］. J. Appl. Microbiol.，117：1245-1252.

Liu C H，Zhang Y，Ren Y W，*et al.*，2018. The genome of the golden apple snail Pomacea canaliculata provides insight into stress tolerance and invasive adaptation［J］. GigaScience，7（9）：giy101.

Mohammed W S，Ziganshina E E，Shagimardanova E I，*et al.*，2018. Comparison of intestinal bacterial and fungal communities across various xylophagous beetle larvae（Coleoptera：cerambycidae）［J］. Sci. Rep.，8：10073.

Muhammad Abrar，Ya Fang，Ya Fang，*et al.*，2017. The gut entomotype of red palm weevil *Rhynchophorus ferrugineus* Olivier（Coleoptera：Dryophthoridae）and theireffect on host nutrition metabolism［J］. Frontiers in Microbiology，8：e2291.

Rimoldi S，Terova G，Ascione C，*et al.*，2018. Next generation sequencing for gut microbiome characterization in rainbow trout (*Oncorhynchus mykiss*) fed animal by-product meals as an alternative to fishmeal protein sources [J]. PLoS One, 13 (3): e019365.

Sabree Z L, Huang C Y, Arakawa G, *et al.*, 2012. Genome shrinkage and loss of nutrient-providing potential in the obligate symbiont of the primitive termite *Mastotermes darwiniensis* [J]. Applied & Environmental Microbiology, 78 (1): 204-210.

Sudakaran S, Salem H, Kost C, *et al.*, 2012. Geographical and ecological stability of the symbiotic mid-gut microbiota in European firebugs, *Pyrrhocoris apterus* (Hemiptera, Pyrrhocoridae) [J]. Molecular Ecology, 21 (24): 6134-6151.

Tagliavia M, Messina E, Manachini B, *et al.*, 2014. The gut microbiota of larvae of *Rhynchophorus ferrugineus* Oliver (Coleoptera: Curculionidae) [J]. BMCMicrobiol., 14: e136.

Valzano M, Achille G, Burzacca F, *et al.*, 2012. Deciphering microbiota associated to *Rhynchophorus ferrugineus* in Italian samples: a preliminary study [J]. J. Entomol. Acarol. Res., 44: e16.

Wang W, Cao J, Yang F, *et al.*, 2016. High-throughput sequencing reveals the core gut microbiome of bar-headed goose (*Anser indicus*) in different wintering areas in Tibet [J]. Microbiol. Open, 5: 287-295.

链霉菌 A-m1 的杀虫活性研究[*]

周　瑞[1,2,3**]，王志豪[1,2,3]，贾少康[1,2,3]，仵菲菲[1,2,3]，

熊梦琴[1,2,3]，张碧瑶[1,2,3]，周　洲[1,2,3***]，李永丽[1,2,3]，

潘鹏亮[1]，耿书宝[1,2]，乔　利[1]，张方梅[1]

（1. 信阳农林学院农学院，信阳　464000；2. 信阳生态研究院，信阳　464000；
3. 河南大别山森林生态系统国家野外科学观测研究站，郑州　450046）

摘　要：本研究拟进一步明确哥斯达黎加链霉菌 A-m1 的杀虫谱，探究其杀虫物质存在部位，为该菌株在生产中的应用奠定基础。测定了菌株 A-m1 发酵液的杀虫活性，供试对象包含鳞翅目和鞘翅目昆虫，以及线虫，分析了菌株 A-m1 发酵液毒杀活性物质存在部位及毒杀作用方式。菌株 A-m1 发酵液对美国白蛾和舞毒蛾 2 龄幼虫致死率最高，其次是松墨天牛和松材线虫，对棉铃虫幼虫致死率不高。杀虫活性物质存在于发酵滤液和菌体；乙酸乙酯可以将杀虫活性物质从发酵液中全部萃取出来，杀虫活性主要是通过胃毒发挥作用。链霉菌 A-m1 不仅具有广谱抑菌作用，而且还具有广谱杀虫作用，本研究为该菌株在生产中的应用奠定了基础，同时也为其抑菌杀虫活性物质解析提供了研究基础。

关键词：哥斯达黎加链霉菌；杀虫活性；杀虫方式

链霉菌（*Streptomyces*）可产生多种对植物病原菌有拮抗作用的次生代谢产物，内生链霉菌广泛分布于植物的根、茎、叶、果实及种子中，从植物体内分离的链霉菌研究表明具有很高的应用价值，很多链霉菌已经被开发用于植物病害生物防治（Coombs *et al.*，2003；梁亚萍等，2007）。笔者课题组前期从新疆野苹果枝干中分离得到一株内生哥斯达黎加链霉菌（*Streptomyces costaricanus*）菌株 A-m1，其发酵滤液具有广谱抑菌作用（李永丽等，2020）。在生物防治领域，斯达黎加链霉菌的研究多集中在植物真菌病害防治方面，鲜有害虫防治方面的报道。试验发现菌株 A-m1 发酵液对棉铃虫表现出毒杀活性，本研究拟进一步明确其杀虫谱，同时探究其杀虫物质存在部位，为该菌株在生产中的应用奠定基础。

---

* 基金项目：信阳生态研究院开放基金（2023XYMS11，2023XYQN08）；信阳农林学院高水平科研孵化器建设基金项目（FCL202109）；信阳农林学院作物绿色防控与品质调控科技创新团队建设项目（XNKJTD-007）；信阳市重点研发与推广专项项目（20220061）

** 第一作者：周瑞，本科生，主要从事生物防治研究；E-mail：3217764175@ qq. com

*** 通信作者：周洲，教授，主要从事生物防治研究；E-mail：zhouzhouhaust@ 163. com

1 材料与方法

1.1 供试材料

1.1.1 供试菌株

哥斯达黎加链霉菌菌株 A-m1，由笔者实验室从新疆野苹果枝干中分离并保存（李永丽等，2020）。

1.1.2 供试虫源

美国白蛾（*Hyphantria cunea*）、舞毒蛾（*Lymantria dispar*）、松墨天牛（*Monochamus alternatus*）、松材线虫（*Bursaphelenchus xylophilus*）由中国林业科学研究院森林生态环境与保护研究所继代饲养；棉铃虫（*Helicoverpa armigera*）由信阳农林学院生物防治实验室继代饲养。

1.2 试验方法

1.2.1 菌株 A-m1 发酵液的获得及杀虫谱的测定

按照菌株 A-m1 最优发酵条件（李永丽等，2020），液体摇瓶发酵 4 d 获得新鲜发酵液。

1.2.1.1 对美国白蛾和舞毒蛾毒杀活性分析

试验设置 2 组，发酵液处理组和对照组（CK）。选取同一卵片孵化的美国白蛾和舞毒蛾 2 龄幼虫，每个养虫杯作为 1 个重复，每组 3 个重复。发酵液处理组每杯饲料表面加发酵液 200 µl 涂布均匀，对照组加高氏一号液体培养基 200 µl 涂布均匀，10 min 晾干后接入试虫美国白蛾 50 只或舞毒蛾 30 只，6 d 后统计死亡率和校正死亡率。死亡率（%）＝死虫数/试虫总数×100，校正死亡率（%）＝（处理死亡率-对照死亡率）／（1-对照死亡率）×100。

1.2.1.2 对棉铃虫毒杀活性分析

测定采用饲料染毒法（Zhou *et al.*，2015），500 g 人工饲料配制完成后在温度 70℃以下未凝固时，处理组添加 75 ml 新发酵液，CK 组添加 75 ml 高氏一号液体培养基，充分搅拌混匀。将初孵棉铃虫接于混合饲料上。每处理 100 头，重复 3 次，培养 6 d 后统计死亡率和校正死亡率，方法同上。

1.2.1.3 对松墨天牛毒杀活性分析

处理组每 30 头饲料量加 30 ml 新鲜发酵液混匀分装；CK 组每 30 头饲料量添加 30 ml 高氏一号液体培养基混匀分装。松墨天牛初孵幼虫接于上述饲料中，每组处理 30 头，重复 3 次，15 d 后统计死亡率和校正死亡率，方法同上。

1.2.1.4 对松材线虫毒杀活性分析

用盘多毛孢（*Pestalotia sp.*）培养松材线虫，采用 Berman 漏斗法分离并制备其 5 000 头/ml 悬浮液备用。2 ml 的灭菌离心管中，加入线虫悬浮液，处理组：200 µl 线虫悬浮液+400 µl 发酵液+400 µl 高氏一号液体培养基；CK 组：200 µl 线虫悬浮液+800 µl 高氏一号液体培养基。24 h 后统计死亡率和校正死亡率，方法同李恩杰等（2018）。

1.2.2 菌株 A-m1 发酵液毒杀物质存在部位及毒杀作用方式分析

将链霉菌 A-m1 发酵液经定性滤纸过滤分离得到菌体和发酵滤液；发酵滤液用等体

积乙酸乙酯萃取 2 次，2 次有机相 37 ℃旋转蒸干得到发酵滤液粗提物，溶于少量二甲基亚砜备用；萃取后剩余的过滤液水相挥发掉乙酸乙酯，取 75 ml 水相备用；75 ml 的发酵液进行过滤后得到的菌体，再加 75 ml 无菌水振荡均匀后为菌体稀释液备用。在 250 g 人工饲料制作过程中，处理组分别加入发酵滤液粗提物（相当于 75 ml 发酵滤液当量）、75 ml 水相和 75 ml 的菌体稀释液，制备混合饲料；CK 组是 250 g 人工饲料添加 75 ml 无菌水。用每种饲料分别饲喂初孵棉铃虫幼虫，每组试虫 100 只，重复 3 次。6 d 后统计死亡率和校正死亡率，方法同 1.2.1.2。

将 A-m1 发酵液用等体积的乙酸乙酯萃取 2 次，旋转蒸干后用少量甲醇溶出粗提物，溶解于丙酮，配制不同浓度的溶液，通过点滴法（吴文君，1988）分析对棉铃虫的触杀活性。

1.2.3 菌株 A-m1 孢子对棉铃虫的毒杀作用

称取 1 g 链霉菌 A-m1 固体发酵物，加到装有 19 ml 无菌水的 45 ml 离心管中，用涡旋振荡器振荡 1 min，经纱布过滤，获得稀释 20 倍的孢子悬浮液。取 200 μl 孢子悬浮液加入 1.5 ml 离心管中，再加 800 μl 无菌水，将原固体发酵物孢子浓度稀释至 100 倍液，使用血细胞计数板在显微镜下对孢子量进行计数，计算出试验所用链霉菌 A-m1 固体发酵物的孢子浓度为 4×10^{10} 个/ml。将链霉菌 A-m1 固体发酵物分别稀释成 2 倍、20 倍、200 倍、2 000 倍、20 000 倍共 5 个浓度梯度的孢子悬浮液，分别用 C1、C2、C3、C4、C5 表示。将这 5 个浓度的 A-m1 孢子悬浮液和无菌水各取 100 μl，分别涂布在棉铃虫人工饲料的表面，无菌水处理作为对照组用 CK 表示。将 1%阿维菌素粉（江西鸿图动物药业）用无菌水稀释成 500 倍、1 000 倍、1 500 倍和 2 000 倍 4 个浓度梯度的悬浊液，分别取 100 μl 涂布在棉铃虫人工饲料表面，用 C6、C7、C8、C9 表示。待处理饲料表面干燥后，每块饲料接种 10 头活性一致的棉铃虫初孵幼虫，放置于气候箱中 27℃无光培养，每个处理重复 5 次，共计 1 000 头。4 d 后统计存活率。存活率=存活数/试虫总数×100%。

2 结果与分析

2.1 菌株 A-m1 发酵滤液杀虫活性测定

测定了菌株 A-m1 发酵液的杀虫活性，结果统计表明（表 1），菌株 A-m1 发酵液对供试的 5 种农林害虫均具有毒杀活性，毒杀对象包含鳞翅目和鞘翅目昆虫，以及线虫。试验中，菌株 A-m1 发酵液对美国白蛾和舞毒蛾 2 龄幼虫致死率非常高，其次是松墨天牛和松材线虫；对棉铃虫幼虫致死率不是特别高，但未死亡的试虫表现生长缓慢，受到明显的抑制。

表 1 菌株 A-m1 发酵液广谱杀虫活性

参试害虫	虫态	校正死亡率（%）
美国白蛾 Hyphantria cunea	2 龄	98.67±1.33
舞毒蛾 Lymantria dispar	2 龄	97.80±2.13

（续表）

参试害虫	虫态	校正死亡率（%）
棉铃虫 *Helicoverpa armigera*	1 龄	40.33±2.98
松墨天牛 *Monochamus alternatus*	1 龄	53.17±5.63
松材线虫 *Bursaphelenchus xylophilus*	幼虫	66.66±4.13

2.2 菌株 A-m1 发酵液通过胃毒方式发挥毒杀作用

6 d 后统计初孵棉铃虫幼虫成活率（图 1），其中发酵液粗提物组和菌体组死亡率最高，校正死亡率分别为 84% 和 81.7%，水相组和对照组无显著差别（$P<0.05$）。这说明杀虫活性物质存在于发酵滤液和菌体中；萃取过后的水相对初孵幼虫没有表现出毒杀作用，说明乙酸乙酯可以从发酵液中将杀虫活性物质全部萃取出来。点滴法分析了粗提物对棉铃虫幼虫的触杀作用，发现粗提物基本不具有触杀活性，菌株 A-m1 粗提物杀虫活性主要是通过胃毒作用发挥作用。

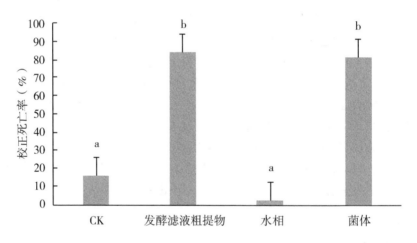

图 1 菌株 A-m1 发酵液的不同组分对棉铃虫幼虫的毒杀作用

2.3 链霉菌 A-m1 孢子对棉铃虫的毒杀作用

4 d 后统计初孵棉铃虫幼虫成活率（图 2），其中处理组 C6（1% 阿维菌素粉稀释 500 倍）对棉铃虫初孵幼虫致死作用显著高于其他组（$P<0.01$）；孢子悬浮液 C1 处理组（链霉菌 A-m1 孢子浓度 $2×10^{10}$ 个/ml）中，试虫发育较缓慢，且取食量少，试虫死亡率显著高于对照组，杀虫效果与 C7（1% 阿维菌素粉稀释 500 倍液，浓度 30 μg/ml）相当。

3 结论与讨论

生物防治方面，*S. costaricanus* 的研究多集中在植物真菌病害防治领域，其防治根结线虫的作用仅有少量报道（Chen *et al.*, 2000; Toju *et al.*, 2019）。本研究发现 *S. rochei* A-m1 对供试的 5 种农林有害生物均具有毒杀活性，毒杀对象包含鳞翅目和鞘翅目昆

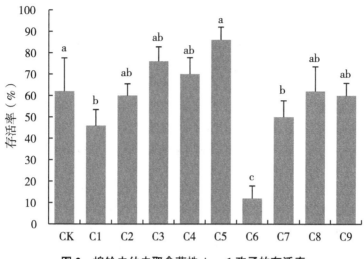

图 2 棉铃虫幼虫取食菌株 A-m1 孢子的存活率

虫，以及线虫。菌株 A-m1 不但具有杀线虫活性，而且还对鳞翅目和鞘翅目害虫具有很强的毒杀活性。截至目前，尚无其他关于 *S. costaricanus* 毒杀昆虫的报道，菌株 A-m1 杀虫化合物鉴定及杀虫机理解析具有原创性。乙酸乙酯可以从发酵液中将杀虫活性物质全部萃取出来，点滴法证明粗提物基本不具有触杀活性，杀虫活性主要是通过胃毒作用发挥作用。后续还需进一步色谱分离菌株 A-m1 抑菌和杀虫活性物质，质谱鉴定活性化合物分子结构，明确其活性的物质基础。

参考文献

李恩杰，李娜，王青华，等，2018. 具杀松材线虫活性的苏云金芽孢杆菌筛选及其毒力测定 [J]. 中国生物防治学报，34 (4)：539-545.

李永丽，王亚红，周洲，等，2020. 新疆野苹果内生娄彻氏链霉菌 A-m1 的鉴定和发酵条件优化及抑菌广谱作用 [J]. 林业科学，56 (7)：70-81.

梁亚萍，宗兆锋，马强，2007. 6 株野生植物内生放线菌防病促生作用的初步研究 [J]. 西北农林科技大学学报，35 (7)：131-136.

吴文君，1988. 植物化学保护实验技术导论 [M]. 西安：陕西科学与技术出版社：72-77.

Chen J，Abawi G S，Zuckerman B M，2000. Efficacy of *Bacillus thuringiensis*，*Paecilomyces marquandii*，and *Streptomyces costaricanus* with and without organic amendments against Meloidogyne hapla infecting lettuce [J]. Journal of Nematology，32 (1)：70-77.

Coombs J T，Franco C M，2003. Isolation and identification of actinobacteria from surface sterilized wheat roots [J]. Applid and Environmental Microbiology，69 (9)：5603-5608.

Toju H，Tanaka Y，2019. Consortia of anti-nematode fungi and bacteria in the rhizosphere of soybean plants attacked by root-knot nematodes [J]. Royal Society open science，6 (3)：181693.

Zhou Zhou，Yongli Li，Chunyan Yuan，*et al.*，2015. Oral administration of TAT-PTD-diapause hormone fusion protein interferes with *Helicoverpa armigera* (Lepidoptera：Noctuidae) development [J]. Journal of Insect Science，15 (1)：1-6.

基于 COI 基因序列的武陵山地区蚱总科昆虫部分类群系统发育分析[*]

滕彩丽[1,2**]，胡传豪[1]，熊喆多[1]，黄兴龙[1]，张佑祥[1***]

(1. 吉首大学生物资源与环境科学学院，吉首　416000；

2. 广西师范大学生命科学学院，桂林　541000)

摘　要：本研究对采自武陵山地区的 7 种蚱总科昆虫 11 个标本的线粒体 COI 基因进行测序，结合 NCBI 数据库中的其他蚱总科昆虫 COI 基因序列，以蚤蝼科（Tridactylidae sp.）为外群，采用 Neighbor Joining（NJ）法、Maximum Parsimony（MP）法和 Most likelihood（ML）法对蚱总科 5 科 13 属 26 种昆虫 563 bp 序列进行系统发育研究。序列分析结果表明：在获得的序列中，A+T 的平均含量为 63.8%，明显高于 G+C 的平均含量；保守性位点、变异性位点、自裔位点、简约性信息位点数分别为 265 个（47.1%）、298 个（53%）、26 个（4.6%）、272 个（48.3%）。系统发育分析表明：蚱总科构成了一个独立的单系群，蚱科、刺翼蚱科和短翼蚱科均不是单系类群；枝背蚱科是较原始的类群，蚱科的蚱属、微翅蚱属和突眼蚱属是较进化的类群，台蚱属在进化树中则较为原始；股沟蚱科、刺翼蚱科和短翼蚱科的系统进化关系还有待进一步研究；股沟蚱属、澳汉蚱属、驼背蚱属、刺翼蚱属、羊角蚱属、波蚱属和台蚱属是单系群，其中，澳汉蚱属和驼背蚱属形成姐妹群。研究结果为查明武陵山地区蚱总科昆虫多样性提供了数据。

关键词：蚱总科；系统发育；COI 基因序列；武陵山地区

Phylogenetic Analysis of Some Groups of Tetrigoidea in Wuling Mountain Region Based on COI Gene Sequences[*]

Teng Caili[1,2**]，Hu Chuanhao[1]，Xiong Zheduo[1]，Huang Xinglong[1]，Zhang Youxiang[1***]

(1. College of Biology and Environmrntal Sciences，Jishou University，Jishou 416000，China；

2. College of Life Sciences，Guangxi Normal University，Guilin 541000，China)

Abstract：In this study，we sequenced the mitochondrial COI gene of 11 specimens of 7 species of Tetrigoidea collected from Wuling mountain Region. Combined with the Tetrigoidea COI gene sequences in NCBI database，phylogenetic trees with Tridactylidae sp. as an outgroup were reconstruced by using Neighbor Joining（NJ），Maximum Parsimony（MP）and Most likelihood（ML）methods to reveal their phylogenetic relationship. The Tetrigoidea COI gene sequences（563 bp）used in the phylogenetic analysis were from 26 species in 13 genera of 5 families. The re-

---

* 基金项目：2020 年度国家级大学生创新训练项目"武陵山地区蚱类昆虫多样性调查"（S202010531001）

** 第一作者：滕彩丽，硕士研究生，主要从事昆虫分类学与系统学研究；E-mail：2645441801@ qq. com

*** 通信作者：张佑祥，副教授，主要从事昆虫多样性研究；E-mail：yxzhang12@ 126. com

sults of sequence analysis showed that the average content of base A+T（63.7%）was apparently higher than that of G+C. There were 265 conserved sites（47.1%）, 298 variable sites（53%）, 26 singleton sites（4.6%）and 272 parsimony informative sites（48.3%）. Phylogenetic analysis results indicated that Tetrigoidea is a independent monophyletic group. Tetrigidae, Scelimenidae and Metrodoridae are not monophyletic groups. Cladonotidae are the primitive groups. *Tetrix*, *Alulatettix* and *Ergatettix* of *Tetrigidae* are the most evolved groups, then *Formosatettix* is the primitive group. The phylogenetic relationships of the Batrachididae, Scelimenidae and Metrodoridae require further study. *Saussurella*, *Austrohancockia*, *Gibbotettix*, *Scelimena*, *Criotettix*, *Bolivaritettix* and *Formosatettix* are monophyletic groups, *Austrohancockia* and *Gibbotettix* are sister groups. The results provide data on the diversity of Tetrigoidea in Wuling Mountain region.

Key words：Tetrigoidea；Phylogeny；COI gene sequence；Wuling Mountain region

蚱总科（Tetrigoidea）隶属于昆虫纲直翅目，世界已知蚱总科昆虫 9 科 262 属 1 884 种，我国已知 7 科 57 属 780 种（邓维安，2016）。近年来，随着分子生物学技术的不断发展，基于核基因和线粒体基因序列的昆虫分子系统发生研究也日益增多。常用于蚱总科系统发育研究的分子标记有 COI、12S rRAN、16S rRNA、18S rRNA 和 28S rRNA 基因等。线粒体基因 COI 具有母系遗传、进化快、极少发生重组等特点，是昆虫分子系统发育研究中最常用线粒体基因标记之一（Hebert *et al.*，2003）。方宁等（2010）和林敏平等（2015）应用 COI 基因序列作为分子标记对蚱总科各科属的单系性和物种之间的亲缘关系远近进行了深入分析，认为蚱属不是单系类群。林立亮（2014）首次将 16S rRNA 和 18S rRNA 两种分子标记联合起来研究蚱总科的系统发育，提出蚱属、柯蚱属及悠背蚱属不是单系群。羊洁等（2017）通过 28S rRNA 基因序列对 19 种蚱总科昆虫采用不同的方法建树，建树结果基本一致，且与形态学分类相符。Chen 等（2018）通过 16S rRNA、18S rRNA 和 COI 基因序列探讨刺翼蚱科 9 属 24 种的系统发育关系，用最大似然法和贝叶斯法构建了系统发育树，分析了各属的单系性，提出郑蚱属和赫蚱属的系统发育关系还有待进一步的研究。黄超梅等（2022）利用 COI、16S rRNA 和 18S rRNA 基因对蚱总科部分种类进行分子系统发育分析，揭示了蚱总科属间和种间的进化关系，从形态分类学的角度分析了分子系统发育水平上不支持蚱总科现行的分类系统的主要原因。

武陵山地区跨湘鄂渝黔四省市，系中国第二阶梯向第三阶梯过渡的区域；区内自然条件优越，动植物资源十分丰富（龚双姣等，2006）。本研究以武陵山地区采集蚱类昆虫为研究对象，测定了 7 种蚱类昆虫 11 个标本的 COI 基因的部分序列，结合 NCBI 数据库中的蚱总科昆虫 COI 基因序列，以蚤蝼科（Tridactylidae sp.）为外群，构建系统发育树分析了武陵山区蚱类昆虫的系统发育关系。研究结果为武陵山地区蚱类昆虫分子系统发育研究提供了数据。

1　调查地概况

武陵山地区（106°56′E～111°49′E 和 27°10′N～31°28′N），亦称"武陵山区"，地处

华中腹地，系中国第二阶梯向第三阶梯过渡的区域，跨湘鄂渝黔四省市，总面积约17.5万 km²，含71个县（市），其中湖北省11个、重庆市7个、湖南省37个、贵州省16个（马友平等，2018）。该地区以山地为主，平均海拔约为1 000 m（李文瑞，2013），山系整体呈西南向东北延伸，顶平、坡陡、谷深，主要山峰包括梵净山、八大公山、壶瓶山等。区内为季风性湿润气候，年平均气温13.1～17.5℃，年均日照1 095～1 770 h，无霜期210～330 d，年降水量1 061～1 500 mm，水系发达，雨热同期，为蚱类昆虫的繁育提供了优越的环境条件（龚双姣等，2006）。

2 材料与方法

2.1 试验材料

供试材料为本课题组2021年在武陵山地区采集的蚱类昆虫标本，采集方法为网捕法。野外采集的蚱类昆虫立即放进装有无水乙醇的采集管。装有标本的采集管带回实验室后在4℃冰箱中保存。在体式显微镜（凤凰光学，江西）下观察蚱类昆虫外部形态，依据《中国蚱总科分类学研究》（邓维安，2016）、《滇桂地区蚱总科动物志》（邓维安等，2007）、《中国动物志·直翅目·蚱总科》（梁铬球等，1998）、《西南武陵山地区昆虫》（黄复生等，1993）等文献资料进行蚱类昆虫形态学分类鉴定。

2.2 基因组 DNA 提取

取采自武陵山地区7种蚱类昆虫的11号标本，用酒精灯灼烧后的镊子取标本一侧的中足或后足用于 DNA 提取。使用动物 DNA 快速抽提试剂盒（生工，上海）进行DNA 提取，操作步骤参考试剂盒说明书进行。提取的 DNA 立即用于 PCR 扩增或于－20℃条件下保存。

2.3 PCR 扩增及测序

本研究所用的蚱类昆虫 COI 基因序列扩增的上游引物为 TCOBU：5′-TYTCAA-CAAAYCAYAARGATATT-GG-3′，下游引物为 TCOBL：5′-TAAACTTCWGGRTGWC-CAAARAATCA-3′（林立亮，2014）。扩增体系总体积为25 μl，包含 PCR Mastermix（康为世纪，北京）12.5 μl，上下游引物各1 μl，DNA 模板1 μl，灭菌去离子水9.5 μl。反应程序：95℃预变性5 min；95℃变性45 s，56℃退火45 s，72℃延伸45 s，共35个循环；最后72℃延伸5 min。PCR 扩增产物经1%琼脂糖凝胶电泳检测无误后，委托生工生物工程（上海）股份有限公司进行测序。

2.4 序列分析

测序所得的序列在 BLAST 线上服务（https：//blast.ncbi.nlm.nih.gov/Blast.cgi）中进行同源比对，确定序列是否为蚱类昆虫线粒体基因组 COI 基因序列片段。采用 MEGA X 软件中的 MUSCLE 对包括外群 Tridactylidae sp. 在内的32条序列进行多重序列比对（表1），并进行手动对齐。结合 DAMBE 软件和 MEGA X 软件分析序列的转换数和颠换数比值（Ts/Tv）、碱基组成及位点信息等（张健等，2012；叶朵朵，2012）。以 Tridactylidae sp. COI 基因序列作为外群（林敏平等，2015），运用 MEGA X 软件构建系统发育树，对序列数据进行系统发育分析。

表 1　用于系统发育分析的蚱总科昆虫 COI 基因序列信息

科名	种名	序列来源*	标本采集地点**
股沟蚱科 Batrachididae	角股沟蚱 *Saussurella cornuta*	MT535549	
	加里曼丹股沟蚱 *Saussurella borneensis*	MT535548	
枝背蚱科 Cladonotidae	白瘤澳汉蚱 *Austrohancockia albitubercula*	MT535570	
	古田山澳汉蚱 *Austrohancockia gutianshanensis*	MT535571	
	凤阳山澳汉蚱 *Austrohancockia fengyangshanensis*	MT535572	
	广西驼背蚱 *Gibbotettix guangxiensis*	MT535568	
	壶瓶山驼背蚱 *Gibbotettix hupingshanensis*	MT535569	
	版纳云南蚱 *Yunnantettix bannaensis*	MT535564	
	黑胫拟后蚱 *Pseudepitettix nigritibis*	MT535567	
刺翼蚱科 Scelimenidae	广西刺翼蚱 *Scelimena guangxiensis*	MT535550	
	梅氏刺翼蚱 *Scelimena melli*	本研究 Self testing	湖南高望界 Gaowangjie，Hunan
	二刺羊角蚱 *Criotettix bispinosus*	EU414810	
	日本羊角蚱 *Criotettix japonicus*	OL664084	
短翼蚱科 Metrodoridae	尖翅狭顶蚱 *Systolederus spicupennis*	本研究 Self testing	湖南高望界 Gaowangjie，Hunan
	尖翅狭顶蚱 *Systolederus spicupennis*	本研究 Self testing	湖南古丈 Guzhang，Hunan
	宽顶波蚱 *Bolivaritettix lativertex*	本研究 Self testing	湖南高望界 Gaowangjie，Hunan
	圆肩波蚱 *Bolivaritettix circinihumerus*	本研究 Self testing	湖南高望界 Gaowangjie，Hunan
	圆肩波蚱 *Bolivaritettix circinihumerus*	本研究 Self testing	湖南石门 Shimen，Hunan
	锡金波蚱 *Bolivaritettix sikkinensis*	本研究 Self testing	湖南石门 Shimen，Hunan
	桂北波蚱 *Bolivaritettix guibeiensis*	FJ545408	
蚱科 Tetrigidae	波氏蚱 *Tetrix bolivari*	KU570189	
	细角蚱 *Tetrix tenuicornis*	GU706151	
	日本蚱 *Tetrix japonica*	本研究 Self testing	湖南古丈 Guzhang，Hunan
	日本蚱 *Tetrix japonica*	本研究 Self testing	湖南壶瓶山 Hupingshan，Hunan
	日本蚱 *Tetrix japonica*	本研究 Self testing	湖南桑植 Sangzhi，Hunan
	八面山微翅蚱 *Alulatettix bamianshanensis*	MT535556	
	云南台蚱 *Formosatettix yunnanensis*	MT535552	
	田林台蚱 *Formosatettix tianlinensis*	MT535553	湖南桑植 Sangzhi，Hunan
	突眼蚱 *Ergatettix dorsiferus*	本研究 Self testing	
	突眼蚱 *Ergatettix dorsiferus*	MH934127	
	齿股突眼蚱 *Ergatettix serrifemora*	MT535555	
蚤蝼科 Tridactylidae	蚤蝼新种 *Tridactylidae* sp.	KY839289	

注：*　"Self testing" 为自测序列，其余均从 NCBI 下载。

**　标本均采集于武陵山地区。

3　结果与分析

3.1　DNA 序列组成及其变异

自测蚱类序列结合 NCBI 数据库记录共 26 种蚱 31 条序列信息和 1 个外群的 COI 基因序列，结果显示，在 563 个比对位点中，保守性位点、变异性位点、自裔位点、简约性信息位点数分别为 262 个（45.8%）、310 个（54.2%）、28 个（4.9%）、282 个（49.3%）。碱基 A+T 的平均含量为 63.8%（A：31.0%；T：32.8%），显著高于 G+C 含量（C：19.8%；G：16.4%）。COI 部分基因片段 R 值（转换/颠换）的平均值为

1.0，其中第一位点 R 值为 2.2；第二位点的 R 值为 1.3；第三位点的 R 值为 0.8（表2）。

表2　用于系统发育分析的蚱总科物种 COI 基因碱基替换数

位点	转换数/颠换数（Ts/Tv）	碱基替换数														
		TT	TC	TA	TG	CT	CC	CA	CG	AT	AC	AA	AG	GT	GC	GA	GG
第一位点	2.2	30	6	2	1	6	26	1	0	2	1	57	4	1	0	3	47
第二位点	1.3	82	2	1	0	2	46	1	1	0	1	24	0	0	1	0	28
第三位点	0.8	32	12	15	2	14	8	7	1	14	6	59	6	2	1	7	2
平均值	1.0	144	20	17	3	22	80	9	2	17	8	139	10	3	2	11	77

3.2　碱基替换和系统发育信号

在 DAMBE 软件中进行饱和性检验，检测序列中是否包含所需的系统发育信息，判断系统发育树的构建有无意义。由图1可知，转换数 Ts 和颠换数 Tv 与遗传距离 Genetic distance 之间呈线性关系，说明序列中碱基的转换和颠换均未达到饱和，可用于系统发育分析。

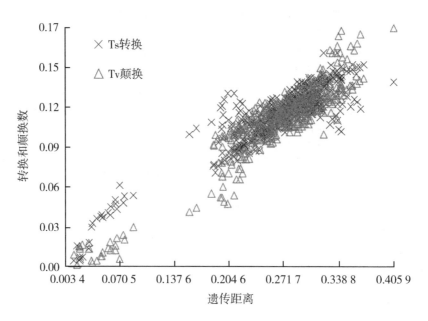

图1　蚱总科 COI 基因 563 bp 序列碱基替换饱和性分析

3.3　系统发育分析

以蝼蛄科 Tridactylidae sp. 为外群，分别构建 NJ 树、MP 树和 ML 树，3 种系统发育树的结果如图2至图4。所有建树方法均在 MEGA X 软件中操作，邻接法建树使用 K2P 模型，自举值为1 000，空位删除选择 pairwise deletion（曾繁旭，2014）。最大似然法建树采用 MEGA X 软件中的 Models 最优模型 TN93+G+I，重复自举检测1 000次。

由图 2 至图 4 可以看出，3 种系统发育树中，所有蚱总科的物种都聚在了一起，与外群 Tridactylidae sp. 明显分开，故建树结果都支持蚱总科的单系性。股沟蚱科的 2 种股沟蚱在 NJ 树、MP 树和 ML 树中均聚为一支，Boostrap 支持率均大于 99%，说明二者亲缘关系较近。枝背蚱科澳汉蚱属的 3 种澳汉蚱（白瘤澳汉蚱 Austrohancockia albitubercula、古田山澳汉蚱 Austrohancockia gutianshanensis、凤阳山澳汉蚱 Austrohancockia fengyangshanensis）在 3 种树中均聚在一起，然后以较高的自举值与驼背蚱属的 2 种驼背蚱（广西驼背蚱 Gibbotettix guangxiensis、壶瓶山驼背蚱 Gibbotettix hupingshanensis）形成的分支聚集在一起形成姐妹群；拟后蚱属的黑胫拟后蚱 Pseudepitettix nigritibis 和版纳云南蚱 Yunnantettix bannaensis 在 NJ 树、MP 树和 ML 树中均以大于 99% 的置信值聚为一支。刺翼蚱科刺翼蚱属的梅氏刺翼蚱 Scelimena melli 和广西刺翼蚱 Scelimena guangxiensis 在 3 种树中以大于 99% 的自举值聚为一支；羊角蚱属的二刺羊角蚱 Criotettix bispinosus 和日本羊角蚱 Criotettix japonicus 在 3 种树中以大于 99% 的自举值聚为一支。短翼蚱科波蚱属的 5 种波蚱在 3 种树中均聚为一支，其中锡金波蚱 Bolivaritettix sikkinensis 和桂北波蚱 Bolivaritettix guibeiensis 在 NJ 树、MP 树和 ML 树中均以大于 99% 的自举值聚为一支，而圆肩波蚱 Bolivaritettix circinihumerus 的 2 个不同地理种群个体与宽顶波蚱 Bolivaritettix lativertex 聚在一起；狭顶蚱属尖翅狭顶蚱 Systolederus spicupennis 的 2 个不同地理种群个体在 3 种树中以大于 99% 的自举值聚为一支。蚱科蚱属的波氏蚱 Tetrix bolivari 和细角蚱 Tetrix tenuicornis 在 3 种树中以较高的自举值聚为一支，然后与 3 个不同地理种群的日本蚱 Tetrix japonica 和八面山微翅蚱 Alulatettix bamianshanensis 聚在一起；突眼蚱属的 2 个突眼蚱 Ergatettix dorsiferus 个体在 3 种树中以大于 99% 的自举值聚在一起，但齿股突眼蚱 Ergatettix serrifemora 在 NJ 树和 MP 树中与刺翼蚱科羊角蚱属的 2 种羊角蚱聚在一起，在 ML 树中则与短翼蚱科的狭顶蚱属聚在一起；台蚱属的云南台蚱 Formosatettix yunnanensis 和田林台蚱 Formosatettix tianlinensis 在 NJ 树和 MP 树中与短翼蚱科狭顶蚱属的 2 个尖翅狭顶蚱 Systolederus spicupennis 个体聚在一起形成姐妹群，在 ML 树中与刺翼蚱科刺翼蚱属的 2 种刺翼蚱聚为一支形成姐妹群。

4 讨论与结论

武陵山地区被列为具有全球意义的我国生物多样性集中分布的区域之一（李文瑞，2013），该区优越的生态环境和温暖湿润的气候为蚱类昆虫提供了良好的栖息场所，蚱类昆虫资源也较为丰富。以 COI 基因作为分子标记构建的 NJ 树、ML 树和 MP 树都支持蚱总科的单系性，这与以前学者研究蚱总科系统发育时用 16S rRNA、18S rRNA 和 28S rRNA 作为分子标记的结论一致（陈爱辉，2005；姚艳萍，2008；Li et al.，2021；Lin et al.，2017）。在科的水平上，股沟蚱科 Batrachididae 和枝背蚱科 Cladonotidae 大多数情况下聚在系统进化树的底部，说明这两科在蚱总科的进化中较原始，股沟蚱科 Batrachididae 的 2 种股沟蚱在 3 种树中均聚为一支，与形态学分类结果相符。枝背蚱科 Cladonotidae 的澳汉蚱属和驼背蚱属的各物种在 3 种树中均聚在一起形成姐妹群，说明两者亲缘关系较近，但在 3 种树中均不与拟后蚱属和云南蚱属形成的一支聚在一起，说明进

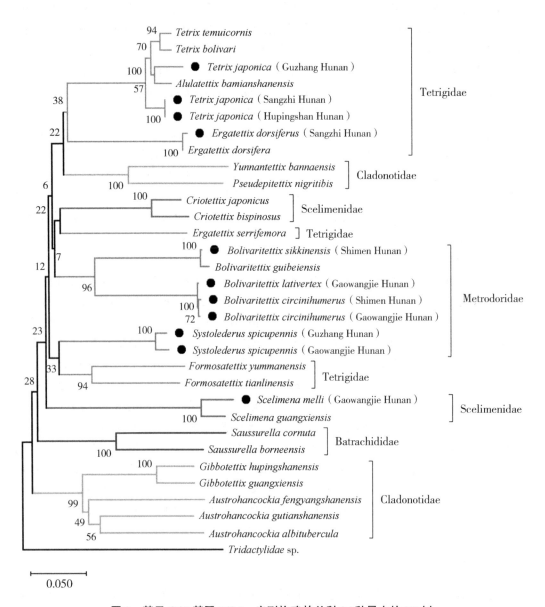

图 2　基于 COI 基因 563 bp 序列构建蚱总科 26 种昆虫的 NJ 树

化树不支持枝背蚱科的单系性，这与林敏平等（2015）的研究结果一致。澳汉蚱属和驼背蚱属内的种在 3 种树中均聚在一起，说明澳汉蚱属和驼背蚱属为单系类群，而拟后蚱属和云南蚱属由于物种序列有限，NCBI 除了本研究选取的 2 条序列无其他记录，所以并不能对其单系性进行进一步分析。刺翼蚱科 Scelimenidae 的刺翼蚱属和羊角蚱属在各树中均未聚在一起，说明 NJ 树、MP 树和 ML 树均不支持刺翼蚱科的单系性，但各属内的种均聚为一支，说明刺翼蚱属和羊角蚱属为单系类群。短翼蚱科 Metrodoridae 的狭顶蚱属和波蚱属在 MP 树和 ML 树中未能聚为一支，故短翼蚱科的单系性得不到支持，但波蚱属的 4 种波蚱在 3 种树中均聚为一支，是一单系类群。蚱科 Tetrigidae 的台蚱属

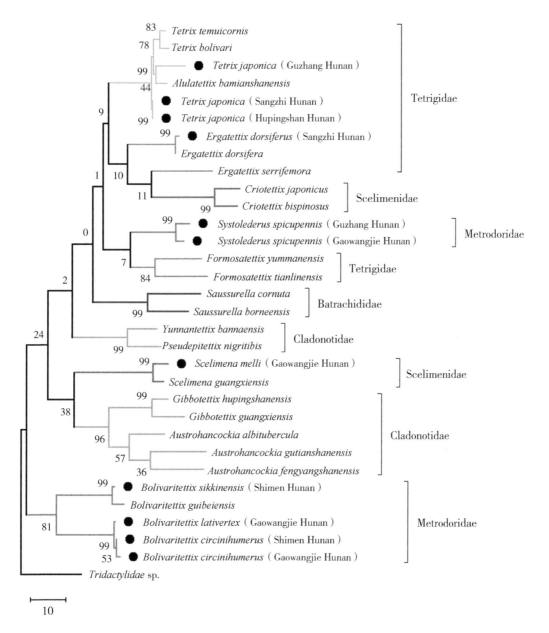

图 3 基于 COI 基因 563 bp 序列构建蚱总科 26 种昆虫的 MP 树

在 3 种树中未能和其他属聚在一起，说明蚱科不是单系类群，蚱科的蚱属、微翅蚱属和突眼蚱属所有物种在 NJ 树、MP 树和 ML 树中均位于系统发育树的最顶端，说明蚱科的部分属，而台蚱属在进化树中则较为原始。突眼蚱属内的齿股突眼蚱未能跟突眼蚱聚为一支，说明突眼蚱属不是单系类群。

综上所述，蚱总科构成了一个独立的单系群，蚱科、刺翼蚱科和短翼蚱科的单系性均未得到支持。NJ 法和 ML 法支持枝背蚱科是较原始的类群；蚱科的蚱属、微翅蚱属

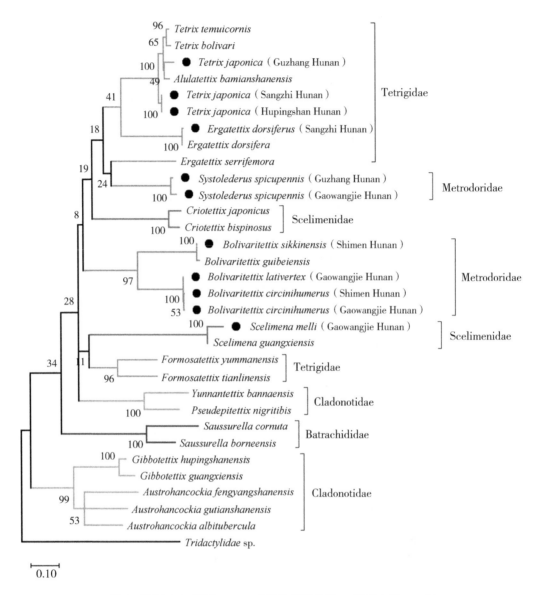

图 4 基于 COI 基因 563 bp 序列构建蚱总科 26 种昆虫的 ML 树

和突眼蚱属是较进化的类群，台蚱属在进化树中则较为原始；刺翼蚱科、股沟蚱科和短翼蚱科的系统进化关系还有待进一步研究。股沟蚱属、澳汉蚱属、驼背蚱属、刺翼蚱属、羊角蚱属、波蚱属和台蚱属是单系类群，其中，澳汉蚱属和驼背蚱属形成姐妹群。

参考文献

陈爱辉，2005. 中国蚱总科昆虫的系统关系研究［D］. 南京：南京师范大学.

邓维安，2016. 中国蚱总科分类学研究［D］. 武汉：华中农业大学.

邓维安，郑哲民，韦仕珍，2007. 滇桂地区蚱总科动物志［M］. 南宁：广西科学技术出版社.

方宁，轩文娟，张妍妍，等，2010. 应用 COI 基因序列探讨中国蚱总科四亚科部分物种的系统发生关系 [J]. 动物分类学报，35（4）：696-702.

方响亮，彭琴，伊剑锋，等，2014. 摇蚊基因组 DNA 的提取方法研究 [J]. 湖北民族学院学报（自然科学版），32（2）：183-187.

龚双姣，陈功锡，2006. 武陵山地区珍稀濒危植物及其保护利用 [J]. 广西植物（3）：242-248.

黄复生，1993. 西南武陵山地区昆虫 [M]. 北京：科学出版社.

黄超梅，邓维安，张荣娇，等，2022. 基于 COI、16S rRNA & 18S rRNA 基因的蚱亚科部分种类分子系统发育分析 [J]. 基因组学与应用生物学，41（5）：970-980.

林敏平，李晓东，韦仕珍，等，2015. 蚱总科昆虫部分类群线粒体 COI 基因序列与系统发育关系 [J]. 华中农业大学学报，34（6）：40-48.

林立亮，2014. 三种蚱总科昆虫线粒体基因组分析及系统发育关系研究 [D]. 西安：陕西师范大学.

李文瑞，2013. 生物多样性研究热点与武陵山区生物多样性调查策略 [J]. 中央民族大学学报（自然科学版），22（4）：34-38.

梁铬球，郑哲民，1998. 中国动物志：昆虫纲. 第十二卷 直翅目 蚱总科 [M]. 北京：科学出版社.

马友平，谭世明，吕宗耀，等，2018. 武陵山片区县域经济的空间差异分析 [J]. 测绘科学，43（3）：58-64，70.

羊洁，2017. 三种蚱总科昆虫线粒体基因组测序及蝗亚目线粒体基因组的比较分析 [D]. 西安：陕西师范大学.

叶朵朵，2012. 臭蚁亚科七属分子系统学研究（膜翅目：蚁科）[D]. 桂林：广西师范大学.

姚艳萍，2008. 中国蚱总科部分种类 16S rRNA 和 18S rRNA 基因序列的分子进化与系统学研究 [D]. 西安：陕西师范大学.

张健，张晓军，任炳忠，2012. 基于 28S rDNA 基因的天牛科部分种类的分子系统发育 [J]. 林业科学，48（10）：86-94.

曾繁旭，2014. 多烯大环内酯类抗生素生物合成基因的系统发育分析 [D]. 天津：天津大学.

Chen Y Z，Deng W A，Wang J M，*et al.*，2018. Phylogenetic relationships of *Scelimeninae genera*（Orthoptera：Tetrigoidea）based on COI, 16S rRNA and 18S rRNA gene sequences [J]. Zootaxa, 4482（2）：392-400.

Hebert P，Cywinska A，Ball S L，*et al.*，2003. Biological identifications through DNA barcodes. Proc R Soc Lond Ser B Biol Sci [J]. Proceedings of the Royal Society B：Biological Sciences, 270：S96-S99.

Li R，Ying X，Deng W，*et al.*，2021. Mitochondrial genomes of eight *Scelimeninae species*（Orthoptera）and their phylogenetic implications within Tetrigoidea [J]. PeerJ, 9（2）：e10523.

Lin L L，Li X J，Zhang H L，*et al.*，2017. Mitochondrial genomes of three Tetrigoidea species and phylogeny of Tetrigoidea [J]. PeerJ, 5（11）：e4002.

远程监测九峰松树病死树发生规律初探*

徐小文[1]**，王义勋[1]，王　怡[1]，陈　亮[2]，查玉平[1]，周席华[2]***

（1. 湖北省林业科学研究院，武汉　430075；

2. 湖北省林业有害生物防治检疫总站，武汉　430079）

摘　要：为摸清松材线虫病死树发生规律，本研究采用远程监测的方法分析了近年来九峰地区的枯死树变化情况，对感病松树的发生位置、发生数量及外观特征变化进行了分析。结果表明：①九峰地区的感病松树多发生在马驿峰和宝盖峰；②感病松树的显症时期多为夏秋两季；③感病松树被初次观测到的外观症状多表现为多数针叶变黄，植株开始萎蔫。

关键词：松材线虫病；远程监测；发生规律

A Preliminary Study on the Occurrence Pattern of Diseased Pine Trees in Jiufeng Monitored Remotely*

Xu Xiaowen[1]**，Wang Yixun[1]，Wang Yi[1]，Chen Liang[2]，Zha Yuping[1]，Zhou Xihua[2]***

（1. *Hubei Academy of Forestry*，*Wuhan* 430075，*China*；2. *Hubei Forestry Pest Control and Quarantine Station Wuhan* 430079，*China*）

Abstract：In order to understand the occurrence pattern of dead pine nematode trees，this study analyzed the changes of dead trees in Jiufeng area in the past two years by remote monitoring，and analyzed the location，number and appearance characteristics of disease–susceptible pine trees. The results showed that：①most of the susceptible pine trees in Jiufeng area occurred in Mayi Peak and Baogai Peak；②most of the susceptible pine trees showed symptoms in summer and autumn；③most of the susceptible pine trees showed yellowing of most of the needles and wilting of the plants when they were first observed.

Key words：Pine Wilt Disease；Remote monitoring；Occurrence pattern

松材线虫（*Bursaphelenchus xylophilus*）引起的松材线虫病（Pine wilt disease）是世界上最具危险的毁灭性森林病害（Dropkin *et al.*，1981；Yoshimura *et al.*，1999）。该病害具有致死率高、传播蔓延快等特点，严重破坏我国的松林资源、自然景观和生态环境，每年造成严重的经济和生态损失。据不完全统计，自1982年首次在南京中山陵发现后，该病已蔓延至我国18个省、市、自治区，总发生面积超66万 hm^2，造成的直接经济损失和生态服务价值损失上千亿元，在我国各类森林生物病害中排名第一（高瑞

　＊ 基金项目：松材线虫病疫木熏蒸除害药剂试验与示范研究（〔2023〕LYKJ01）

　＊＊ 第一作者：徐小文，助理研究员，主要从事森林病虫害防治和研究工作

　＊＊＊ 通信作者：周席华，正高级工程师，主要从事森林病虫害防治和研究工作

贺等，2013）。

松材线虫病的致病过程与多种因子密切相关，包括致病性的松材线虫、媒介昆虫、寄主松树、与松材线虫相关的细菌、真菌和环境因子等（Xue *et al.*，2019）。其致病机理也有多种假说，但学者普遍认同的是松材线虫通过媒介昆虫松褐天牛（*Monochamus alternatus*）取食进入松树木质部寄生，大量繁殖导致树脂道导管阻塞、植株失水，最终干枯死亡，并以感病松树为疫点向周围辐射蔓延（理永霞等，2018）。受不良天气、物流频繁加大了切断人为传播途径的难度以及松材线虫病控制难度大等原因的影响，松材线虫病近年来愈发严重，形势十分严峻。因此及时、准确、高效地对松材线虫病预警监测，对于尽早切断传染源，判断疫情发展阶段，制定针对性的应对措施、遏制疫情扩散蔓延具有重要意义。

为了摸清松材线虫病死树发生规律，将现有的森林防火监测平台和人工调查有机结合起来，充分发挥其功能，建立更加高效、准确的松材线虫病预警监测方法。本研究拟利用湖北省林业科学研究院森林火灾监测网络平台，定期监测九峰地区的松树枯死情况，并将每棵枯死树精准定位，所采集的数据用于探索松材线虫病的时空变化规律，以期为松材线虫病的早期诊断和防治提供理论依据。

1 材料与方法

1.1 区域概况

试验区设在湖北省武汉市东湖高新区内的九峰地区，114°7′E~114°38′E，30°28′N~30°42′N，属亚热带季风气候，全年平均气温16.3℃。

1.2 数据调查与分析

利用湖北省林业科学研究院森林火灾监测网络平台，在平台探头监测范围内，每月上旬和下旬分别对九峰地区的松树进行观测，统计松树病死树木并拍照保存。同时根据照片赴实地找到相应的枯死松树，获取其GPS信息。

2 结果与分析

2.1 湖北省林业科学研究院森林火灾监测网络平台探头范围概况

森林火灾监测网络平台的监测范围是图1所展示的橙色区域。该网络平台在地面建设有2个高点云台，云台上配置了可见光/热成像摄像机，能够对附近的森林资源进行全景高清视频监视。

九峰国家森林公园位于武汉市东郊，占地面积330 hm²。九峰地区的森林覆盖率达85%以上，山林主要树种为马尾松，占整个山林树种的75%。马尾松是松材线虫病的最主要感染寄主，为了明确九峰地区松材线虫病枯死树的动态时空变化规律，本研究利用森林火灾监测网络平台的2个云台探头对松林开展定期监测。从图1可以看出，探头的监测范围主要包括马驿峰北面、宝盖峰、狮子峰、黄柏峰、石门峰、九峰花园、寿安陵园、九峰动物园等。

2.2 2021年每月感病松树调查统计

2021年3月底将九峰森林火灾监测网络平台监测范围内的上一年度枯死树清理干净

后，自4月开始，每月的上旬和下旬分别观测一次松树枯死树情况，详细的统计情况如图2所示。4—11月共计观测到39棵发红或枯死的松树，每月最少新增2棵枯死松树。

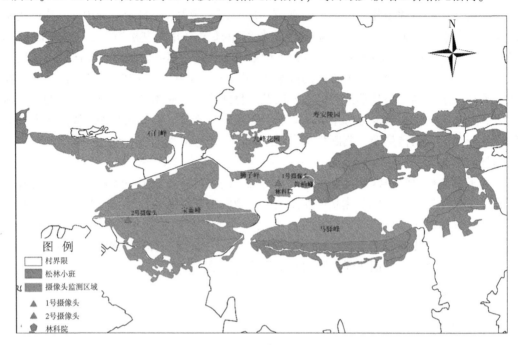

图1　湖北省林业科学研究院森林火灾监测网络平台探头范围

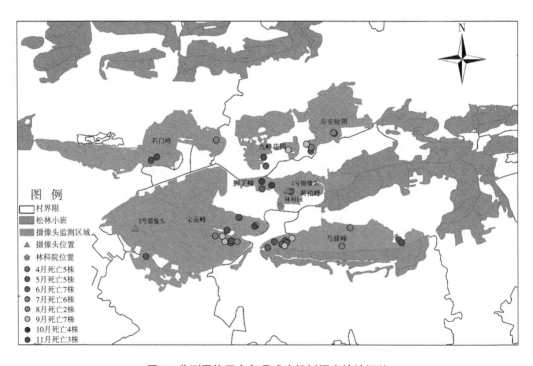

图2　监测网络平台每月感病松树调查统计汇总

图 3 展示了 2021 年 4—11 月观测到的 39 棵感病松树的地理分布。从图中可以看出感病松树多集中在马驿峰和宝盖峰。其他山峰属于零星分布。

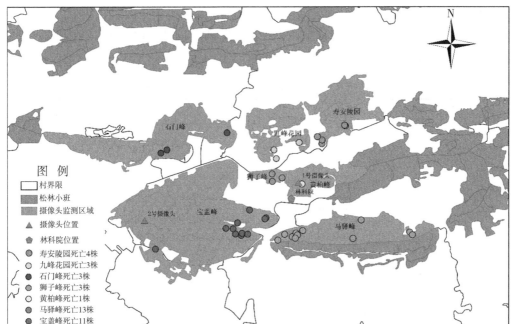

图 3 监测网络平台感病松树分布区域调查统计汇总

为了便于研究枯死松树的变化规律，笔者人为制定了松树外观症状变化情况调查分级标准：0 级，外观健康松树；1 级，单个侧枝枯死；2 级，多数针叶变黄，植株开始萎蔫；3 级，整个树冠部针叶变褐色，全株枯死。根据此分级标准，2021 年 4—11 月枯死树初次观测外观症状分级情况如表 1 所示。

表 1 2021 年枯死树初次发现外观症状分级情况统计

级别	分级标准	数量（棵）
1	单个侧枝枯死	7
2	多数针叶变黄，植株开始萎蔫	20
3	整个树冠部针叶变褐色，全株枯死	12

从表 1 可以看出，这 39 棵观测到的发红或枯死的松树中，属于 1 级的占比 17.95%，属于 2 级的占比 51.28%，属于 3 级的占比 30.77%。多数针叶明显变黄，植株开始萎蔫是监测网络平台探头观测到的松树的主要群体。

4—11 月，不同月份观测到的松树初始分级情况也有明显差异，如表 2 所示。从表 2 可以看出，在春季观测到的发红松树其外观症状多属于 1 级，夏季开始，观测到的松树多为 2 级或 3 级。由此可以推测，松材线虫病在松树上的显症期多为夏秋两季。

2.3 与 2020 年度同期数据对比分析

2020 年，自 8 月开始至 12 月为止，作者同样利用九峰森林火灾监测网络平台对探头可视范围内的感病松树进行了定期监测。其数据整理如表 3 所示。从表中可以看出 8—12 月，每个月的新增感病松树数量都较多，尤其是 11 月和 12 月，单月新增数量超 8 棵。5 个月的感病松树观测量总计为 33 棵。

表 2　2021 年不同月份观测松树初始分级情况统计

月份	1 级	2 级	3 级
4	3	2	0
5	1	4	0
6	0	5	2
7	0	2	4
8	1	0	1
9	3	1	3
10	0	2	2
11	0	3	0

表 3　2020 年不同月份观测感病松树新增数量统计

月份	新增感病松树数量（棵）
8	7
9	5
10	4
11	8
12	9

3　结论与讨论

对松材线虫病的精准监测是防治该病害的基础，只有做好松材线虫病的监测工作，才能制定更加科学有效的防治手段。目前，对于松材线虫病的监测仍然多采用人工踏查的方式，但由于其受地势条件、耗时、耗人力等因素的影响，此方式效率较低。因此建立更加高效、准确的松材线虫病监测方法迫在眉睫。本研究依托九峰森林火灾监测网络平台对探头监测范围内的松林进行定期监测，为远程监测九峰松树病死树发生规律奠定了基础。通过该方法明确了松树感病显症高发季为夏秋两季，这 2 个季节的感病松树多表现为多数针叶变黄，植株开始萎蔫。此外，通过探头观测发现感病松树从表现为针叶发黄，单个侧枝枯黄到整株枯死最短为 14 d（图 4）。

2020 年和 2021 年的观测数据都显示感病松树多发地为马驿峰和宝盖峰，究其原因作者认为主要是由于这两个山峰的松树占比高，松树密度大，是松材线虫病的易感区。

通过对比 2021 年和 2022 年观测地区的实际砍伐枯死树数量发现，与观测到的几十棵松树相比，实际砍伐量远高于观测数据。推测造成二者数据不一致的原因主要有以下几点：第一，森林防火监测探头存在监测盲区，不能完全覆盖整个九峰地区；第二，山中存在松树叶子脱落严重、松树矮小及被其他乔木遮挡的情况，这些情况下的枯死松树都很难从探头观测到；第三，由于天然地理因素的关系，松树呈丛状分布，加上探头本身的精度问题，造成难以监测完全的现象。但可以肯定的是，清理枯死树显著降低了下一年的病害发生率，2021 年枯死松树实际砍伐量显著少于 2020 年。

图 4　同一棵感病松树不同时间段拍照对比（右图发病植株树冠明显变褐）

参考文献

高瑞贺，黄瑞芬，石娟，等，2013. 松材线虫入侵对三峡库区典型松林生态系统的影响［C］. 中国林业学术大会论文集 .

理永霞，张星耀，2018. 松材线虫病致病机理研究进展［J］. 环境昆虫学报，40（2）：231-241.

Dropkin V H, Foudin A S, Kondo E, *et al.*, 1981. Pine wood nematode：a threat to US forest？
［J］. Plant Disease，65：1022-1027.

Xue Q, Xiang Y, Wu X, *et al.*, 2019. Bacterial communities and virulence associated with pine wood
nematode *Bursaphelenchus xylophilus* from different *Pinus* spp. ［J］. International Journal of Molecular
Sciences，20（13）.

Yoshimura A, Kawasaki K, Takasu F, *et al.*, 1999. Modeling the spread of pine wilt disease caused by
nematodes with pine sawyers as vector［J］. Ecology，80：1691-1702.

2022 年洛阳市甘薯病虫害发生情况调查报告*

韩瑞华**，段爱菊，王淑枝，王利霞，张向月，杨欣欣，张自启***

（洛阳市农林科学院，洛阳　471023）

摘　要：为了掌握洛阳市甘薯病虫害的发生种类和为害程度，笔者于 2022 年 4—9 月在全市 7 个县区部分甘薯田及苗床病虫害发生为害情况进行了系统调查。结果表明：甘薯育苗床 SPVD 病毒苗普遍发生，个别苗床病毒苗发生严重；甘薯麦蛾普遍发生，但发生较轻；甘薯白锈病、甘薯烦夜蛾在局部田块发生严重，有可能成为未来洛阳市甘薯种植区潜在病虫害；在甘薯种植区 SPVD 病毒苗普遍发生，但发生株数较少，个别田块病毒株较严重。其余病虫害（甜菜夜蛾、斜纹夜蛾、蓟马、烟粉虱、甘薯天蛾等）均有发生，但为害较轻。

关键词：甘薯；病虫害；发生情况；调查报告；洛阳市

甘薯 [*Dioscorea esculenta*（Lour.）Burkill] 是薯蓣科薯蓣属缠绕草质藤本植物。中国是世界上最大的甘薯生产国，常年甘薯种植面积为 7 500 万~8 000 万亩，占中国耕地总面积的 4.2%，中国甘薯产业占世界 60% 左右的种植面积，收获了占世界总产 80% 左右的产量。甘薯在中国分布很广，以淮海平原、长江流域和东南沿海各地最多，种植面积较大的有四川、河南、山东、重庆、广东、安徽等地。

河南省甘薯种植历史悠久，是北方薯区重要的甘薯种植省份，生产区域主要集中在南阳、洛阳、周口、许昌、开封、商丘、驻马店等地，年种植面积 600 万亩左右，平均亩产约 2 000 kg，总产约 1 200 万 t，位居全国第三位，是河南省主要的秋粮作物之一。

近年来，洛阳市把特色农业产业扶贫作为打赢脱贫攻坚的主战场，培育出了小麦、玉米、甘薯、马铃薯、西甜瓜、番茄、辣椒等一系列优良品种，甘薯种植面积 60 万亩左右，主要集中在汝阳、宜阳、伊川、洛宁、孟津等县，2016 年，汝阳红薯获国家农产品地理标志登记保护，2018 年成功创建国家级农产品地理标志示范样板。

甘薯在生长过程中，极易受到各类病虫害的侵扰，如果防治不及时或防治不当，极易导致甘薯生长受阻，产量减少，而这对于甘薯种植效益的提高是极为不易的。为了提高甘薯种植效益，必须根据甘薯病虫害发生情况，采取有效措施加以防治。笔者就甘薯各个生育期的病虫害发生情况进行调查，以期为洛阳市甘薯病虫害的科学防控提供参考。

---

* 基金项目：国家甘薯产业技术体系建设专项（CARS-10-B13）；洛阳市乡村振兴公益专项（2202023A）

** 第一作者：韩瑞华，助理研究员，主要从事农作物病虫害的防治研究与技术推广；E-mail：ruihuahan@126.com

*** 通信作者：张自启，副研究员，主要从事农作物病虫害的防治研究；E-mail：lynkyzzq@126.com

1 调查方法

洛阳市早春气温较低，应用苗床加温育苗，剪苗栽插于大田，或剪苗插植于采苗圃繁殖后，再从采苗圃剪苗栽插于大田，可提高产量。汝阳、伊川、洛宁、宜阳、新安等县，以春薯种植为主，品种类型以高淀粉型或鲜食型品种为主。

在整个生长过程中，地上部分和地下部分不同器官的生长，在一定时期内有主次先后之分，根据生长的不同特点，一般把甘薯的生长划分为 4 个时期：返青期、分枝结薯期、茎叶生长期、薯块迅速膨大期。

1.1 甘薯育苗圃病虫害调查方法

甘薯育苗圃，对薯苗进行病虫害调查。调查方法：目测病虫害情况，随机 5 点取样，每点调查 1 m²，记录病虫害的发生率。

1.2 甘薯生长期调查方法

甘薯返青期、分枝结薯期、茎叶盛长期、薯块迅速膨大期病虫害调查方法：田块面积 5 亩以上，目测病虫害发生情况，随机 5 点取样，每点调查 5 m²，记录病虫害的发生情况。

2 结果与分析

2.1 甘薯育苗圃病虫害

甘薯育苗圃病虫害调查有 4 个地块，分布在洛阳市的汝阳县柏树乡和三屯镇、宜阳县张坞镇、新安县五头镇，地块面积达 150 多亩，品种有商薯 19、普薯 32、烟薯 25、洛薯 13，病虫害主要以病毒病为主，发生率仅有一个点低于 1.00%，每平方米最高发生率7.00%；虫害调查时未发现（表1）。

表 1 甘薯育苗圃病虫害调查

日期	地点	地块编号	地块面积（亩）	种植品种	病毒病	每平方米发生率（%）
4 月 9 日	汝阳县柏树乡枣林村	1	10	普薯 32	有	5.00
		2	20	商薯 19	有	1.00
				普薯 32	有	1.00
4 月 14 日	宜阳县张坞镇王岳村	1	2	商薯 19	有	>1.00
	新安县五头镇庙上村	1	100	商薯 19	有	7.00
				普薯 32	有	6.00
				烟薯 25	有	4.00
5 月 1 日	汝阳县三屯镇王屯村	1	25	商薯 19	有	3.00
				普薯 32	有	1.00
				洛薯 13	有	1.50

2.2 甘薯发根还苗返青期

甘薯缓苗返青期病虫害调查有 1 个地块，地块在汝阳县柏树乡，地块面积 20 亩，品种是商薯 19，病虫害主要有病毒病和蓟马（表2）。

表2 甘薯缓苗返青期病虫害调查

日期	地点	地块面积（亩）	种植品种	病毒病	每平方米发生率（%）	蓟马
6月15日	汝阳县柏树乡枣林村	20	商薯19	有	1.50	有

2.3 甘薯分枝结薯期病虫害

甘薯分枝结薯期病虫害调查有 5 个地块，分布在嵩县陆浑镇和伊川县鸣皋镇、高山镇、鸦岭镇，地块面积 60 亩，病虫害主要有病毒病、细菌性穿孔病、蓟马、烟粉虱、白锈病、小花蝽、甘薯天蛾、甘薯麦蛾，但发生量均不严重。个别田块病毒病和白锈病发生较严重（表3）。

表3 甘薯分枝结薯期病虫害调查统计

日期	地点	地块编号	地块面积（亩）	病毒病	细菌性穿孔病	蓟马	烟粉虱	白锈病	小花蝽	甘薯天蛾	甘薯麦蛾	蜡龟甲	尖头蝗	甜菜夜蛾	烦夜蛾	棉铃虫	叶蝉	赤须盲蝽	造桥虫	斜纹夜蛾	黏虫
7月26日	嵩县陆浑镇席岭村	1	10	有	有	有	无	无	无	无	无	无	无	无	无	无	无	无	无	无	无
	嵩县陆浑镇席岭村	2	10	无	无	无	无	无	无	无	无	无	无	无	无	无	无	无	无	无	无
	伊川县鸣皋镇杨海山村	1	10	有	有	有	无	无	无	无	无	无	无	无	无	无	无	无	无	无	无
	伊川县高山镇坡头寨村	1	10	有	有	有	无	无	无	无	无	无	无	无	无	无	无	无	无	无	无
	伊川县鸦岭镇亓岭村	1	20	无	无	无	无	有	有	有	无	无	无	无	无	无	无	无	无	无	无

2.4 甘薯茎叶盛长期病虫害

甘薯茎叶盛长期病虫害调查有 7 个地块，分布在新安县仓头镇、五头镇、磁涧镇、南李村镇和宜阳县石陵乡、盐镇乡，地块面积 45 亩，病虫害主要有病毒病、烟粉虱、甘薯麦蛾、尖头蝗、甜菜夜蛾（表4）。

表 4　甘薯茎叶盛长期病虫害调查数据

日期	地点	地块编号	地块面积(亩)	病毒病	细菌性穿孔病	蓟马	烟粉虱	白锈病	小花蝽	甘薯天蛾	甘薯麦蛾	蜡龟甲	尖头蝗	甜菜夜蛾	烦夜蛾	棉铃虫	叶蝉	赤须盲蝽	造桥虫	斜纹夜蛾	黏虫
8月24日	新安县仓头镇小庄村	1	10	无	无	无	有	无	无	无	有	无	无	无	无	无	无	无	无	无	无
	新安县五头镇庙上村	2	5	有	无	无	有	无	无	无	有	无	无	无	无	无	无	无	无	无	无
	新安县仓头镇孙都村	3	5	无	无	无	有	无	无	无	有	无	无	无	无	无	无	无	无	无	无
	新安县磁涧镇申洼村	4	5	无	无	无	有	无	无	无	有	无	无	无	无	无	无	无	无	无	无
	新安县南李村镇赵峪村	5	5	无	无	无	有	无	无	无	有	无	无	无	无	无	无	无	无	无	无
	宜阳县石陵乡张沟村	1	5	有	无	无	有	无	无	无	有	无	无	无	无	无	无	无	无	无	无
	宜阳县盐镇乡克村	2	10	有	无	无	有	无	无	无	有	无	无	无	无	无	无	无	无	无	无

2.5　甘薯薯块迅速膨大期病虫害

甘薯薯块迅速膨大期病虫害调查有 5 个地块，分布在偃师区高龙镇、孟津区西霞院、汝阳县柏树乡、洛宁县小界乡和伊川县鸦岭乡，地块面积 275 亩，病虫害主要有病毒病、甘薯麦蛾、蓟马、烟粉虱、白锈病、甘薯天蛾、蜡龟甲、尖头蝗、甜菜夜蛾、烦夜蛾、棉铃虫、叶蝉、赤须盲蝽、造桥虫、斜纹夜蛾、黏虫。偃师区高龙镇和孟津区西霞院这 2 个点发现烦夜蛾，每平方米发生率可达 30.00%（表5）。

表 5　甘薯薯块迅速膨大期病虫害调查数据

日期	地点	地块编号	地块面积(亩)	病毒病	细菌性穿孔病	蓟马	烟粉虱	白锈病	小花蝽	甘薯天蛾	甘薯麦蛾	蜡龟甲	尖头蝗	甜菜夜蛾	烦夜蛾	棉铃虫	叶蝉	赤须盲蝽	造桥虫	斜纹夜蛾	黏虫
9月2日	偃师区高龙镇姬桥村	1	200	无	无	无	无	无	有	无	无	有	无	有	有	有	有	有	有	无	无
9月6日	孟津区西霞院	1	5	无	无	无	无	无	无	无	无	无	无	有	有	无	无	无	有	有	有

（续表）

日期	地点	地块编号	地块面积（亩）	病毒病	细菌性穿孔病	蓟马	烟粉虱	白锈病	小花蝽	甘薯天蛾	甘薯麦蛾	蜡龟甲	尖头蝗	甜菜夜蛾	烦夜蛾	棉铃虫	叶蝉	赤须盲蝽	造桥虫	斜纹夜蛾	黏虫
9月14日	汝阳县柏树乡窑沟村	1	10	有	无	无	无	有	无	有	无	无	有	无	无	无	无	无	无	无	无
9月23日	洛宁县小界乡梅窑村	1	50	无	无	无	无	有	无	有	无	无	无	无	无	无	无	无	无	无	无
9月30日	伊川县鸦岭乡张庄村	1	10	有	无	无	有	无	无	有	无	无	无	无	无	无	无	无	无	无	无

3 结论和讨论

本文对洛阳市部分县区的甘薯薯区在甘薯生长的全生育期各种病虫害的发生情况进行了调查和总结。在甘薯育苗期，苗床病虫害发生较轻，主要以病毒苗为主，分析其原因主要是各育苗基地对甘薯脱毒苗认识不足，没能用试管苗或原原种苗繁育种薯，在繁种过程中没能远离传统甘薯种植区，造成病毒病感染。在甘薯生长期，甘薯种植区病虫害发生总体较轻，局部种植区病毒病发生严重，病苗率达 7.00%；白锈病在汝阳局部种植区发生较严重，可作为潜在病害进行研究和防治；甘薯麦蛾发生较普遍，几乎每个地块均有发生，但为害不严重；甘薯烦夜蛾是近两年来在洛阳市发现的甘薯虫害，在偃师区和新安县个别田块发生较严重，最高在每平方米虫数达 30 余头，应加强对甘薯烦夜蛾的深入研究和科学防控。

本文在此次调查过程中仅对地上部病虫害进行了普查，对于地下部甘薯茎线虫病、地下害虫、根腐病、黑斑病等地下病虫害的发生情况未进行调查，下一步计划在甘薯收获期对甘薯地下部病虫害进行全面普查，摸清洛阳市甘薯种植区病虫害发生情况，以便为本地区的甘薯病虫害防控研究提供基础，以期为甘薯生产和增产提供重要保障。

不同色板在甜瓜上对瓜蓟马的诱集效果
及不同药剂的药效评价*

张自启[1]**，王淑枝[1]，韩瑞华[1]，王利霞[1]，张向月[1]，

杨欣欣[1]，朱学杰[2]，段爱菊[1]***

（1. 洛阳市农林科学院，洛阳　471023；

2. 河南省西瓜育种工程技术研究中心，洛阳　471100）

摘　要：为了明确瓜蓟马对不同颜色色板的趋性和诱集效果以及不同化学药剂对其防治效果，笔者通过研究不同色板以及不同悬挂高度对瓜蓟马的诱集效果和不同药剂的田间药效试验。结果表明：蓝板对瓜蓟马的诱集效果最优，其次是白板，黄板的诱集效果最低。不同悬挂高度对瓜蓟马的诱集效果差异较大，在甜瓜生长前期下部高度对瓜蓟马的诱集效果较优，生长后期上部悬挂对瓜蓟马的诱集效果较优；25%呋虫胺WG和48%噻虫胺FS以及60%乙基多杀菌SC速效性较优，施药1 d后防治效果达70%以上；70%吡虫啉WG、25%吡蚜酮FS、24%螺虫乙酯SC持效性较优，施药7 d后防治效果达80%以上。

关键词：色板；瓜蓟马；诱集效果；药效评价；甜瓜

瓜蓟马（*Thrips palmi* Karny，1925）又称为棕榈蓟马、节瓜蓟马，属于缨翅目（Thysanoptera）蓟马科（Thripidae），小型昆虫，体长仅1mm左右，主要为害茄子、瓜类、豆类和十字花科蔬菜。该虫不但通过吸吮植物汁液对农作物造成直接伤害，还能传播多种病毒（高勇富等，2022）。近些年来该虫在设施甜瓜上的为害呈上升趋势，且抗药性增强，成为设施甜瓜上为害最为严重的害虫之一。

为有效地控制虫害和减少化学农药的施用，确保设施作物的质量安全，理化诱杀害虫作为一种简便有效的绿色防控手段，越来越多地应用于害虫的防治（涂娟，2016）。目前市场上主要以黄板和蓝板的诱集来达到防治蓟马效果，关于苜蓿蓟马（李楠等，2020）、黄蓟马、西花蓟马、花蓟马（高宇等，2016；李江涛等，2008）、茶棍蓟马（李慧玲等，2014）等种类的蓟马诱集效果的报道较多，但不同色板对瓜蓟马的诱集效果少见报道。本研究通过对比不同色板以及不同悬挂高度在秋茬甜瓜田对瓜蓟马的诱集效果，以期更好地利用色板诱集瓜蓟马为害虫的绿色防控提供依据。

化学农药防治是瓜蓟马综合防治中的重要一环，目前报道不同药剂防治蓟马的药效研究较多（李金梅等，2022；程玉龙等，2021；李耀发等，2020；林彩玲等，2018；王彭等，2017），但在设施甜瓜上防治瓜蓟马的药效试验报道较少。为了更好地防治设施

---

　* 基金项目：河南省西甜瓜产业技术体系洛阳综合试验站（HARS-22-10-Z1）

　** 第一作者：张自启，副研究员，主要从事西甜瓜栽培和病虫害的防治研究；E-mail：lynkyzzq@ 126.com

　*** 通信作者：段爱菊，研究员，主要从事西甜瓜栽培和病虫害的防治研究；E-mail：lysnks@126.com

甜瓜上的瓜蓟马，本研究选择市面上销量较好的几种化学药剂在秋茬甜瓜田进行防治研究，以期筛选出防效较优的药剂，为甜瓜田瓜蓟马的化学防治和药剂科学复配提供依据。

1 材料与方法

1.1 试验地点

试验在河南省洛阳市孟津区河南省西瓜育种工程技术研究中心甜瓜种植大棚内进行，甜瓜品种为心里笑5号，于2022年8月10日定植。

1.2 试验材料

选择白板、黄板、蓝板、绿板4种颜色的粘虫板，购于某公司，规格为25 cm×20 cm。

化学药剂选择70%吡虫啉WG（深圳市朗钛生物科技有限公司）、25%吡蚜酮FS（河北中保绿农作物科技有限公司）、10%虫螨腈FS（巴斯夫植物保护有限公司）、5%啶虫脒FS（河北海虹百草科技有限公司）、25%呋虫胺WG（盐城利民农化有限公司）、20%氟啶虫酰胺WG（盐城利民农化有限公司）、0.5%苦参碱AS（河北中保绿农作物科技有限公司）、24%螺虫乙酯SC［拜耳作物科学（中国）有限公司］、48%噻虫胺FS（孟州传奇生物科技有限公司）、30%噻虫嗪FS（河北中保绿农作物科技有限公司）、60%乙基多杀菌SC（科迪华农药科技有限公司），均购于农资市场。

1.3 试验方法

1.3.1 不同色板对瓜蓟马的诱集试验

试验于2022年9月2日在秋茬甜瓜大棚内进行，设白板、黄板、蓝板、绿板4种颜色的粘虫板（25 cm×20 cm）。同种色板分别设上部（粘虫板底部距作物顶部30 cm）、中（粘虫板顶部与作物顶部齐平）、下部（粘虫板顶部距作物顶部55 cm）、中部（粘虫板底部30 cm）3种悬挂高度悬挂在同一木杆上，插入到甜瓜植株附近，以粘虫板不易粘住作物叶片为宜。不同色板之间相距2 m，每种色板重复3次。悬挂后每7 d调查色板上的蓟马数量并同时重新更换新色板，共计调查5次。分别统计不同色板上、中、下不同悬挂高度时粘虫板上诱集数量，同时统计不同色板上对蓟马的诱集数量（不同高度粘虫板平均诱集虫数）。

1.3.2 不同化学药剂对瓜蓟马的防治效果试验

试验于2022年9月15日在秋茬甜瓜大棚内进行，按不同药剂说明书确定药剂用量，设70%吡虫啉WG 3 g/亩、25%吡蚜酮FS 30 g/亩、10%虫螨腈FS 67 g/亩、5%啶虫脒FS 50 g/亩、25%呋虫胺WG 30 g/亩、20%氟啶虫酰胺WG 30 g/亩、20%氟啶虫酰胺WG 25 g/亩、0.5%苦参碱AS 90 g/亩、24%螺虫乙酯SC 15 g/亩、48%噻虫胺FS 8 g/亩、30%噻虫嗪FS 4 g/亩、60%乙基多杀菌SC 30 g/亩以及清水处理共计12个处理，小区面积8m²，每个处理重复4次，随机排列。田间药液量50 kg/亩。用手持式喷雾器进行小区内全株喷雾，喷雾时用塑料布做好小区间阻隔，以防药液漂移影响试验准确性。施药前在每小区内挑选鲜嫩且已展开的叶片（5片）调查蓟马数量并累加，施药后分别在1 d、7 d后在小区内按药前调查方法调查蓟马的活虫数，并计算虫口减退率和防治效果，同时进行差异性检验。

2 结果与分析

2.1 不同色板在甜瓜上对瓜蓟马的诱集效果

不同时期调查不同色板对甜瓜蓟马的诱集数量，结果见表1。从表1中可以看出不同色板对蓟马的诱集效果差异较大，且差异性显著，其中对蓟马诱集效果优的是蓝板，白板较好，绿板有一定的诱集效果，较差的为黄板。随着甜瓜的生长蓟马的发生量逐渐增加，不同色板对蓟马的诱集数量逐渐增加，但不同色板间对蓟马的诱集量差异更加显著。在蓟马发生高峰期，蓝板最高诱集9 666.7头/板，平均诱集8 477.3头/板；白板最高诱集3 933.3头/板，平均诱集2 544.4头/板；黄板诱集效果较差，平均仅诱集107.2头/板块。

表1 不同时期不同色板对瓜蓟马的诱集效果 （单位：头/板）

不同色板	9月9日	9月16日	9月23日	9月30日	10月8日
白板	42.56b	124.44b	784.44b	1 540.11b	2 544.44b
黄板	10.89b	28.00b	68.11c	63.44c	107.22d
蓝板	180.56a	696.11a	1 941.11a	4 629.44a	8 477.78a
绿板	32.89b	56.78bc	137.11c	411.00bc	725.56c

2.2 色板在甜瓜田不同悬挂高度对瓜蓟马诱集效果

通过对瓜蓟马诱集效果较优的两种色板（白板和蓝板）在不同悬挂高度对瓜蓟马进行诱集效果的统计，结果见表2。从表2可以看出，在甜瓜膨大期（9月9—16日）色板不同悬挂高度对瓜蓟马的诱集效果差异较大，其中下部色板较中部和上部诱集效果较优，诱虫数量显著高于中部和上部；而在甜瓜成熟期（9月23—30日）上部诱集效果较优，显著优于下部和中部。白板和蓝板两种色板具有相同的诱虫趋性。而在10月8日蓟马发生量较大时，从蓝板上不同悬挂高度从诱集虫量来看，上部和下部诱集虫量较大，但与中部诱集的虫量差异不显著。

表2 色板在甜瓜田不同悬挂高度对瓜蓟马诱集效果 （单位：头/板）

悬挂高度	9月9日		9月16日		9月23日		9月30日		10月8日	
	白板	蓝板	白板	蓝板	白板	蓝板	白板	蓝板	白板	蓝板
上	26.00b	121.67b	66.67b	613.33b	1 086.67a	2 950.00a	2 400.33a	5 800.00a	3 933.33a	9 666.67a
中	32.00b	166.67b	151.67a	596.67b	670.00b	1 213.33b	1 280.00b	4 100.00b	2 133.33b	6 833.33a
下	69.67a	253.33a	155.00a	878.33a	596.67b	1 660.00b	940.00b	3 988.33b	1 566.67b	8 933.33a

2.3 不同化学药剂在甜瓜上对瓜蓟马田间防治效果

在大棚甜瓜上瓜蓟马发生高峰期选择11种防治蓟马的常用药剂进行药剂筛选试验，

结果见表3。从表中可以看出，药后1d时，25%呋虫胺WG、48%噻虫胺FS、60%乙基多杀菌SC 3种药剂防治效果在70%以上，说明上述3种药剂速效性较好，其中60%乙基多杀菌SC防治效果最高，防效达84.27%；药后7d时，不同药剂防治效果差异较大，其中70%吡虫啉WG、25%吡蚜酮FS、25%呋虫胺WG、20%氟啶虫酰胺WG、24%螺虫乙酯SC、48%噻虫胺FS、60%乙基多杀菌SC 7个药剂防治效果在80%以上，其中25%呋虫胺WG、48%噻虫胺FS、60%乙基多杀菌SC 3个药剂防治效果较优，防治效果分别为95.18%、93.20%、92.98%。因此在甜瓜上防治蓟马时，当虫害发生严重时应当选择速效性强的药剂（25%呋虫胺WG、48%噻虫胺FS、60%乙基多杀菌SC），当虫害发生较轻时可选择70%吡虫啉WG、25%吡蚜酮FS、24%螺虫乙酯SC等持效性较优的药剂进行防治。

表3 不同药剂对瓜蓟马的田间防治效果

处理	用量（g/亩）	药前活虫数（头）	药后1d			药后7d		
			活虫数（头）	虫口减退率（%）	防治效果（%）	活虫数（头）	虫口减退率（%）	防治效果（%）
空白对照		230.50	231.50	−1.01		209.00	8.89	
70%吡虫啉WG	3	265.50	152.75	42.49	43.07c	37.75	85.57	84.14b
25%吡蚜酮FS	30	267.50	143.50	46.38	46.87c	32.25	88.03	86.85b
10%虫螨腈FS	67	240.75	144.75	39.81	40.32cd	81.25	65.90	62.41c
5%啶虫脒FS	50	303.25	150.00	50.55	51.07c	90.25	69.44	66.50c
25%呋虫胺WG	30	272.75	78.25	70.97	71.22b	13.00	95.60	95.18a
20%氟啶虫酰胺WG	25	256.00	159.75	36.95	37.73cd	44.25	83.37	81.76b
0.5%苦参碱AS	90	321.50	227.00	29.87	30.59d	171.25	46.46	41.25d
24%螺虫乙酯SC	15	235.50	128.50	44.02	44.73c	36.75	85.23	83.74b
48%噻虫胺FS	8	247.75	68.00	72.52	72.82b	14.50	93.82	93.20a
30%噻虫嗪FS	4	268.75	149.00	44.34	44.98c	60.75	77.24	75.01bc
60%乙基多杀菌SC	30	255.25	39.50	84.27	84.49a	16.00	93.58	92.98a

3 结论

色板诱杀是利用害虫固有的趋色性，在田间使之附着于有色粘虫板并致其死亡。色板诱杀技术遵循绿色环保无公害防治理念，可应用于害虫防治和预测预报（高宇等，2016）。通过研究4种颜色色板对甜瓜田瓜蓟马的诱集效果，结果表明：蓝板对瓜蓟马的诱集效果最优，其次是白板，黄板的诱集效果最低；在不同悬挂高度对瓜蓟马的诱集效果差异较大，在甜瓜生长前期下部高度对瓜蓟马的诱集效果较优，生长后期上部悬挂对瓜蓟马的诱集效果较优。因此在选择利用色板防治和监测甜瓜上瓜蓟马时，可选用蓝色色板，且在甜瓜生长前中期可悬于下部，成熟期可悬挂于上部更有利于瓜蓟马的诱杀防治和监测。

然而在蓟马的防治中单一的色板诱杀不能完全对蓟马进行防控，配合化学药剂的防治才能达到防控目的。通过展开 11 种化学药剂的筛选试验，结果表明：在蓟马发生严重时应当选择速效性强的药剂（25% 呋虫胺 WG、48% 噻虫胺 FS、60% 乙基多杀菌 SC）；在瓜蓟马发生较轻时可选择 70% 吡虫啉 WG、25% 吡蚜酮 FS、24% 螺虫乙酯 SC 等持效性较优药剂进行防治。

参考文献

程玉龙，柳采秀，黄雅俊，等，2021. 6 种杀虫剂对葡萄蓟马的田间防治效果 [J]. 浙江农业科学，62（6）：1166-1167，1196.

高勇富，虞国跃，2022. 瓜蓟马的识别与防治 [J]. 蔬菜（6）：82-85.

高宇，史树森，崔娟，等，2016. 三种颜色色板对大豆田蓟马的诱集效果 [J]. 中国油料作物学报，38（6）：838-842.

李慧玲，张辉，王定锋，等，2014. 不同悬挂高度数字化色板对茶棍蓟马的诱集效果试验 [J]. 茶叶科学技术（4）：45-46，52.

李江涛，邓建华，刘忠善，等，2008. 不同颜色色板对西花蓟马的诱集效果比较 [J]. 植物检疫（6）：360-363.

李金梅，姜丽，2022. 不同药剂对凤仙花蓟马防治效果研究 [J]. 现代化农业（3）：10-11.

李楠，马晓霞，王新谱，2020. 黄色和蓝色诱虫板对苜蓿蓟马群落发生动态的监测及诱集效果 [J]. 草业科学，37（10）：2115-2124.

李耀发，闫秀，安静杰，等，2020. 22 种杀虫剂对大豆蓟马的田间药效评价 [C] //陈万权. 植物健康与病虫害防控. 北京：中国农业科学技术出版社：172.

林彩玲，郭飞，毛小慧，等，2018. 化学药剂和不同颜色诱虫板对温室丽花蓟马的防治效果 [J]. 江西农业（16）：37.

涂娟，2016. 不同黄、蓝板对茶园昆虫的诱捕效果 [J]. 蚕桑茶叶通讯（131）：32-34.

王彭，林冠华，黄大益，等，2017. 乙基多杀菌素防治不同作物蓟马田间药效试验 [J]. 农药，56（10）：771-774.

洛阳市近年一代黏虫发生概况及 2021 年暴发原因解析

丁征宇*，张　莉，张军辉，王振声，陈　昊

（洛阳市植物保护植物检疫站，洛阳　471000）

摘　要： 黏虫在洛阳市一年发生 3~4 代，一代在麦田为常发性害虫，一般发生较轻，以二代、三代为害玉米和谷子为主，但 2021 年 5 月一代黏虫在洛阳市麦田突然大面积暴发，发生面积大、程度重，虽然及时防治控制了进一步为害，但仍在局部造成了一定的损失。为减轻麦田黏虫为害，笔者通过调研、分析，整理近 8 年黏虫在洛阳市麦田的发生防控情况，分析 2021 年发生特点及局部重发原因，提出做好黏虫监测防控工作的几点建议。

关键词： 一代黏虫；麦田；发生特点；重发原因分析

黏虫（*Mythimna separata*）是洛阳市麦田常发性害虫，一般年份轻发生。2021 年一代黏虫在洛阳市多个县（区）麦田暴发，是 30 年来发生最重的一年，表现出虫龄不整齐、为害时期长、发生面积大、重发区域多，为害盛期晚、重发区连片的特点。发现虫情后，洛阳市、县农业农村局迅速启动应急预案，组织应急防控、统防统治和群防群治，及时有效遏制了黏虫的进一步为害。为给今后黏虫监测防治工作提供一定的指导和借鉴，本人通过调研，总结 2021 年洛阳市麦田黏虫发生特点，分析其在洛阳市局部区域暴发的原因，提出了在一代黏虫监测中应重点开展的工作。

1　洛阳市 2015—2022 年一代黏虫发生概况

2015—2022 年一代黏虫在洛阳市麦田发生轻重不一（表 1），有 4 年轻发生、3 年大面积轻发生、局部偏重发生，2021 年偏重发生、局部重发生。其中，2015 年在新安县局部麦田中度发生，汝阳、洛宁县轻发生，其他各县均为零星发生或极少查到；2016—2017 年在汝阳县、洛宁县轻发生，其他各县均为零星发生或极少查到；2018 年全市轻发生，在洛宁县、嵩县、新安县、伊川县麦田偏轻发生；2019 年、2020 年全市轻发生；2021 年全市中度发生，在洛阳市中部几个县麦田偏重发生，重发田平均密度 70 头/m²，最高密度 184 头/m²，是近三十年来发生最重的一年；2022 年全市轻发生，洛宁县、偃师区偏轻发生，局部地块中度发生。

2　洛阳市 2021 年一代黏虫发生特点

2.1　多点多次迁入，发生危害期长

据洛阳市区偃师植保站 2021 年黑光灯监测，3—5 月中旬黏虫灯下蛾量高于常年

* 第一作者：丁征宇，高级农艺师，从事农作物病虫监测防控工作；E-mail：1142661143@qq.com

1.5 倍以上，且为多批次迁入。具体如下：3 月 8 日始见成虫，3 月单灯诱蛾 181 头，其中 21 日、26 日、27 日、30 日、31 日单日诱蛾 17 头、30 头、17 头、29 头、26 头；4 月单灯诱蛾 200 头，其中 4 日、11 日、14 日、15 日、16 日单日诱蛾 38 头、21 头、22 头、10 头、11 头；5 月上中旬单灯诱蛾 142 头，其中 7 日、9 日、10 日、12 日、16 日单日诱蛾 16 头、19 头、15 头、13 头、20 头。3 月、4 月、5 月每个月都有 5 个成虫迁入高峰日。

表 1 2015—2022 年洛阳市麦田一代黏虫发生、防治及为害情况

年份	发生面积（万 hm^2）	幼虫发生量（头/m^2）		发生程度	防治面积（万 hm^2）	挽回损失（t）	实际损失（t）
		平均	最高				
2015	0.97	2	40	1 级，局部 3 级	1.00	1 021	148.7
2016	0.87	0.1	2	1 级	1.13	287	18
2017	0.27	0.2	1	1 级	1.60	280	63
2018	1.30	1.5	40	1 级，局部 3 级	2.44	2 500	412.7
2019	2.13	0.6	32	1 级	3.20	1 713	748.5
2020	0.80	0.4	1	1 级	0.77	862	94.3
2021	3.62	15	184	2 级，局部 4 级	4.32	8 537	868
2022	1.18	2.2	35	1 级，局部 2 级	2.48	1 260	186

成虫的多批次迁入，表现出各地虫龄发育不整齐。幼虫发生期在 4 月 6 日至 5 月 30 日。4 月 6 日新安县麦田查到幼虫，4 月 13 日伊川县麦田查到幼虫，5 月 10 日宜阳县麦田多为 3~4 龄幼虫，5 月 17 日洛宁县、嵩县麦田多为 3~6 龄幼虫、也有 1~2 龄幼虫，5 月 27 日洛宁县麦田还有 2~3 龄低龄幼虫，5 月 28 日栾川县幼虫进入为害盛期。

2.2 发生面积大、重发区域多

洛阳市 2021 年小麦种植面积 24.26 万 hm^2，一代黏虫发生 3.62 万 hm^2。其中洛宁县发生 0.86 万 hm^2，中度偏重发生，局部重发生；宜阳县发生 0.53 万 hm^2，中度发生，部分乡镇重发生；嵩县发生 0.13 万 hm^2，中度发生，局部偏重发生；伊川县偏轻发生，重发田 0.02 万 hm^2；汝阳县发生 0.2 万 hm^2，中度发生，局部偏重发生；孟津区、偃师区、洛龙区、栾川县部分乡镇中度偏重发生。

全市麦田一代黏虫平均密度 8 头/m^2，重发田平均密度 70 头/m^2，最高密度达 184 头/m^2，个别小麦单株有虫 7 头。发生最重的宜阳县三乡镇，重发麦田虫量高达 184 头/m^2；洛宁县重发乡镇，麦田黏虫平均 35 头/m^2 以上，最高 143 头/m^2；嵩县大坪乡常凹村、马河村、竹园村、卞家岭等村重发麦田，黏虫平均 70 头/m^2，最高 150 头/m^2；伊川县个别春玉米严重地块为害株率 30%~50%，百株虫量 50~100 头，最高单株虫量 3 头。

5 月 18 日前后，局部黏虫重发麦田小麦被吃成光秆，麦田边道路上出现密集的黑色 5~6 龄黏虫幼虫迁徙现象。

5 月 27 日洛阳市植保植检站在洛宁县黏虫重发地挖蛹调查，麦田最高蛹量 200 头/m²、一般 50~80 头/m²，5 月 28 日在伊川县黏虫重发地挖蛹调查，麦田最高蛹量 70 头/m²、一般 10~50 头/m²；5 月 28 日，宜阳县植保站在三乡镇黏虫重发地挖蛹调查，麦田最高蛹量 25 头/m²、一般 9 头/m²。

2.3 为害盛期偏晚、重发区连片

洛阳市 2021 年一代黏虫为害盛期在 5 月中下旬，比常年偏晚一周的时间。重发区域连片集中，位于洛阳市中部的浅山丘陵和塬区旱地麦田，主要分布在洛宁县的河底镇、东宋镇、小界乡、城郊乡、马店镇、长水乡，伊川县的白元镇、葛寨、鸣皋镇、高山镇，宜阳县的三乡镇、韩城镇、柳镇、张午乡，嵩县的大坪乡常凹村、马河村、竹园村、卞家岭，汝阳县蔡店乡、内埠镇与伊川相邻的区域等地。

2.4 后期防治迅速，为害损失得到有效控制

5 月中旬发现大面积虫情后，洛阳市市县农业农村局立即启动应急预案，抓住幼虫防控的关键时期，广泛宣传培训、科学选用农药，迅速组织开展应急防控、统防统治、群防群治，及时有效控制了一代黏虫的进一步为害，宜阳县、伊川县在防治后 1 d、2 d 调查，防效分别达到 90% 和 98%。全市麦田一代黏虫防治 4.32 万 hm²，通过防治挽回产量损失 8 537 t，其中发生较重的洛宁县挽回损失 1 639 t。

3 洛阳市 2021 年一代黏虫重发原因分析

3.1 地理条件有利

洛阳市位于河南省西部，地处 111.8′E~112.59′E，33.35′N~35.05′N，处于我国东半部地区黏虫季节性南北往返迁飞途径上，黏虫在洛阳市农田中属于常发性害虫。

3.2 气候条件适宜

黏虫喜温暖高湿条件。各虫期适宜温度 10~25℃，适宜的相对湿度在 85% 以上。成虫产卵的适宜温度为 15~25℃，相对湿度为 40% 以上；幼虫期适宜温度为 23~25℃，相对湿度 80% 以上。

据气象资料，洛阳市 2021 年 4 月平均气温 14.7℃、5 月平均气温 21.8℃；3 月下旬至 4 月底有 8 个阴雨日，其中 4 月平均降水 82.6 mm，异常偏多 138.6%。连续的阴雨日、适宜的温湿度，为黏虫提供了大发生的环境条件。

4 月 23—25 日，洛阳市普降中到大雨，南部、西南部山区出现暴雨，强降雨过程造成大量迁飞的黏虫成虫下沉降落，洛宁县、宜阳县、嵩县等强降雨区域成为一代黏虫为害重发区。

3.3 蜜源植物丰富

洛阳市地处豫西丘陵地区，4 月底至 5 月初正是丘陵坡地遍布的刺槐开花盛期，也是苹果开花期和大葱始花期。洛阳市苹果种植面积 2.17 万 hm²，主要分布在洛宁县（占 70% 以上）、宜阳县（占 10%）、伊川县、嵩县、孟津区等地，嵩县大坪乡附近的闫庄镇种植 0.05 万 hm² 旱葱，这些都是黏虫成虫喜欢的蜜源植物，为春季迁入的黏虫成虫提供了丰富的蜜源，有利于黏虫成虫的滞留和繁殖发育。

3.4　早期监测难度大

黏虫成虫迁入时间和区域随机性强，不易监测；低龄幼虫有隐蔽栖息习性，为害症状不明显，不易被发现。生产上易错过 3 龄期前的有利防治时期，一旦进入高龄暴食期常常造成巨大损失。

4　结论与讨论

洛阳市地处我国黏虫季节性南北迁飞路线上，是黏虫常年发生区，虽然一代黏虫常年轻发生，但是存在在局部地区暴发的风险。2021 年受 3—5 月适宜的温湿度、4 月下旬持续降雨、部分区域连续 3 天暴雨的极端天气以及蜜源植物丰富等因素综合影响，一代黏虫在洛阳市麦田大发生，多个区域小麦被吃成光秆，麦田间的道路上出现密集的黑色高龄幼虫迁徙现象，对小麦生产造成严重影响。

根据洛阳市黏虫常年发生为害情况，应从以下 3 个方面做好黏虫的监测防控工作。一是进一步加强监测设备的布点。根据黏虫在洛阳市的迁飞规律和路径，合理布局虫情测报灯、高空灯、诱捕器等监测设备，或是引进害虫雷达站，做到成虫监测准确到位，实现精准预报。二是警惕极端天气，加强春季虫情监测。一旦有连续多日的降雨或大暴雨，雨后要加强成虫监测和田间幼虫监测，尤其要加强对强降水量区域麦田的虫情普查。利用工作微信群，充分发动种植大户、农药经营户、植保专业化服务组织参与虫情调查，扩大监测范围。三是继续发扬应急防控和统防统治的优势。发现虫情立即启动应急预案，迅速开展应急防控和统防统治、群防群治，在极短的时间里控制黏虫继续为害，实现虫口夺粮。

参考文献（略）

夏玉米中后期主要害虫发生及防治

张东敏[1]*，王宏勋[2]，李　红[2]，朱晓卫[2]，邢彩云[3]**

（1. 新密市农业综合行政执法大队，新密　452370；2. 新密市农业农村发展服务中心，新密　452370；3. 郑州市农业技术推广中心，郑州　450008）

摘　要：2022 年 8 月新密市夏玉米局部田块玉米螟、棉铃虫为害雌穗较重，对玉米生产造成一定的损失。笔者分析了玉米螟、棉铃虫发生特点、发生较重原因，结合生产实际，提出了采取农业防治、理化诱控、生物防治和化学防治相结合的综合防治措施。

关键词：玉米螟；棉铃虫；发生；防治

新密市夏玉米中后期主要害虫有玉米螟、棉铃虫、桃蛀螟、甜菜夜蛾、黏虫、蚜虫等，2022 年 8 月新密市植保技术人员调查玉米病虫害时发现局部田块玉米螟、棉铃虫为害雌穗较重，对玉米生产造成一定的损失。为了更好地指导防治，笔者结合玉米螟、棉铃虫发生特点，分析了发生较重原因，结合生产实际，提出了采取农业防治、理化诱控、生物防治和化学防治相结合的综合防治措施。

1　发生为害

1.1　形态特征

玉米螟：成虫土黄色，体长 10~13 mm，前后翅均横贯 2 条明显的浅褐色波状纹，前翅 2 条波状纹之间有大小 2 块暗斑。幼虫 5 个龄期，5 龄时幼虫体长 20~30 mm，头和前胸背板深褐色，体背为淡灰褐色、淡红色或黄色等，中央有 1 条明显的背线，腹部 1~8 节背面各有 2 列横排的毛瘤，前列 4 个以中间 2 个较大，后列 2 个较小（吕佩珂等，1999）。

棉铃虫：成虫体长 14~20 mm，复眼球形，暗绿色。体色有黄褐色、灰褐色、绿褐色及红褐色等。雌蛾前翅多呈赤褐色至灰褐色，雄蛾多呈青灰色至绿褐色，前翅中部近前缘有 1 条深褐色环形纹和 1 条肾形纹，雄蛾比雌蛾明显，外横线有深灰色宽带，带上有 7 个小白点。后翅灰白色或褐色，翅脉深褐色，沿外缘有黑褐色宽带，宽带中部 2 个灰白色斑不靠外缘。幼虫一般 6 个龄期，老熟幼虫体长 40~45 mm，头部黄褐色，有网纹。体色变化多，有黄绿色、绿色、红褐色、黑褐色等，体背有十几条细纵线条，气门线呈白色、黄白色或淡黄色。一般各体节上有刚毛瘤 12 个，刚毛较长。前胸两根侧毛的连线与前胸气门下端相切或相交（王震等，2019）。

　* 第一作者：张东敏，农艺师，主要从事植保技术推广工作；E-mail:fzk69969991@163.com

　** 通信作者：邢彩云，推广研究员，长期从事农作物病虫害测报与防治工作；E-mail:zzsxcy@163.com

1.2 为害状

玉米螟初龄幼虫蛀食嫩叶，形成排孔花叶；雄穗抽出后，呈现小花被毁状；3龄后幼虫钻蛀茎秆、雌穗和雄穗为害，在茎秆上可见蛀孔，外有幼虫排泄物，茎秆易折；在雌穗中取食籽粒，常引起或加重穗腐病的发生，降低籽粒产量和品质。

棉铃虫幼虫食害嫩叶，造成缺刻或孔洞；幼虫可咬断花丝，造成部分籽粒不育；幼虫还取食嫩穗轴和籽粒，多数幼虫从雌穗顶部取食，少数从雌穗中部苞叶蛀洞，进入穗轴。

1.3 发生特点

发生面积较大，局部发生较重。新密市玉米种植面积36.4万亩，其中玉米螟发生面积5.2万亩，棉铃虫发生面积4.9万亩。2022年8月中旬植保技术人员调查时发现局部田块玉米螟、棉铃虫幼虫为害雌穗较重，8月中旬是二代玉米螟、三代棉铃虫幼虫为害盛期，玉米螟平均虫株率33%，平均百株虫量54头，最高单株3头；棉铃虫平均虫株率31%，平均百株虫量52头，最高单株3头。

2 发生较重原因分析

玉米螟适合在高温、高湿条件下发育，最适宜温度为20～30℃，适宜相对湿度为80%。棉铃虫喜中温高湿，各虫态发育适宜温度为25～28℃，适宜相对湿度为70%～90%。新密市2022年7月平均气温27.0℃，较常年同期偏低0.5℃。7月降水量178.9 mm，较常年同期偏多27%。8月1—7日周平均气温30.8℃，较常年同期偏低3.5℃；本周无降水，较常年同期偏少40.1 mm。8月8—14日周平均气温28.3℃，较常年同期偏高1.5℃；本周降水量34.6 mm，较常年同期偏多12.7 mm。8月15—21日周平均气温29.6℃，较常年同期偏高3.7℃；周降水量0.1 mm，较常年同期偏少29.8 mm。2022年7月至8月中旬的气候条件适宜玉米螟、棉铃虫发生为害。

3 防治措施

根据玉米螟、棉铃虫的发生特点，应采取农业防治、理化诱控、生物防治及化学防治相结合的综合防治措施。

3.1 农业防治

秋季收获后，及时深翻耙地，冬季灌溉，消灭棉铃虫越冬蛹。秋季粉碎玉米秸秆，或在春季玉米螟越冬幼虫化蛹、羽化前，采用烧柴、沤肥、作饲料等办法处理玉米秸秆，降低越冬玉米螟基数。

3.2 理化诱控

在玉米螟、棉铃虫成虫盛发期，采用频振式杀虫灯诱杀，每30～50亩设置一盏杀虫灯，连片大面积应用效果较好。

3.3 生物防治

在玉米螟成虫产卵始期至产卵盛末期，释放赤眼蜂，每亩释放1万～2万头。在玉米大喇叭口期防治玉米螟幼虫，每亩用16 000 IU/mg苏云金杆菌可湿性粉剂50～100 g，加细沙拌匀后撒入喇叭口内。

在棉铃虫卵始盛期至 2 龄幼虫期，喷洒生物农药防治，每亩用 16 000 IU/mg 苏云金杆菌可湿性粉剂 100~150 g，或 1.8%阿维菌素乳油 80~120 ml，兑水喷雾，兼治玉米螟等害虫。

3.4　化学防治

在玉米大喇叭口期防治玉米螟幼虫，每亩用 1.5%辛硫磷颗粒剂 500~750 g，加细沙拌匀后撒入喇叭口内，或每亩用 40%辛硫磷乳油 75~100 ml，或 2.5%溴氰菊酯乳油 20~30 ml，或 20%氯虫苯甲酰胺悬浮剂 3~5ml，兑水喷新叶，可兼治棉铃虫、甜菜夜蛾、黏虫等害虫。

在玉米螟、棉铃虫卵孵盛期至低龄幼虫期喷雾防治，每亩用 2.5%高效氯氟氰菊酯乳油 60~80 ml，或 2.5%联苯菊酯乳油 110~140 ml，或 20%虫酰肼悬浮剂 70~100 ml，或 10%虫螨腈悬浮剂 40~60 ml，或 15%茚虫威悬浮剂 15~20 ml，对准顶部叶片、雌穗顶部、雄穗均匀喷雾，根据虫情喷药 1~2 次，每隔 7~10 天喷 1 次，交替用药，可兼治桃蛀螟等害虫。

参考文献

吕佩珂，高振江，张宝棣，等，1999. 中国粮食作物经济作物药用植物病虫原色图谱（上册）[M]. 呼和浩特：远方出版社：303-305.

王震，胡锐，邢彩云，2019. 郑州植保手册 [M]. 郑州：大象出版社：33-35.

许昌市夏播大豆田点蜂缘蝽的为害特点与综合防控技术

周　扬[1]，李登奎[1]*，牛平平[1]，周国友[1]，蔡富贵[1]，吴志萍[2]

（1. 鄢陵县植保植检站，许昌　461000；2. 鄢陵县农业技术推广中心，许昌　461000）

摘　要：许昌市大豆常年种植面积69.13万亩，其中大豆玉米带状复合种植面积6万亩。点蜂缘蝽为蛛缘蝽科蜂缘蝽属下的一个种，是为害大豆的主要虫害之一，容易引起大豆叶片枯死、荚而不实或瘪粒、大豆症青，严重影响大豆植株正常生长发育，导致产量降低、品质下降。近几年点蜂缘蝽在许昌市大豆栽培区发生为害并呈现逐年加重趋势。本文阐述了点蜂缘蝽的生物学特性、种群发生的影响因素、为害特点，提出夏播大豆田点蜂缘蝽综合利用农业措施、生物防治为主和化学防治等防控路径，旨在为防控大豆田点蜂缘蝽提供技术参考。

关键词：大豆；点蜂缘蝽；发生；防治

大豆是许昌市主要的农作物之一，近年来在优化种植结构的政策引导下，大豆种植面积有增加趋势，成熟期不结荚、空荚、瘪粒的现象也时有发生，严重影响了农民种植积极性。研究表明，大豆症青即成熟时植株仍然枝青叶绿、有荚无籽或籽粒瘪烂现象的发生原因，并非品种差异、高温、花叶病毒或病害导致，其直接诱因是点蜂缘蝽为害，科学防控大豆点蜂缘蝽的重要性不言而喻。了解点蜂缘蝽的生物学特性、为害特点、影响发生的因素以及防治措施，可以有效提高防控效果，把点蜂缘蝽对大豆产量的影响降到最低。

1　生物学特性

点蜂缘蝽［*Riptortus pedestris*（Fabricius）］，属半翅目缘蝽科，别名白条蜂缘蝽、豆缘蝽。主要为害豆科植物，也为害小麦、玉米、甘薯、高粱等多种植物，以成虫在枯枝落叶和草丛中越冬。成虫和若虫极活跃，早、晚温度低时稍迟钝。

1.1　各虫期形态特征

卵，长约1.3 mm，宽约1 mm，橘黄色，半卵圆形，附着面呈弧形，上面平坦，中间有一条不太明显的横形带脊。

若虫，共5个龄期，1~4龄虫体似蚂蚁，5龄虫体似成虫仅翅较短，低龄若虫期较短，高龄若虫期较长。各龄若虫体长：1龄2.8~3.3 mm，2龄4.5~4.7 mm，3龄6.8~8.4 mm，4龄9.9~11.3 mm，5龄12.7~14.1 mm。

成虫，体长12~16 mm，宽3~4 mm，体狭长，黄褐色至黑褐色，被白色细绒毛。头在复眼前部呈三角形，后部细缩如颈。触角第1节长于第2节，第1、第2、第3节

---

* 通信作者：李登奎，高级农艺师；E-mail：liping4596@163.com

端部稍膨大，基半部色淡，第 4 节基部距 1/4 处色淡。喙伸达中足基节间。头、胸部两侧的黄色光滑斑纹成点斑状或消失。前胸背板及胸侧板具许多不规则的黑色颗粒，前胸背板前叶向前倾斜，前缘具领片，后缘 2 个弯曲，侧角呈刺状。小盾片三角形。前翅膜片淡棕色，稍长于腹末。腹部侧接缘稍外露，黄黑相同。足与体同色，胫节中段色淡，后足腿节粗大，有黄斑，腹面具 4 个较长的刺和几个小齿，基部内侧无突起，后足胫节向背面弯曲。前翅膜片淡棕褐色，雄虫前翅长于腹末，雌虫较短。腹部稍外露于翅，黑黄相间，有不规则分布的小黑点，腹面可见 4 个较长的刺和几个小齿。

1.2 发生规律

点蜂缘蝽在许昌市一年发生 3 代，以成虫在秸秆、枯枝落叶和草丛中越冬，翌年 4 月上旬开始活动，5 月中旬至 7 月上旬在大豆、菜豆、豇豆等豆科作物上产卵，卵多散产于寄主叶背、嫩茎和叶柄上，雌虫每次产卵 7~21 粒，一生可产卵 12~49 粒；成虫若虫极活泼，善于飞翔，反应敏捷，早晚温度低时反应稍迟钝。6 月上旬出现第一代成虫；第二代成虫在 7 月下旬开始羽化，8 月下旬至 9 月上旬盛发，此时大量在大豆田中危害，第三代 10 月上旬至 11 月中旬羽化为成虫，并陆续进入越冬状态。7 月中旬出现第二代成虫，迁飞到夏播大豆田为害；9 月上旬出现第三代成虫。每代的繁殖穿插进行，10 月下旬开始蛰伏越冬。

2 影响点蜂缘蝽发生的因素

点蜂缘蝽的个体及种群发生受气温、寄主、越冬环境等多种因素影响。冬季气温偏高，有利于越冬成虫存活；春季气温回升快、气温偏高，有利于越冬成虫出蛰活动。研究表明，点蜂缘蝽卵期、若虫期、成虫期的发育起点温度分别是 12.58℃、15.98℃、15.27℃，环境因素较大影响点蜂缘蝽的成活率。点蜂缘蝽在不同寄主上的个体发育历期、繁殖能力及死亡率不同，大豆是点蜂缘蝽的最适寄主，以白芸豆为寄主的点蜂缘蝽发育缓慢、寿命较短，用大麦饲养的点蜂缘蝽个体发育缓慢，成虫个体较小，豇豆、赤小豆、刺槐等均适合点蜂缘蝽发育繁殖，以芝麻、苹果、柿子为寄主的点蜂缘蝽不能完成个体发育或繁殖。连年种植大豆给点蜂缘蝽创造了合适的越冬环境，导致虫源基数偏大。天敌、共生菌等也会影响点蜂缘蝽的个体及种群发生。

3 为害特点

点蜂缘蝽的成虫和若虫都能为害大豆，以成虫为害较重，通过刺吸大豆的花、豆荚、嫩茎、嫩叶的汁液，造成大豆的蕾、花凋落，生育期延长，果荚形成瘪粒、瘪荚，严重时全株瘪荚，颗粒无收，是大豆症青的直接致害昆虫。大豆开花结荚期，正是点蜂缘蝽成虫羽化高峰期，往往群集为害。成虫有翅飞行似蜂类，行动敏捷、不易捕捉，白天阳光强烈时躲在豆叶背面。点蜂缘蝽刺吸鼓粒期豆荚，致使籽粒败育或发育不良形成瘪荚，导致植株源—库关系失衡，是大豆症青的关键成因之一。点蜂缘蝽还通过传播病原菌对大豆植株产生间接为害，引起花叶病毒病、斑枯病、斑疹病等，导致产量降低、品质下降。

4　防控技术

研究表明，有效防治点蜂缘蝽的方法是化学防治为主、农业防治相结合的综合防控模式，生物防治也是效果良好的绿色防控技术。

4.1　农业防控

点蜂缘蝽农业防控主要是控制虫源基数。许昌市大豆前茬作物多为冬小麦，可在麦播前进行深耕整地，在小麦越冬期、返青期，及时清除田间地头残留的秸秆、杂草、枯枝落叶等杂物，带出田外深埋处理，消灭部分点蜂缘蝽越冬成虫，压低虫源基数。实行轮作可以有效阻断点蜂缘蝽宿主寄生作物环境，可以结合种植习惯，在种植大豆的田地实行一年以上轮作，减少点蜂缘蝽发生为害。选种抗性品种、加强栽培管理也可提高大豆植株对点蜂缘蝽的抵抗能力。

4.2　生物防控

保护利用自然天敌。保护利用和引进天敌可以有效防控点蜂缘蝽，点蜂缘蝽的天敌包括蜻蜓、螳螂、球腹蛛、黑卵蜂、黑蝽卵跳小蜂等，天敌通过捕食或寄生点蜂缘蝽，可以降低虫口密度，减轻对大豆植株的为害。利用聚集信息素的诱捕器诱捕点蜂缘蝽也是一种生物绿色防控技术，可将诱捕器置于距离地面 1.0~1.2 m 的大豆田，用信息素含量 60 mg 的聚氯乙烯缓释管诱芯或聚乙烯缓释包诱芯，组合小船型诱捕器或者双向倒漏斗型诱捕器诱杀点蜂缘蝽。

4.3　化学防控

4.3.1　越冬成虫防控

在越冬成虫出蛰前及低龄若虫期，采用 25%噻虫嗪水分散粒剂 5 000 倍液、30%噻虫嗪悬浮剂 2 000 倍液、20%高效氯氟氰菊酯乳油 3 000 倍液、3%阿维菌素乳油 3 000 倍液，喷雾防控。

4.3.2　大豆开花期防控

许昌市夏播大豆一般 7 月下旬进入初花期，点蜂缘蝽成虫、若虫进入为害盛期，可以交替使用 25%噻虫嗪水分散粒剂 6 000 倍液、20%氰戊菊酯乳油 2 000 倍液、10%吡虫啉可湿性粉剂 1 500 倍液、25%杀虫双水剂 400 倍液、2.5%溴氰菊酯乳油 3 000 倍液、5%啶虫脒乳油 3 000 倍液、5%阿维菌素乳油 5 000 倍液、2.5%高效氯氟氰菊酯乳油 3 000 倍液、22.4%螺虫乙酯悬浮剂 4 000 倍液进行大豆植株整体喷雾防治。点蜂缘蝽具有迁飞性，建议在清晨或傍晚无风条件下施药，每隔 5~7d 喷药 1 次，连喷 2~3 次，喷药时要做到不重喷、不漏喷，推荐大面积统防统治，以提高防控效果。在防控点蜂缘蝽等虫害的同时，加入硼、钼、锌等微量元素及芸苔素内酯等植物生长调节剂，促进大豆健壮生长。

5　结语

近年来点蜂缘蝽发生规律和防治技术的研究有了很大进步，尤其是点蜂缘蝽为害与大豆症青关系的研究逐渐深入。许昌市大豆点蜂缘蝽的防治也逐渐引起重视，应及时开展系统调查和大面积普查，实时掌握点蜂缘蝽发生动态，加强监测预报，及时发布预警和防治信息。按照"预防为主，综合防治"的植保工作方针，抓住关键时期，做到适时防治，推广普及农业、化学、生物等综合有效的防治技术，最大程度降低点蜂缘蝽对大豆生产的影响。

参考文献

古晓红，杨婷婷，张海生，等，2019. 点蜂缘蝽对大豆田间为害的主要症状及防治方法［J］. 种子科技，37（6）：111-112.

张华敏，刘建平，2019. 洛阳市夏播大豆田点蜂缘蝽发生原因及防控策略［J］. 中国农技推广，2019（12）：81-83.

张文强，李元涛，2017. 京郊大豆点蜂缘蝽虫害防治方法［J］. 吉林农业（9）：80.

陈菊红，崔娟，唐佳威，等，2018. 温度对点蜂缘蝽生长发育和繁殖的影响［J］. 中国油料作物学报，2018（40）：579-584.

胡壮壮，师毅，李拥虎，等，2020. 不同聚集信息素诱芯及诱捕器对大豆田间点蜂缘蝽诱捕效果研究［J］. 大豆科学，39（2）：288-296.

高宇，陈菊红，史树森，2019. 大豆害虫点蜂缘蝽研究进展［J］. 中国油料作物学报，41（5）：804-815.

鲁传涛，任应党，李国平，等，2021. 农作物病虫诊断与防治彩色图解［M］. 北京：中国农业科学技术出版社：603-604.

大豆田甜菜夜蛾的发生及防治

袁晓晶*，李晓静，秦晓琳

（巩义市农业服务中心，巩义 451200）

摘　要：近几年大豆甜菜夜蛾在巩义市发生为害较重，尤其是2022年发生较重，对巩义市大豆生产造成一定损失。笔者分析了大豆甜菜夜蛾的产生特点、发生较重原因，结合生产实际，归纳总结了综合防治措施。

关键词：甜菜夜蛾；发生；防治

甜菜夜蛾属昆虫纲鳞翅目夜蛾科，又名玉米叶夜蛾、贪夜蛾、白菜褐夜蛾等。是一种多食性食叶害虫，成虫昼伏夜出，趋光性强，发生世代多，繁殖较快，为害比较重。近年来，巩义市农业服务中心组织专业人员下乡调查病虫害发现，大豆、玉米、十字花科蔬菜上该虫较常见。2022年，巩义市农技人员在下乡调查时发现该虫在河洛镇黄河滩区大豆田发生较重。为了更好地指导防治，笔者经过实地调查，分析了大豆田发生较重原因，结合生产实际，提出了农业防治、物理防治、生物防治和化学防治相结合的综合防治措施。

1　发生规律

甜菜夜蛾在巩义市一年5代，重叠发生，幼虫和蛹抗寒力弱，蛹需要在疏松土壤内越冬（表1）。

表1　甜菜夜蛾发生代数时间表

代　数	卵期	幼虫期	成虫期
第一代	5月上旬	5月中下旬	6月上旬
第二代	6月上中旬	6月下旬	7月上中旬
第三代	7月上旬	7月中下旬	8月上中旬
第四代	8月上中旬	8月中下旬	9月上旬
第五代	9月中下旬	10月上旬	—

第五代老熟幼虫10月下旬左右进入土壤中化蛹越冬。其中以第3、第4、第5代为主害代，特别是7—8月间发生的第3、第4代为害最重。

---

* 第一作者：袁晓晶，农艺师，长期从事农业技术推广、农作物病虫害防治等工作；E-mail：gyipm@163.com

2　为害症状

甜菜夜蛾食量较大，幼虫一般在叶背群集，蚕食叶肉，严重的仅剩叶脉和表皮，整个叶片呈网纱状。被老龄幼虫吃过的叶片呈孔洞状，严重时全叶皆被吃尽。

3　发生特点

2020年之前该病零星发生，2022年在黄河滩区大豆田中发生较重。2020—2022年巩义市大豆甜菜夜蛾发生情况见表2，2020年大豆种植面积最大，8月上旬对全市大豆田进行调查，病田率36.3%，平均病株率3.9%，发生程度较轻。2021年由于"7·20"特大暴雨灾害的影响，病虫害中度发生，病田率达到40.3%，平均病株率7.9%。2022年市农技人员对全市大豆病虫害展开调查，发现河洛镇石板沟村大豆种植田块甜菜夜蛾发生较重，病田率45.2%，平均病株率12.8%，最高病株率达到80%。

表2　2020—2022年巩义市大豆甜菜夜蛾发生情况表

年份	种植面积（万亩）	发生面积（万亩）	病田率（%）	平均病株率（%）	发生程度
2020	0.8	0.29	36.3	3.9	轻发生
2021	0.3	0.12	40.3	7.9	中度发生
2022	0.62	0.28	45.2	12.8	中度发生，局部偏重

4　发生较重原因分析

4.1　病虫基数增加

一是玉米、大豆连年种植，连作面积大，再加上秸秆还田，导致虫卵在土壤中积累较多。二是2021年"7·20"特大暴雨后，农作物长势弱，抗性差，病虫害为害加重，导致病虫基数加大。

4.2　气候因素

2021年7月20日巩义市遭遇特大暴雨，秋作物受灾严重，大豆正处于分枝期，病虫害蔓延较快。2022年6月气温异常偏高，6月24日出现极端最高气温41.4℃，降水量26.2 mm，与常年同期平均值相比偏少39.2 mm，墒情不足，造成大豆延迟播种或出苗困难，7月巩义市气温偏低，降水较多，日照偏多，8—9月气温偏高，降水偏少，9月降水量仅0.8 mm，与常年同期平均值相比偏少73.8 mm。持续高温干旱也有利于甜菜夜蛾暴发，为害持续加重。

5　综合防治措施

甜菜夜蛾的抗性较大，可以利用迁飞性来逃避不良环境，近几年经巩义市农技人员下乡监测指导获得经验总结，认为大豆甜菜夜蛾的防治应做到以下几点。

5.1 做好病情预测预报

根据巩义市农作物种植情况，共在全市设立 3 个农作物病虫监测点，及时调查病虫害发生情况，并发布中短期病虫预测预报，为群众提供防治建议。巩义市同时利用科技下乡、万名科技人员包万村、基层农技推广项目，组织科技人员深入一线，现场指导农民识别病虫害和学习科学防治方法，及时普查大豆甜菜夜蛾发生情况，动员农民群众积极开展自查。

5.2 农业防治

①播前灭茬。清除播种沟上的覆盖物，除去地边、田间杂草，消灭该虫的中间寄主。②深翻田地。冬季甜菜夜蛾的蛹在 6~12 cm 土层中越冬，可进行深翻冻垡，杀死虫蛹，消灭虫源。③蛹期浇水，控制羽化。可在每年 7 月底至 8 月初利用高温天气，选择在甜菜夜蛾蛹期大量浇水以杀死虫蛹，控制羽化。

5.3 物理防治

利用灯光来诱杀：可以利用黑光灯来诱杀成虫，诱杀最佳时期是羽化期。

5.4 生物防治

①性诱捕器诱杀。可于 7 月初，在发生严重的田间 1.2 m 高度悬挂甜菜夜蛾性诱捕器，使用后的废弃芯要集中回收埋土，不能随意丢弃。2022 年巩义市农委在全市玉米种植田块共安装 600 多套夜蛾类性诱捕器，防治效果较好。②幼虫 3 龄及以下阶段，可先用苏云金杆菌进行生物防治。

5.5 化学防治

甜菜夜蛾抗药性较强，应选择幼虫 2 龄以前进行防治。在 10：00 前或 16：00 左右喷药效果最好。可用 5% 阿维菌素乳油进行喷施，安全间隔期为 7 d。2022 年巩义市实施大豆玉米带状复合种植以来，种粮大户用 24% 甲氧虫酰肼悬浮剂进行喷雾防治，效果较好。

参考文献

龙梅芳，谢晶，邓银宝，等，2014.蔬菜甜菜夜蛾发生规律及绿色防控技术研究 [J]. 农技服务（10）：93-94.

李子玲，杨桂珍，韦绥概，等，2005. 甜菜夜蛾发生规律及防治技术简述 [J]. 湖北植保（5）：40-42.

2种药械喷雾对晚播玉米田草地贪夜蛾防效及作业情况比较

边红伟[1*]，贠清峰[2]，焦　阳[3]，栗明明[1]，胥付生[1**]

（1. 漯河市郾城区植保植检站，郾城　462300；2. 河南省金囤种业有限公司，

郾城　462300；3. 漯河市郾城区农业技术推广站，郾城　462300）

摘　要： 为更好地解决晚播玉米田草地贪夜蛾防治困难的难题，笔者开展了植保无人机和背负式电动喷雾器2种施药器械喷雾防效及作业情况比较试验。结果表明，应用2种施药器械喷雾都能达到对草地贪夜蛾理想防效，植保无人机省时、省工、省力，适宜大面积统防统治。

关键词： 施药器械；草地贪夜蛾；防效；作业情况

草地贪夜蛾（*Spodptera frugiperda*）是一种原产于美洲重要的毁灭性农业害虫，2019年该虫入侵我国，6月18日在漯河市郾城区商桥镇商东村首次发现该虫为害，当年主要为害春玉米和晚播鲜食玉米，发生面积12.5 hm²。2020年为害晚播玉米，发生面积35.7 hm²。2021年为害晚播玉米，发生面积68.4 hm²。近年来由于种植结构调整等影响，郾城区晚播玉米种植面积呈逐年增大趋势，为草地贪夜蛾的发生为害创造了适宜的生存条件，草地贪夜蛾造成一定的玉米损失。背负式喷雾防治费工、费时、费力，为探索玉米草地贪夜蛾高效防控方式，选出适宜当地的施药器械，2022年9月笔者在郾城区龙城镇开展了植保无人机、背负式电动喷雾器喷雾防治晚播玉米田草地贪夜蛾及作业情况比较试验。

1　材料与方法

1.1　试验地概况

试验设在漯河市郾城区豪锴种植专业合作社玉米田内，该田面积6.87 hm²，地势平坦，排灌方便。土质为黑壤土，pH值6.8，有机质含量0.75%。

前茬为退林还耕田，种植玉米品种为漯玉16，2022年7月18日播种，种植密度59 200株/hm²，种肥同播，用中盐安徽红四方复合肥（27-6-7）970 kg/hm²作底肥，作物整个生育期未追肥。

1.2　施药器械

施药器械为大疆3WWDZ-15 1B植保无人机（深圳市大疆创新科技有限公司），新秀3WBS-D-16B背负式电动喷雾器（郑州新秀农用机械有限公司）。

---

　* 第一作者：边红伟，长期从事植保和植检工作；E-mail：470269794@qq.com

　** 通信作者：胥付生，长期从事植保和植检工作；E-mail：13939559661@163.com

1.3 试验设计

试验设 2 个处理，1 个空白对照。处理 1 为大疆 3WWDZ-15 1B 植保无人机，处理 2 为新秀 3WBS-D-16B 背负式电动喷雾器。各处理及对照不设重复，顺序排列。处理 1 面积 6.70 hm²，处理 2 面积 1.3 hm²，空白对照面积 0.05 hm²。

1.4 供施药剂及防治对象

防治草地贪夜蛾供施药剂为 6%甲维·虫螨腈微乳剂 20 ml/667m²（成都科利隆生化有限公司生产，市售品），2 个处理使用等量相同农药。

1.5 施药时间、方式

2022 年 9 月 7 日下午施药，茎叶喷雾。植保无人机每 667 m² 药液用量 1.5 kg，飞行高度距玉米顶端 1.5 m，飞行速度 6 m/s 左右。背负式电动喷雾器每 667 m² 药液用量 25 kg，茎叶喷雾。

施药当天晴，微风，无持续风向，平均温度 25.4℃，相对湿度 74%。试验期间以晴间多云天气为主，9 月 25 日降雨 2.4 mm。

1.6 调查时间、内容和方法

1.6.1 草地贪夜蛾防效调查

每处理对角线 5 点调查，每点 20 株，定株调查。施药前 1 d 调查虫口基数，药后 3 d、7 d、14 d 调查残虫量，计算虫口减退率、防治效果。

药效计算方法：

$$虫口减退率（\%）=\frac{施药前虫量-施药后残虫量}{施药前虫量}\times100$$

$$防治效果（\%）=\frac{处理区虫口减退率-对照区虫口减退率}{100-对照区虫口减退率}\times100$$

1.6.2 玉米保护效果调查

药后 10 d、20 d 调查植株受害情况，每处理对角线 5 点调查，每点 20 株，定株调查，以受害面积占整个叶/植株面积的百分率来分级，计算为害指数和保护效果。

分级方法：0 级，无为害；1 级，受害面积占整个叶/植株面积的 5%以下；3 级，受害面积占整个叶/植株面积的 6%~10%；5 级，受害面积占整个叶/植株面积的 11%~20%；7 级，受害面积占整个叶/植株面积的 21%~50%；9 级，受害面积占整个叶/植株面积的 50%以上。

保护效果计算方法：

$$为害指数=\frac{\sum（各级为害/株数\times相对级数值）}{调查总叶/株数\times9}\times100$$

$$保护效果（\%）=\frac{空白对照区药后为害指数-药剂处理区药后为害指数}{空白对照区药后为害指数}\times100$$

1.6.3 作业效率调查

记录机械从地头加满药液开始，到下地作业，喷完一整箱药液，到下一个加药点的全部时间，记为 T_1（min），测试 3 次取平均值。记录加满一箱药液的时间，记为 T_2（min），测试 3 次取平均值。并记录加药工具。配制药液可以在喷药的同时完成，时间不计。每箱药液作业系数记为 F。每天按照作业 8 h 计算，计算日作业效率 E（×667m²/d）。

$$E = \frac{(60 \times 8) \times F}{T_1 + T_2}$$

2 结果与分析

2.1 对草地贪夜蛾防治效果

由表 1 可知，6%甲维·虫螨腈微乳剂 20 ml/667 m² 植保无人机、背负式电动喷雾器施药，药后 3 d 防效分别为 75.91%、79.93%，背负式电动喷雾器施药速效性好，防效高于植保无人机施药防效 4 个百分点。药后 7 d，植保无人机、背负式电动喷雾器施药防效达到最高，分别为 87.73%、90.64%。药后 14 d 防效分别为 83.04%、84.36%，防效虽下降，仍具有较好的持效性。

表 1 2 种不同施药器械防治草地贪夜蛾效果

处理	虫口基数（头）	药后 3 d		药后 7 d		药后 14 d	
		减退率（%）	防效（%）	减退率（%）	防效（%）	减退率（%）	防效（%）
6%甲维·虫螨腈微乳剂（20 ml/667 m² 植保无人机施药）	73	76.71	75.91	86.30	87.73	82.19	83.04
6%甲维·虫螨腈微乳剂（20 ml/667 m² 背负式电动喷雾器施药）	67	80.60	79.93	89.55	90.64	83.58	84.36
CK	60	3.33		−11.67		−5.00	

2.2 玉米保护效果

由表 2 可知，植保无人机、背负式电动喷雾器施药处理，药后 10 d 为害指数分别为 16.17、14.33，保效分别为 58.28%、62.97%。药后 20 d 为害指数分别为 21.36、19.73，保效分别为 70.10%、72.38%，仍能表现出较好的保叶效果。结果表明，2 种施药器械对玉米都有较好的保护效果，背负式电动喷雾器持效性更长。

表 2 2 种不同施药器械对玉米保护效果

处理	药后 10 d		药后 20 d	
	为害指数	保效（%）	为害指数	保效（%）
6%甲维·虫螨腈微乳剂（20 ml/667 m² 植保无人机施药）	16.17	58.28	21.36	70.10

（续表）

处理	药后 10 d		药后 20 d	
	为害指数	保效（%）	为害指数	保效（%）
6%甲维·虫螨腈微乳剂（20 ml/667 m² 背负式电动喷雾器施药）	14.33	62.97	19.73	72.38
CK	38.76		71.44	

2.3 作业情况对比

由表 3 可知，植保无人机日作业 546.87×667 m²，作业效率高，机手劳动强度低，施药安全性好，适用于种植专业合作社、种粮大户等大面积统防统治。背负式电动喷雾器日作业 9.75×667 m²，作业效率低，劳动强度大，施药时与农药零距离接触时间长，安全性差，适用于农户小面积防治。

表 3 2 种不同施药器械作业情况比较

处理	植保无人机施药	背负式电动喷雾器施药
作业系数 F	13.33	0.64
作业时间 T_1+T_2（min）	8.5+3.2	25.0+6.5
作业效率 E（×667m²/d）	546.87	9.75
用药液量（kg/hm²）	22.5	375.0
机手劳动强度	Ⅰ（轻劳动）	Ⅲ（重劳动）
施药安全性	好	差
适用对象	合作社、种粮大户等	农户

3 小结及讨论

玉米是漯河市重要的粮食作物，多为规模化、专业化种植。使用植保无人机有利于解决种植专业合作社、种粮大户等病虫防治用工紧缺的问题。笔者对比植保无人机施药与背负式电动喷雾器施药对草地贪夜蛾防效及作业情况综合分析可知，2 种施药器械喷雾对草地贪夜蛾均有较好的防治效果，植保无人机工作效率高，劳动强度低，施药安全性好，可为种植专业合作社、种粮大户草地贪夜蛾大面积统防统治提供参考。

4种药剂防治秋播糯玉米草地贪夜蛾效果比较

胥付生[1*]，贠清峰[2]，马琳琳[3]，焦　阳[3]，边红伟[1**]

（1. 漯河市郾城区植保植检站，郾城　462300；2. 河南省金囤种业有限公司，
郾城　462300；3. 漯河市郾城区农业技术推广站，郾城　462300）

摘　要： 为明确不同杀虫剂对草地贪夜蛾的防治效果，笔者开展了4种杀虫剂防治草地贪夜蛾效果比较试验。结果可知，14%氯虫·高氯氟悬浮剂等4种药剂都能有效控制该虫对作物的为害，防治效果好，可在生产中大规模使用。

关键词： 草地贪夜蛾；防治效果；保护效果

草地贪夜蛾（*Spodoptera frugiperda*）又称秋黏虫，属鳞翅目夜蛾科，是玉米上一种重要的害虫。该虫原产于美洲热带地区，2019年1月11日，在云南省普洱市江城县首次发现该虫为害，后呈快速蔓延态势。2019年6月18日，在漯河市郾城区商桥镇商东村春玉米田发现该虫为害。经全区普查，发生面积12.5 hm²，产量损失11.3 t，主要为害春玉米和晚播甜玉米。2020年7月受湖北省持续强降雨天气影响，对草地贪夜蛾成虫迁飞造成一定影响；当年8月22日，在新店镇新店村发现该虫为害，主要为害秋播玉米。由于草地贪夜蛾具有适生区域广、迁飞速度快、繁殖能力强、暴食为害重的特点，给防治带来很大的困难。根据"草地贪夜蛾入侵中原主粮区的生态机理与暴发机制"（NSFC-河南省联合资金项目，U1904201）与"河南省草地贪夜蛾发生规律及防控技术研究与示范"（河南省重大科技项目）工作安排，笔者开展了4种药剂防治草地贪夜蛾效果比较试验，以期筛选出广谱高效、用量低、环境友好的防治药剂。

1　材料与方法

1.1　试验地概况

试验地设在漯河市郾城区新店镇新店村王孝银玉米田内，该田地势平坦，排灌方便，肥力均匀一致。土质为两合土，pH值6.7，有机质含量0.95%。

前茬作物为春玉米，种植玉米品种为京糯832，2020年7月16日播种，种植密度46 000株/hm²，种肥同播，用湖北三宁复合肥（30-5-5）750 kg/hm²作底肥，作物整个生育期未追肥。

1.2　试验材料

试验药剂分别为14%氯虫·高氯氟悬浮剂（商品名为福奇；先正达苏州作物保护有限公司）、12%甲维·虫螨腈悬浮剂（商品名为剑斩；济南佳邦农化有限公司）、

---

* 第一作者：胥付生，长期从事植保和植检工作；E-mail：13939559661@ 163. com

** 通信作者：边红伟，长期从事植保和植检工作；E-mail：470269794@ qq. com

50 g/L 虱螨脲乳油（商品名为美除；先正达苏州作物保护有限公司）、5%甲氨基阿维菌素苯甲酸盐水分散粒剂（商品名为卓电；天津市华宇农药有限公司）。

1.3 试验设计

试验共设 4 个处理，1 个空白对照。处理 1：14%氯虫·高氯氟悬浮剂 300 ml/hm²。处理 2：12%甲维·虫螨腈悬浮剂 300 ml/hm²。处理 3：3 g/L、50 g/L 虱螨脲乳油 450 ml/hm²。处理 4：5%甲氨基阿维菌素苯甲酸盐水分散粒剂 300 g/hm²。各处理及对照（CK）重复 3 次，随机区组排列，小区面积 66.7 m²。

1.4 施药时间、次数及天气情况

2020 年 9 月 3 日傍晚施药，施药 1 次，施药时期为玉米 10 叶 1 心期。施药当天晴，微风，无持续风向，平均温度 26.3℃，相对湿度 72%。试验期间以晴间多云天气为主，无降雨。

1.5 施药器械

施药器械为 3WBS-20 智能电动喷雾器，配 45° 双喷头，切向离心式圆锥雾喷头，喷孔直径 1.0 mm，工作压力 0.2~0.3 MPa，施药液 450 kg/hm²。

1.6 调查内容和方法

1.6.1 对作物的直接影响

本试验田种植为糯玉米，施药后不定期观察作物的生长及叶色情况，如有药害，记录药害的类型与程度。收获期观察对作物成熟度的影响，是否推迟或提前成熟。

1.6.2 草地贪夜蛾调查

施药前 1 d 调查虫口基数，每小区随机选择 30 株有虫株作为防效调查对象，挂牌标记每株上幼虫头数，并做好编号。药后 1 d、3 d、5 d、7 d，调查每个挂牌植株的残虫量，计算防效。

药效计算方法：

$$虫品减退（\%）=\frac{施药前虫量-施药后残虫量}{施药前虫量}×100$$

$$防治效果（\%）=\frac{处理区虫口减退率-对照区虫口减退率}{100-对照区虫口减退率}×100$$

1.6.3 玉米保护效果调查

药后 14 d（9 月 17 日）调查，目测挂牌植株为害情况，以受害面积占整个叶/植株面积的百分率来分级，计算为害指数和保护效果。

分级方法：0 级，无为害；1 级，受害面积占整个叶/植株面积的 5% 以下；3 级，受害面积占整个叶/植株面积的 6%~10%；5 级，受害面积占整个叶/植株面积的 11%~20%；7 级，受害面积占整个叶/植株面积的 21%~50%；9 级，受害面积占整个叶/植株面积的 50% 以上。

保护效果计算方法：

$$为害指数=\frac{\sum（各级为害叶/株数×相对级数值）}{调查总叶/株数×9}×100$$

$$保护效果（\%）=\frac{空白对照区药后为害指数-药剂处理药后为害指数}{空白对照区药后为害指数}×100$$

2 结果与分析

2.1 安全性

试验期间观察，各处理小区无叶片褪绿、停滞生长等药害症状发生，与空白对照对比，作物生长正常。收获期观察，各处理小区与空白对照，成熟度一致，未推迟或提前成熟。表明试验药剂在试验剂量应用范围内对作物安全。

2.2 对草地贪夜蛾的防治效果

由表1可知，根据虫口减退率比较各处理防效结果表明，14%氯虫·高氯氟悬浮剂 300 ml/hm^2 处理，药后 3 d 防效 86.22%，药后 7 d 防效 98.67%，速效性好，药效持久。12%甲维·虫螨腈悬浮剂 300 ml/hm^2 处理，药后 3 d 防效 83.26%，药后 7 d 防效 96.72%，上述 2 个处理兼具速效性和持效性，控虫效果好。50 g/L 虱螨脲乳油 450 ml、5%甲氨基阿维菌素苯甲酸盐水分散粒剂 300 g/hm^2，药后 7 d 对草地贪夜蛾的防效均在 90%以上，均有较好的防治效果。

表 1   4 种药剂对草地贪夜蛾的防治效果

处理	药后 1 d		药后 3 d		药后 5 d		药后 7 d	
	虫口减退率（%）	防效（%）	虫口减退率（%）	防效（%）	虫口减退率（%）	防效（%）	虫口减退率（%）	防效（%）
处理 1	57.07	59.25aA	84.63	86.22aA	96.75	97.09aA	98.45	98.67aA
处理 2	51.16	53.72abAB	81.30	83.26bAB	92.80	93.65abAB	96.22	96.72abA
处理 3	46.39	49.26bcB	76.67	79.27cBC	89.51	90.72bBC	93.43	94.22bAB
处理 4	43.04	46.05cB	74.07	76.82dC	84.97	86.64cC	89.10	90.33cB

注：图中数据为 3 次重复平均数。试验数据邓肯式新复极差法（DMRT）分析，同列数据后不同小写字母表示差异显著（$P<0.05$），不同大写字母表示差异显著（$P<0.01$）。

药后 7 d 进行差异显著性分析，1%显著水平，14%氯虫·高氯氟悬浮剂 300 ml、12%甲维·虫螨腈悬浮剂 300 ml、50 g/L 虱螨脲乳油 450 ml/hm^2 3 个处理无差异，50 g/L 虱螨脲乳油 450 ml、5%甲氨基阿维菌素苯甲酸盐水分散粒剂 300 g/hm^2 2 个处理无差异。

2.3 对玉米的保护效果

由表 2 可知，药后 14 d，14%氯虫·高氯氟悬浮剂 300 ml、12%甲维·虫螨腈悬浮剂 300 ml、50 g/L 虱螨脲乳油 450 ml、5%甲氨基阿维菌素苯甲酸盐水分散粒剂 300 g/hm^2 处理，为害指数分别为 27.41、29.14、29.88、32.10，对玉米的保护效果分别为 64.07%、61.79%、60.83%、57.92%。

表 2   4 种药剂药后 14 d 对玉米的保护效果

处理	为害指数	保护效果（%）
处理 1	27.41	64.07aA

（续表）

处理	为害指数	保护效果（%）
处理 2	29.14	61.79abAB
处理 3	29.88	60.83bAB
处理 4	32.10	57.92cB

注：图中数据为 3 次重复平均数。试验数据邓肯式新复极差法（DMRT）分析，同列数据后不同小写字母表示差异显著（$P<0.05$），不同大写字母表示差异显著（$P<0.01$）。

1%显著水平，14%氯虫·高氯氟悬浮剂 300 ml、12%甲维·虫螨腈悬浮剂 300 ml、50 g/L 虱螨脲乳油 450 ml/hm² 3 个处理无差异，12%甲维·虫螨腈悬浮剂 300 ml、50 g/L 虱螨脲乳油 450 ml、5%甲氨基阿维菌素苯甲酸盐水分散粒剂 300 g/hm² 3 个处理无差异。

3 结论与讨论

试验结果表明，各供施药剂对草地贪夜蛾均有一定的防治效果并有一定的保叶效果。其中，14%氯虫·高氯氟悬浮剂 300 ml/hm² 防效最好，速效性好且药效持久。12%甲维·虫螨腈悬浮剂 300 ml/hm² 次之。50 g/L 虱螨脲乳油 450 ml/hm² 及 5%甲氨基阿维菌素苯甲酸盐水分散粒剂 300 g/hm² 也有很好的防治效果。

考虑农药的科学使用，在草地贪夜蛾虫龄不一且虫量比较大时，推荐使用 14%氯虫·高氯氟悬浮剂、12%甲维·虫螨腈悬浮剂防治。虫龄低且虫量比较小时，推荐使用 50 g/L 虱螨脲乳油、5%甲氨基阿维菌素苯甲酸盐水分散粒剂防治。施药时间选择在清晨和傍晚，避开中午高温，用足水量，均匀打透，重点喷施玉米心叶。

漯河市朝天椒棉铃虫发生为害与绿色防控技术

胥付生[1*]，栗明明[1]，马琳琳[2]，焦　阳[2]，边红伟[1**]

（1. 漯河市郾城区植保植检站，郾城　462300；

2. 漯河市郾城区农业技术推广站，郾城　462300）

摘　要： 朝天椒是漯河市主要特色产业，常年种植面积 12.5 万亩左右。为害朝天椒的棉铃虫蛀食辣椒叶、花、蕾和角果，对产量和品种造成较大影响。根据棉铃虫的发生规律、生活习性、为害特点，采用农业防治、生态调控、理化诱控、生物防治、科学用药等绿色防控技术，能有效减轻棉铃虫发生为害。

关键词： 朝天椒；棉铃虫；发生为害；绿色防控

棉铃虫 [*Helicoverpa armigera*（Hübner）] 又名钻桃虫、钻心虫等，属鳞翅目夜蛾科。该虫食性杂，寄主植物有 30 多科 200 余种，粮、棉、油料、蔬菜、果树、药用植物、牧草等绝大多数人、畜食用的植物上都有其为害。朝天椒是漯河市主要特色产业之一，种植区域主要集中在郾城区商桥镇、李集镇，召陵区老窝镇，临颍县王岗镇、王孟镇等，常年种植面积 12.5 万亩，年产干椒 4 060 万 kg，年产值 10.5 亿元，是农民收入的重要来源。棉铃虫是朝天椒的主要害虫，发生时期长，防治难度大，蛀食辣椒角果后易造成果腐和大量落果，严重影响朝天椒的产量和品质。每年仅因棉铃虫为害而造成产量损失 10% 以上，直接经济损失达 9 000 万元以上，已对朝天椒的生产构成严重威胁。

1　形态特征

成虫：体长 15~20 mm，翅展 27~38 mm。前翅颜色变化大，雌蛾多黄褐色，雄蛾多绿褐色。前翅前缘有暗褐色肾形纹和环形纹各有 1 个，外横线有深灰色宽带，带上有 7 个小白点。后翅灰白色，沿外缘有黑色宽带，宽带中央有 2 个相连白斑。

卵：直径 0.5~0.8 mm，近半球形。卵表面可见纵横纹，从卵顶向下有 12 条纵棱，到卵底部分成 26~28 条。初产时乳白色，逐渐变为黄色，近孵化时紫褐色。

幼虫：共 6 龄，少数 5 龄或 7 龄。体长 40~45 mm，头部黄褐色，气门线白色，体背有十几条细纵线条，各腹节上有刚毛疣 12 个，刚毛较长。初孵幼虫青灰色，后期体色变化多，大致分为黄白色型、黄色红斑型、灰褐色型、土黄色型、淡红色型、绿色型、黑色型、咖啡色型、绿褐色型 9 种类型。

蛹：长 17~20 mm，纺锤形，赤褐色至黑褐色，5~7 腹节前缘密布比体色略深的刻点，尾端有臀刺 2 根。

---

* 第一作者：胥付生，长期从事植保和植检工作；E-mail：13939559661@163.com

** 通信作者：边红伟，长期从事植保和植检工作；E-mail：470269794@qq.com

2 发生规律

1年发生4代,以滞育蛹在5~10 cm深的土中筑土室越冬。第二年4月下旬气温15 ℃以上时开始羽化出蛾,5月上旬进入盛蛾期。第一代幼虫在春玉米、豌豆等作物上为害。5月下旬至6月初,幼虫入土化蛹。第一代成虫盛发期在6月上中旬,产卵盛期6月中下旬,6月底第二代幼虫为害盛期,主要为害棉花、辣椒、玉米、番茄、瓜类等作物。第二代成虫盛期在7月上中旬,产卵盛期7月中下旬,第三代幼虫为害盛期在7月底8月初。第三代成虫盛期在8月中旬,8月下旬至9月上旬为第四代幼虫为害盛期。9月下旬后老熟幼虫开始入土化蛹越冬。

棉铃虫成虫多在19:00时至翌日02:00羽化,羽化后沿原道爬出土面后展翅。成虫昼伏夜出,白天躲藏在隐蔽处,黄昏开始活动,在开花植物间飞翔吸食花蜜,成虫羽化后当晚即可交配,2~3 d后开始产卵,每头雌蛾终生可产卵1 000粒左右,最多可达5 000粒。

各虫态历期受温度影响较大,1~4代的卵期分别为3.5 d、1.5 d、2.0 d、2.5 d;幼虫历期分别为19.8 d、17.8 d、25.9 d、26.0 d;预蛹期分别为2.5 d、2.4 d、1.8 d、4.0 d;蛹期分别是10.4 d、10.0 d、9.4 d,4代进入越冬期。成虫历期,越冬代、1代、2代、3代雌蛾分别为11.4 d、12.0 d、11.0 d、11.2 d,雄蛾分别为9.0 d、10.0 d、7.8 d、10.0 d。一般情况,越冬代发蛾盛期与第二代卵盛期相距50~51 d,第二代卵盛期到第三代卵盛期平均期距34~35 d,第三代卵盛期到第四代卵盛期平均期距33 d左右。

湿度对幼虫发育的影响更显著,当月降水量在100 mm以上,相对湿度60%以上时,为害较重;降水量200 mm,相对湿度70%以上,则为害严重。

3 为害症状

以幼虫为害植株叶、花、蕾、果,偶尔也蛀茎。初孵幼虫取食卵壳,具群集性,幼虫转移到顶部嫩叶取食叶肉,形成网状透明斑。3龄后分散开,取食叶片形成缺刻或孔洞,5~6龄幼虫能将叶片吃光仅留叶脉。蕾受害后,苞叶张开,变成黄绿色,2~3 d后脱落。幼果常被吃空或引起腐烂而脱落,成果虽然只被蛀食部分果肉,但因蛀孔在蒂部,雨水、病菌易侵入引起腐烂、脱落。幼虫有转株为害习性,转移时间多在09:00及17:00左右,一生可转株为害3~4株。

4 防治技术

4.1 农业防治

(1)中耕灭茬。在麦收后及时中耕灭茬,消灭部分一代蛹,降低成虫羽化率。

(2)深耕、冬灌。恶化越冬生存环境,越冬前对有虫田深耕,将越冬蛹翻至土表,有利于鸟类等捕食,低温也可杀死翻至土表的蛹。冬灌则田间土壤湿度增大,可使越冬蛹大量死亡,减少第一代成虫量。

(3)摘除边心、及时整枝打顶。田间结合整枝及时打顶,摘除边心及无效花蕾,并带出田外集中处理。

（4）人工捕捉。人工捕捉也是一种有效措施，在卵孵化、幼虫为害期，于阴天或晴天的早晨、下午到田间检查心叶、嫩叶及花、蕾、果等，摘除卵块、人工捕找出幼虫并杀死。

4.2 生态调控

种植诱集带。田边或田间插花种植春玉米，一般每667 m² 辣椒田种植 200～300 株春玉米，以诱集二代棉铃虫。6月中旬在春玉米行内种植夏玉米，以诱集三代、四代棉铃虫。

4.3 理化诱控

（1）灯光诱杀。利用成虫趋光性，在成虫发生期，集中连片应用佳多频振式杀虫灯、黑光灯诱杀成虫。佳多频振式杀虫灯单灯控制面积 2.0～3.3 hm²，悬挂高度 1.5～2.0 m，连片规模设置效果更好。二代棉铃虫羽化期开灯，8月底撤灯，只在成虫发生盛期开灯，每日开灯时间为 17：00 到翌日 5：00。

（2）性诱剂诱杀。田间设置棉铃虫性诱捕器，每667 m² 2～3 套，诱杀棉铃虫雄蛾。

（3）枝条诱杀。有条件的地区可在辣椒田内插萎蔫的杨树枝把，每667 m² 插10～15 把，诱集二代、三代棉铃虫成虫。

4.4 生物防治

（1）充分利用天敌。棉铃虫卵寄生性天敌主要有拟澳洲赤眼蜂、玉米螟赤眼蜂、姬蜂、茧蜂、蚜茧蜂等；幼虫寄生性天敌主要有齿唇姬蜂、方室姬蜂、瘦姬蜂、螟蛉绒茧蜂、红尾寄生蝇等，捕食性天敌有草蛉、螳螂、长脚黄蜂、小花蝽、蜘蛛等。人工释放赤眼蜂，从第二代开始，每代棉铃虫卵盛期人工释放 3 次，每次间隔 5～7 d，每次每667 m² 放蜂量 1.2 万～1.4 万头，田间虫量可减少 60% 以上。

（2）生物农药防治。卵始盛期，每667 m² 用 16 000 IU/mg 苏云金杆菌可湿性粉剂 100～150 g 或 10 亿 PIB/g 棉铃虫核型多角体病毒可湿性粉剂 80～100 g，兑水 40 kg 茎叶喷雾。幼虫 3 龄前可选用复方 Bt 乳剂（活孢子 120 亿/ml）或杀螟杆菌粉剂（活孢子 120 亿/g）400～500 倍液喷雾。

4.5 科学用药

严格执行 GB 4285、GB/T 8321 和 NY/T 1276，农药桶混执行其残留性最大的有效成分安全间隔期。已在辣椒上登记的农药，按照登记用药量使用，没在辣椒上登记的农药，在当地植保部门指导下使用。

当有效天敌总量不足以控制棉铃虫为害时，需要采取化学防治措施。防治二代棉铃虫，每667 m² 选用 4.5% 高效氯氰菊酯乳油 35～50 g 或 25% 灭幼脲悬浮剂 15～20 ml。防治三代、四代棉铃虫每667 m² 选用 14% 氯虫·高氯氟微囊悬浮-悬浮剂 15～20 ml、5% 氯虫苯甲酰胺悬浮剂 30～60 ml 或 10% 溴氰虫酰胺悬浮剂 10～30 ml，兑水 20～30 kg，茎叶喷雾。

大棚蔬菜黄曲条跳甲发生规律和绿色防控技术措施

杨晓芳[1*]，谢红站[1]，项　丹[1]，李　伟[2]

（1. 漯河市郾城区农业技术推广站，漯河　462300；2. 漯河市气象局，漯河　462300）

摘　要：本文介绍了黄曲条跳甲的为害特点，分析了其发生条件，提出了有针对性的防控措施，以期为漯河市大棚十字花科蔬菜安全生产提供技术参考。

关键词：黄曲条跳甲；为害特点；发生条件；防治措施

黄曲条跳甲简称跳甲，属鞘翅目叶甲科害虫。近年来，随着产业结构调整步伐的加快和设施农业面积的持续增加，温度、湿度和食物条件适合黄曲条跳甲发生流行，该虫已由次要害虫上升为漯河市蔬菜生产的主要害虫。该虫的发生流行给漯河市大棚十字花科蔬菜生产带来十分严重的影响，如果防治不到位可能造成绝收，显著影响菜农收入。

1　为害特点

黄曲条跳甲主要为害十字花科蔬菜，成虫常群集在叶背取食，体型小、能飞善跳、性极活泼。它啃食叶片，常造成被害叶面布满稠密的椭圆形小孔洞，使叶片枯萎，光合作用降低，失去商品价值。跳甲有趋嫩性，喜欢取食叶片的幼嫩部位，所以苗期受害最重，常造成毁苗。初孵幼虫沿须根食向主根，剥食根的表皮，形成不规则条状疤痕，可咬断须根，使植株叶片发黄发蔫死亡，也可咬断幼芽嫩茎，造成芽株萎缩干枯甚至死亡。

2　发生条件

黄曲条跳甲在漯河市每年发生 3~5 代，成虫的体长约 2 mm，卵产在受害作物根部 1~7 cm 土壤中，幼虫体长为 3~5 mm，在土中为害植物根部。

2.1　温度

3 月下旬至 6 月和 9—10 月气温在 20~30℃时适宜发生流行，为害较重，当气温超过 30℃，活动量和繁殖量下降并在寄主作物附近土壤缝隙和残体下蛰伏避温，为害降低。一旦条件适宜，就发生为害。

2.2　湿度

如果温度适宜，土壤相对湿度在 90% 以上时，黄曲条跳甲大量产卵繁殖为害，所以在春、秋季塑料大棚里易大量发生。另外，春季和秋季如果雨水较多，萝卜、芥菜、油菜、大白菜等十字花科大田也容易大量发生为害。

---

* 第一作者：杨晓芳，农业技术推广研究员，主要从事病虫害测报工作；E-mail:lhyczbz@126.com

217

3　防治难点

3.1　出众的运动能力

跳甲后足腿节膨大，善跳，它对药剂非常敏感，当人们打药时哪怕是轻微的药雾也能感觉到，会立刻跳到地面或钻进土里躲避，这对防治工作造成了很大的阻碍。

3.2　抗药性很强

随着十字花科蔬菜连作，过度使用化学药剂等，跳甲的抗药性已越来越强。特别是频繁使用同一种药剂防治，会加快抗药性的产生。

3.3　假死性

成虫受惊后会立即跳离叶片，落地后翻身短暂假死。确定安全后，就进行为害，增加了防治难度。

3.4　打药难度大

跳甲交配后在土壤中产卵，孵化后的幼虫吃根，成虫吃叶，这给打药增加了难度，通常种植户为了节约人工或用药成本，要么喷雾要么淋根，防治工作难度较大。

4　绿色防治方法

4.1　农业防治

合理轮作，与非十字花科蔬菜合理轮作，及时清理十字花科蔬菜残株落叶，减少黄曲条跳甲食物来源，也可与大蒜、荆芥、紫苏等蔬菜间作套种，恶化黄曲条跳甲生存繁殖环境，将虫口降低在可控范围内。

4.2　物理防治

可用黄板诱杀成虫，每 667 m² 悬挂黄板 25～30 张，高度在叶菜上部 10 cm 左右。黄曲条跳甲重发田块，可采用灌水方法灭除土壤中的幼虫、虫卵，灌水深 3～5 cm，保持 7 d 左右，再整地播种。

4.3　适时防治

温度较高的季节，中午成虫大多数潜回土中，此时喷药较难杀死。可在07：00—08：00 或下午 17：00—18：00 喷药，此时成虫出土后活跃性较差，药效好。秋冬季节，10：00 左右和下午 15：00—16：00 特别活跃，易受惊扰而四处逃窜，但中午常静伏于叶底部。因此，可在早上成虫刚出土时，或者于中午、下午成虫活动处于"疲劳"状态时喷药。

4.4　先外后内防治

跳甲有很强的跳跃性，从里向外喷药，跳甲虫容易逃跑，所以喷药时应注意从田边向里围喷，以防具有很强跳跃能力的成虫逃跑。田块较宽的，应四周先喷，合围杀虫；田块狭长，可先喷一端，再从另一端喷过去，做到"围追堵截"，防止成虫逃窜。喷药动作宜轻，勿惊扰成虫。

4.5　上下兼治

跳甲只考虑地上喷药，往往效果较差，应该采取上下兼治。于作物收获后，彻底收集残株落叶，铲除杂草并烧毁，并进行播前深翻晒土，以消灭部分虫蛹，恶化其越冬环境，可减轻为害。另外，铺设地膜，避免成虫把卵产在根上。在重发生区，播前或定植前后采取撒毒土或淋施药液的办法先处理土壤，毒杀土中虫蛹。

4.6 化学防治

当苗期黄曲条跳甲达到 20 头/百株以上、生长期超过 60 头/百株，或蔬菜苗期和生长期叶片上取食造成的孔洞数分别达到 30 个、50 个以上时，可选用氯虫·噻虫嗪、苦参碱、呋虫胺、溴氰虫酰胺或啶虫脒进行防治，特别严重时用溴虫氟苯双酰胺进行防治。

参考文献（略）

几种实蝇诱捕器对瓜类实蝇的诱捕效果

张亚槐[1]*，吴宗钰[1]，李　鑫[2]，黎新明[2]

(1. 新晃侗族自治县植保植检站，怀化　419200；

2. 新晃侗族自治县农业综合服务中心，怀化　419200)

摘　要：2022 年 6—9 月，笔者使用几种常用的实蝇诱捕器对瓜类实蝇进行诱捕试验，以评价不同诱捕器的诱杀效果、持效性及专一性。结果表明：瓜果实蝇追踪诱粘剂诱杀效果最好，专一性及持效性较好，可在生产中推广应用；橙色球形诱捕器诱杀效果次之，持效性一般，专一性较差；绿色球形诱捕器诱虫数量居第三位，持效性及专一性较差；性诱捕器专一性好，持效性较好，诱虫量较少；瓜形诱捕器诱杀效果、专一性及持效性一般。

关键词：瓜类实蝇；诱捕器；诱杀效果

湖南省新晃侗族自治县（以下简称新晃县）地处我国西南的云贵高原苗岭余脉延伸末端的湘黔边界，境内气候温和，雨量充沛，无霜期长，土地肥沃，是发展农业生产的理想之地。近年来，新晃县瓜类蔬菜种植面积不断扩大，南亚果实蝇 [*Zeugodacus tau*（Walker）]、瓜实蝇 [*Zeugodacus cucurbitae*（Coquillett）] 等瓜类实蝇为害情况也呈逐年加重趋势，严重影响瓜菜产量和品质。此类害虫主要为害黄瓜、苦瓜、丝瓜、西葫芦、南瓜等葫芦科作物，以成虫在瓜上产卵，幼虫孵化后在瓜内取食瓜瓤，造成瓜条流胶、畸形，瓜皮变硬，瓜味变苦，严重的导致整瓜腐烂脱落（张艳等，2018；李向群等，2016；许桓瑜等，2015）。瓜类实蝇扩散能力及繁殖能力强，一年可发生 3~5 代，世代重叠，防治难度大（陈运康等，2022）。当前，多数瓜农采用传统化学防治方法，不仅防治效果不好，还容易造成化学农药过量使用、瓜菜农药残留超标等问题（吉甫成等，2021）。为了在瓜类生产中减少化学农药用量、提高实蝇类害虫防治效果、保障瓜菜产品质量安全，2022 年新晃县植保植检站引进了瓜果实蝇追踪诱粘剂、性诱器、球形和瓜形诱捕器等实蝇诱捕产品，开展诱杀效果对比试验，从中筛选诱杀效果好、使用简便、成本较低的诱捕器，逐步在生产中推广应用，提高绿色防控技术覆盖率。

1　材料和方法

1.1　试验地概况

试验地位于新晃县晃州镇石坞溪村，面积 0.33 hm²，地块方正，肥力中上。栽培品种为夏秋苦瓜金秀一号，种植时间 5 月上旬，棚架式栽培，株距 1 m，行距 3 m，长

---

* 第一作者：张亚槐，高级农艺师，主要从事农作物病虫害监测预警与防控工作；E-mail：hn419200@126.com

势良好，6 月中旬开始挂果，采收时间 7—9 月。瓜类实蝇偏重发生，试验前未施药防治。试验时间 2022 年 6 月 30 日至 9 月 29 日。

1.2 供试诱捕产品

绿色球形诱捕器：由湖南石门欧氏诱蝇球厂生产，直径 8 cm，表面涂布黏胶。

橙色球形诱捕器：由湖北绿生保生物科技有限公司生产，直径 10 cm，表面涂布黏胶，添加助剂及信息素。

瓜形诱捕器：由湖南大益农作物保护中心提供，绿色，苦瓜形状，长度 20 cm，表面涂布黏胶。

便携式性诱捕器：由广州瑞丰生物科技有限公司生产，顶部为圆形防雨罩，中部开有 4 个倒锥形进虫口，下方有瓶盖式开口，可安装矿泉水瓶，开口内插有诱芯棉棒，可将性诱剂滴在上面。

瓜果实蝇追踪诱粘剂：由湖南省华垦农业科技发展有限公司提供，450 ml/瓶，主要成分为天然橡胶、花粉提取物、抗紫外线剂、抗冲刷剂等，用于喷涂在瓶子表面使用。

1.3 试验设计

本试验设 5 个处理，每种诱捕器为一个处理，每个处理重复 3 次，平行交错排列，共 15 个处理，每种诱捕器间隔 5 m，小区间不做物理隔离。

（1）绿色球形诱捕器：诱捕器悬挂于棚架离地 1.5 m 处，每 7 d 清理一次球面实蝇，每 14 d 更换一次新球。

（2）橙色球形诱捕器：方法同（1）。

（3）瓜形诱捕器：方法同（1）。

（4）便携性诱捕器：先将性诱剂 2 ml 滴在诱芯棉棒上，将空水瓶插在下方开口处旋紧，再将诱捕器悬挂在棚架离地 1.5 m 处，每 7 d 清理一次瓶内实蝇，每 28 d 更换一次诱芯。

（5）瓜果实蝇追踪诱粘剂：将诱粘剂均匀喷涂在空矿泉水瓶表面，悬挂于棚架离地 1.5 m 处。每 7 d 清理一次瓶子表面实蝇，每 14 d 更换瓶子，并喷涂诱粘剂。

1.4 试验方法

6 月 30 日将所有诱捕器安装到位，之后每 7 d 调查记载一次各个处理诱虫数量，9 月 29 日试验结束。根据每个处理 3 次重复在试验期间诱捕瓜类实蝇总数，评价诱捕器的诱捕效果。每次调查时，目测估算各种诱捕器对非靶标昆虫的诱捕数量，评价诱捕器的专一性。根据每种诱捕器的有效诱捕持续时间，评价诱捕器的持效期。

1.5 数据处理

采用 Excel 2010 软件进行数据分析，应用 SPSS 19 软件邓肯氏新复极差法对调查值进行差异显著性检验。

2 结果与分析

在 2022 年 6 月 30 日至 9 月 29 日期间，5 种诱捕器共诱到瓜类实蝇成虫 2 109 头，其中南亚实蝇占 91%，其余为其他类型实蝇（表 1）。

表 1 不同处理对瓜类实蝇诱捕数量　　　　　　　　　　　　　单位：头

处理	日期（月/日）												
	7/7	7/14	7/21	7/28	8/4	8/11	8/18	8/25	9/1	9/8	9/15	9/22	9/29
1	4 (0)	3 (5)	17 (3)	7 (0)	11 (1)	32 (2)	17 (4)	43 (7)	41 (7)	52 (4)	17 (0)	22 (3)	21 (8)
2	8 (4)	20 (1)	20 (5)	16 (2)	22 (3)	47 (2)	15 (0)	44 (1)	84 (5)	95 (3)	43 (1)	65 (6)	50 (2)
3	14 (2)	11 (2)	16 (1)	22 (2)	7 (3)	14 (3)	6 (0)	3 (3)	19 (1)	3 (0)	11 (4)	14 (1)	16 (2)
4	9 (1)	8 (0)	4 (1)	0 (1)	6 (0)	7 (2)	0 (0)	5 (0)	12 (1)	9 (1)	0 (0)	0 (3)	2 (1)
5	41 (2)	116 (5)	60 (2)	82 (6)	54 (2)	106 (13)	33 (2)	91 (4)	86 (6)	81 (5)	44 (1)	48 (3)	59 (5)

注：诱捕数量的括号外为南亚实蝇，括号内为瓜实蝇等其他实蝇。

5 种不同类型的诱捕器的诱捕效果比较发现，瓜果实蝇追踪诱粘剂诱捕效果最好，共诱到实蝇 957 头，占诱虫总数 45.4%；其他昆虫诱集数量比较少，专一性较好；14 d 以后依然有较好的诱集作用，持效期较长。橙色球形诱捕器共诱到实蝇 564 头，占诱虫总数的 26.7%，诱虫效果居第二位，诱虫量前期较少，8 月下旬后逐渐增加；其他昆虫的诱集数量较多，专一性较差；14 d 后仍有一定诱集作用，持效性一般。绿色球形诱捕器共诱到实蝇 331 头，占诱虫总数的 15.7%，诱虫效果居第三位；其他昆虫的诱集数量最多，专一性差；7 d 后球面即粘满各种昆虫，对实蝇的诱粘作用变差，持效性较差。瓜形诱捕器共诱到实蝇 182 头，占诱虫总数的 8.6%，诱虫效果居第四位；对其他昆虫的诱集数量较少，专一性一般；14 d 后诱粘效果降低，持效性一般。性诱捕器共诱到实蝇 75 头，占诱虫总数的 3.6%，因其只对雄性实蝇有诱集作用，诱杀效果有待另外验证评价；试验期间未诱到其他非靶标昆虫，专一性最好；21 d 后仍有诱集作用，持效性较好（表 2）。

表 2 五种诱捕器对瓜类实蝇诱捕效果比较

诱捕器	诱捕数量（头）	专一性	持效性
瓜果实蝇追踪诱粘剂	319.0±54.7 a	较好	较好
橙色球形诱捕器	188.0±26.8 b	较差	一般
绿色球形诱捕器	110.3±24.0 bc	差	较差
瓜形诱捕器	60.6±7.5 c	一般	一般
便携性诱捕器	25.0±8.1 c	好	较好

注：同列数据后不同小写字母表示差异显著（$P < 0.05$）。

在 2022 年的试验期间，对瓜类实蝇在新晃县的发生动态情况进行统计，表明新晃县瓜类实蝇在 7—9 月有 3 次成虫高峰，每次为 1 个月左右（图 1）。

3 小结与讨论

瓜园的诱捕结果发现，新晃县为害瓜类的实蝇，以南亚果实蝇为主，另有少量瓜实

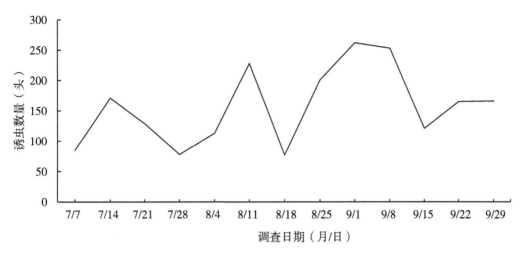

图 1　新晃县 2022 年瓜类实蝇发生动态

蝇，与李向群等（2016）、陈运康等（2022）报道的结果一致，同时还诱捕到其他实蝇。

不同诱捕器由于添加的引诱剂以及颜色形状不同，诱捕到的实蝇数量有较大差异（袁伊旻等，2022）。几种实蝇诱捕器中，瓜果实蝇追踪诱粘剂诱杀效果突出，操作简便，持效期长，且专一性较好，使用成本不高，可在瓜类生产中作为绿色防控措施之一重点推广。性诱捕器诱杀虫量较少，可能与其只针对雄性实蝇、受其他诱捕器干扰等因素有关，但其专一性强、持效期长，对天敌和环境无害，待重新评估验证诱杀效果后，可在生产上应用（罗文辉等，2022）。其他几种诱捕器专一性差，持效期较短，产品有待改进，目前不建议在防治瓜类实蝇时使用（杨显华等，2017）。

使用瓜果实蝇追踪诱粘剂防控瓜类实蝇，应在第一代实蝇成虫开始羽化（新晃县为 4 月中旬）时安装到位，诱捕瓶悬挂在瓜园外围棚架中上部，每亩 8~10 个，如虫口密度大，建议增加诱捕瓶数量，15d 左右更换新瓶并重新喷涂诱粘剂（黄小玲等，2019；肖伏莲等，2021）。

试验地近年来苦瓜上主要害虫为瓜类实蝇，瓜绢螟为次要害虫。2022 年安装试验用实蝇诱捕器后，瓜类实蝇为害得到有效控制，虫口密度大幅降低，实蝇造成的蛀果数及落果数很少。但由于没有施药防治，瓜绢螟为害加重，上升为主要害虫，造成一定产量损失。因此今后在使用诱捕器防治瓜类实蝇时，如瓜绢螟虫量较大，应搭配使用专用诱捕器或生物农药控制瓜绢螟为害。

参考文献

陈运康，梅宇宇，杨中侠，等，2022. 湖南瓜类实蝇的发生及其关键气象影响因子 [J]. 湖南农业大学学报（自然科学版），48（4）：443-448.

黄小玲，张武鸣，黄超艳，等，2019. 桂林市瓜类实蝇发生动态及防治 [J]. 南方园艺，30（3）：21-23.

吉甫成，郑儒斌，罗兴红，2021. 几种杀虫剂对苦瓜瓜实蝇的田间药效试验 [J]. 长江蔬菜，

2021（4）：66-68.

李向群，朱旭东，唐仲军，等，2016.2015 年邵东县瓜实蝇大发生原因及防治对策［J］. 湖南农业科学（7）：69-72.

罗文辉，胡道君，刘昌敏，等，2022. 几种实蝇诱集产品对瓜实蝇的监测效果初步评价［J］. 湖北植保，190（1）：45-48.

肖伏莲，胡成，2021. 瓜实蝇日益猖獗，防治成虫是关键［N］. 湖南科技报，2021-06-29（2）.

许桓瑜，何衍彪，詹儒林，等，2015. 我国南方实蝇类害虫概述［J］. 热带农业科学，35（3）：62-69.

杨显华，李钊，史艳芬，等，2017. 几种物理防控产品对瓜实蝇的诱集效果［J］. 云南农业（7）：57-59.

袁伊旻，张振宇，张宏宇，2022. 果实诱捕器外观及颜色对实蝇引诱特性的影响［J］. 浙江农业科学，63（3）：187-189.

张艳，陈俊谕，2018. 南亚果实蝇国内研究进展［J］. 热带农业科学，38（11）：70-77.

豫西地区小麦红蜘蛛发生与防治技术

刘　帆*

（河南省洛宁县植保植检站，洛宁　471700）

小麦红蜘蛛是小麦上一种常发性害虫，豫西地区主要有麦圆蜘蛛和麦长腿蜘蛛。麦圆蜘蛛主要发生在水浇地麦田，3月中下旬至4月上旬虫量大，为害重；麦长腿蜘蛛主要发生在山区、丘陵旱地，4—5月虫量大，为害重。近年来，由于春季降雨偏少，小麦红蜘蛛呈中度偏重发生，发生面积达80%以上，盛发期每33 cm单行虫量达220头以上，严重的达1 200头以上。

1　形态特征

1.1　麦圆蜘蛛

成螨体长0.65 mm，宽0.43 mm，虫体卵圆形，深红褐色，疏生白色毛，体背有横刻纹8条，在第二对足基部背面左右两侧，各有1圆形小眼点，体背后部有隆起的肛门，足4对，第一对最长，第四对次之，第二、第三对等长，足和肛门周围红色。若螨共4龄，1龄体圆形，足3对等长，全身均为红褐色，取食后变为暗绿色，称幼螨，2龄以后足4对，似成螨，4龄深红色，体色、体形与成螨相似。

1.2　麦长腿蜘蛛

成螨体长0.61 mm，宽0.23 mm，呈卵圆形，红褐色。体背有不太明显的指纹状斑，背刚毛短，共13对，足4对，红或橙黄色，均细长，第一对足特别发达。若螨共3龄，1龄体圆形，足3对，称幼螨，2龄、3龄足4对，体较长，似成螨。

2　发生规律、生活习性

2.1　发生规律

麦圆蜘蛛一年发生2~3代，以成螨、卵和若螨在麦根土缝、杂草或枯叶上越冬，以成螨为主。此螨耐寒力强，冬季遇温暖晴朗天气，仍可爬至麦叶上为害，早春2—3月，当气温达4.8℃时，越冬卵开始孵化，3月下旬至4月上旬虫口密度最大，为害严重，4月中下旬密度减退，完成第一代。此时以卵在麦茬或土块上越夏，10月孵化，为害秋播麦苗，11月中旬田间密度较大，出现成螨（即第二代）并产卵，孵化后变为成螨，部分产越冬卵越冬，另一部分成螨直接越冬，此即第三代（越冬代）。

麦长腿蜘蛛一年发生3~4代。冬季11—12月遇温暖天气，越冬成螨仍可出来活

---

*　第一作者：刘帆，高级农艺师，主要从事植保新技术推广和研究工作

动，翌年2—3月气温回升，成螨开始繁殖活动，越冬卵陆续孵化，3月末至4月上中旬完成第一代，第二代发生在4月下旬至5月上中旬，第三代发生在5月中下旬至6月上旬，这代成螨产滞育卵越夏。10月上中旬至11月上旬，越夏卵陆续孵化，在秋播麦苗上为害，发育快的成螨便产卵越冬，大部分发育为成螨后直接越冬，此为第四代。

2.2 生活习性

麦圆蜘蛛成螨、若螨有群集性和假死性，喜阴湿、怕强光，早春气候较低时可集结成团，爬行敏捷，遇惊扰即纷纷坠地向下或很快向下爬行，为害时间为08：00、09：00以前，以及16：00、17：00以后，遇大雨或大风时多蛰伏土面或麦丛下部，生育适温8~15℃，湿度在80%以上，表土含水量在20%左右，不耐干旱，水浇地、低湿麦地发生较重。

麦长腿蜘蛛的成螨、若螨有群集性和假死性，遇惊动即坠入土缝躲藏，一般在8：00—18：00都在麦株上活动为害，以15：00—16：00活动最盛，麦长腿蜘蛛喜干旱，春季少雨、气候干燥常大发生，生存适温为15~20℃，最适相对湿度在50%以下，多发生于丘陵、山区和干旱的平原。

3 为害症状

小麦红蜘蛛常混合发生，春、秋两季为害小麦苗。成螨、若螨以刺吸式口器刺吸小麦叶片、叶鞘、嫩茎等部位，被害小麦叶片上最初表现为白斑，后整个叶片失绿变黄，受害小麦植株矮小，发育不良，严重者整株干枯死亡。

4 中度偏重发生原因

4.1 气候因素

暖冬天气对小麦红蜘蛛越冬存活十分有利，另外豫西地区春季十年九旱，近几年来，春季干旱少雨，降水量偏少0~2成，气温偏高1~2℃，这样的气候条件有利于小麦红蜘蛛的发生、繁殖为害。

4.2 耕作方式

小麦红蜘蛛的成螨、卵可以在表层土壤中越冬，由于人们常常采取旋耕方式进行耕作，对红蜘蛛的越冬场所破坏作用较少，对其越冬十分有利，导致越冬成活率较高，早春基数较大。

4.3 秸秆还田

多年来技术部门连续推广秸秆还田技术，秸秆还田导致土壤虚缝增多，对红蜘蛛越冬存活十分有利，越冬基数高，春季密度大。

4.4 地边地头杂草较多

红蜘蛛的寄主比较广泛，可以寄生在田间、周边的杂草上，因此麦田及周边杂草多的地块发生严重。

4.5 防治不力

目前农村劳动力外出务工较多，许多农户没有采取防治措施，使红蜘蛛虫源逐年积累，虫量越来越多。

5 防治技术

5.1 农业防治

主要措施：深耕、除草、结合灌溉，振动麦株，消灭害虫。有条件的地区提倡旱改水，以破坏小麦红蜘蛛的适生环境，压低虫口基数。

5.2 化学防治

在冬小麦返青后，以挑治为主，主要依据小麦红蜘蛛发生情况。可每块田采取5点取样法调查，每点查33 cm，将白纸铺在取样点的麦根际将麦苗压弯，轻拍麦株，记载虫数，当平均每33 cm行长有麦圆蜘蛛200头以上、麦长腿蜘蛛100头时，上部叶片20%面积有白色斑点时，应进行药剂防治。可选用20%哒螨灵可湿性粉剂1 000~1 500倍液喷雾，或1.8%阿维菌素乳油5 000~6 000倍液，或4%联苯菊酯微乳剂1 000倍液，或15%哒螨酮乳油2 000~3 000倍液，均匀喷雾。

参考文献 （略）

研究简报

草地贪夜蛾为害对夏玉米产量影响及经济阈值研究[*]

罗　泉[**]，邢怀森，李为争，赵　曼，张利娟，郭线茹[***]

（河南农业大学植物保护学院，郑州　450002）

摘　要：草地贪夜蛾是一种世界性的粮食作物害虫，自 2019 年传入我国以来，对我国农业生产尤其是玉米生产造成了严重威胁。2021—2022 年，本研究以河南省主栽玉米品种郑单 958 为材料，采用大田人工接虫方法，分别在玉米苗期（V4~V6）、喇叭口期（V8~V10）和抽穗期（V12~V14）接入 3 龄幼虫，调查草地贪夜蛾对不同生育期玉米生长发育及产量的影响，并根据当年玉米价格、产量水平及防治费用等计算玉米不同生育期草地贪夜蛾的经济阈值，以期为夏玉米田草地贪夜蛾防治提供理论依据。试验选择长势相对一致的玉米植株，设 4 个接虫密度，即每株玉米接 0 头、1 头、2 头和 3 头草地贪夜蛾 3 龄幼虫，每个处理接虫 80 株，重复 3 次。接虫后使其自然为害 7 d，然后喷施 25% 乙基多杀菌素水分散粒剂杀死幼虫，之后使玉米植株保持无虫状态，待玉米成熟后收获、测产。对不同虫口密度下玉米的生长状况和产量损失调查结果显示，在 2021 年、2022 年两年的试验中，玉米产量损失率均随虫口密度的增加而增大，但玉米不同生育期接虫时造成的产量损失率也不同，均以苗期接虫时产量损失率最大，其次是喇叭口期，最后是抽穗期。2021 年玉米苗期、喇叭口期、抽穗期这 3 个阶段接虫时平均单头幼虫造成的产量损失率分别为 7.54%、4.99% 和 3.96%，2022 年分别为 7.33%、5.34% 和 4.59%。根据 Chiang（1979）提出的制定经济阈值的一般模式，结合草地贪夜蛾实际防治费用（平均按 15 元/667m² 计算）、防治效果（玉米苗期和喇叭口期平均按 85% 计算，抽穗期按 75% 计算）和夏玉米产量（按 400~800 kg/667m² 计算）及夏玉米籽粒价格（平均按 2.6~2.8 元/kg 计算），我们得出河南省中部地区夏玉米田化学防治草地贪夜蛾幼虫时的经济阈值分别为：苗期 11.00~22.00 头/百株、喇叭口期 15.88~31.67 头/百株、抽穗期 21.87~43.73 头/百株。该研究结果为河南省中部地区夏玉米田草地贪夜蛾的适时防治提供了参考依据。

关键词：草地贪夜蛾；为害；产量损失；经济阈值

* 基金项目：河南省重大科技专项（201300111500）

** 第一作者：罗泉，硕士研究生，主要从事农业昆虫与害虫防治研究；E-mail：lq-luoquan@qq.com

*** 通信作者：郭线茹，教授，主要从事昆虫生态与害虫综合治理研究；E-mail：guoxianru@126.com

湖南永州都庞岭国家级自然保护区蝶类多样性调查*

何　静[1]**，郑文杰[1]，周　琼[1]***，王鑫桐[1]，宁帅军[1]，王　涵[1]，刘　煦[1]，

何曾珍[1]，毛　俭[1]，刘　琳[1]，庞　燕[1]，廖顺华[2]

（1. 湖南师范大学生命科学学院，长沙　410081；

2. 湖南永州都庞岭国家级自然保护区管理局道县月岩分局，永州　425300）

摘　要：都庞岭国家级自然保护区位于湖南省永州市的西南端，111°5′12″E～111°23′50″E，25°15′26″N～25°36′39″N，海拔271.8～2 009.3 m，总面积20 066 hm²，属中亚热带季风湿润气候。2021年9月至2022年9月，笔者采用样线法对都庞岭国家级自然保护区内的生物资源进行了科考。根据生境和道路条件，设立空树岩、月岩、沟渠农田、庆里源、大江源、韭菜岭、防空哨、山头源、上木源、下江源、大古源、羊头源、小古源和大畔14条样线。共记录蝶类143种，隶属于9科82属。其中，蛱蝶科的物种数最为丰富，有23属48种，占蝶类总物种数的33.33%；其后依次为弄蝶科16属21种、灰蝶科17属19种、眼蝶科8属19种、凤蝶科4属15种、粉蝶科5属7种、环蝶科3属5种、蚬蝶科2属5种、斑蝶科4属4种。都庞岭国家级自然保护区的蝶类优势种为蓝凤蝶（*Papilio protenor* Cramer）、碧凤蝶（*Papilio bianor* Cramer）和弥环蛱蝶（*Neptis miah* Moore），分别占蝶类总个体数的9.74%、7.70%和6.09%。

各样线按物种数量由多到少的顺序是：空树岩>大古源、下江源>大畔>防空哨>庆里源>羊头源>大江源>沟渠农田>山头源>韭菜岭>小古源>上木源>月岩。其中，空树岩样线植被种类丰富，水塘、瀑布、河道、山路、环山公路等空间结构复杂，且人为干扰较少，其物种丰富度较高，蝴蝶种类为65种，占蝶类总物种数的45.14%；大古源和下江源样线次之，蝶类均为62种，占蝶类总物种数的43.06%，且下江源样线在所有样线中，记录蝶类数量最多，占蝶类总个体数的14.60%；月岩样线主要以农田为主，植被种类较少，有交通要道，人为干扰较大，其物种丰富度最低，蝴蝶种类为5种，仅占蝶类总物种数的3.47%，且月岩样线记录蝶类数量最少，仅占蝶类总个体数的0.28%。

蝴蝶对生境的改变十分敏感，常被作为一类重要的环境监测昆虫，都庞岭自然保护区蝴蝶种类组成和种群动态的调查，有利于我们更客观地掌握该生境的生物多样性，以及监测与评价其生态环境的质量。

关键词：都庞岭国家级自然保护区；蝶类；物种多样性

＊　基金项目：湖南永州都庞岭国家级自然保护区综合科考（HNYB-YZCG-20210603）

＊＊　第一作者：何静，硕士研究生，主要从事昆虫多样性及害虫综合治理；E-mail：hejing0510@qq.com

＊＊＊　通信作者：周琼，教授，主要从事昆虫多样性及害虫综合治理研究；E-mail：zhoujoan@hunnu.edu.cn

金斑喙凤蝶九连山种群野外定点监测方法研究[*]

查宇航[1][**]，陈若兰[1]，王　辉[2,3]，金志芳[2,3]，陈伏生[1,3]，曾菊平[1,3][***]

（1. 江西农业大学林学院，鄱阳湖流域森林生态系统保护与修复国家林业和草原局重点实验室，南昌　330045；2. 江西九连山国家级自然保护区管理局，龙南　341700；3. 江西九连山森林生态系统定位观测研究站，龙南　341000）

摘　要：金斑喙凤蝶（*Teinopalpus aureus*）为亚洲特有珍稀物种，主要在我国武夷山、南岭等中山山脉少数区域发生，对地形、植被等生境资源、条件要求高，野外不易遇见，调查监测困难。基于笔者实验室前期多年（2003 年以来）的野外调查经验，及蝴蝶生物学特性，本次选择在江西九连山，以当地蝴蝶种群为对象，尝试开展野外定点监测研究，探究适于该珍稀物种的长期监测方法、途径，主要包括以下内容。①金斑喙凤蝶成虫常表现出山顶行为，根据九连山当地多年的野外观测记录，选定 2 个山顶行为常发点，布设视频监控设备，于 3—10 月，开展山顶定点监测。②金斑喙凤蝶幼虫寡食性，以少数木兰科植物为食，在九连山已知寄主为深山含笑、金叶含笑等。在幼虫发生期，通过随机踏查选定地面有疑似食刻的寄主植株，在食刻掉落区及周边铺放塑料布，定期采集食刻、粪便等废弃物，开展蝴蝶幼虫痕迹监测。③在蝴蝶发生区，沿海拔梯度或生境梯度，选定金斑喙凤蝶寄主植株，每种 3 株以上，布设视频监控，开展木兰科寄主植物物候监测。山顶监控影像经解译判读后，得到监测数据，获知金斑喙凤蝶成虫发生期、发生高峰等指标及其年际变化，掌握山顶行为活动规律及其与气象相关的关键因子。例如，进行夏季代成虫山顶监测数据峰值分析，结果显示，山顶成虫每日 05：30 后就开始飞行活动，呈现出显著单峰型节律（图 1），峰值出现在 06：54，比基于人工观测的预期时间（如 7：00—9：00）更早，且活动高峰的时间幅度也较预期更窄（5：30—8：00）。说明应用山顶监测方法有助于精准掌握金斑喙凤蝶的行为活动节律，而多年监测数据分析将有助于把握该珍稀物种在气候变暖等环境变化下的响应特征。同样地，通过结合分析长期山顶监测、幼虫痕迹监测与寄主植物物候监测数据，可精准掌握蝴蝶发生特征与生活史过程，及其在气候变化压力下与寄主植物物候的非同步性变化趋势及可能的威胁，从而为金斑喙凤蝶保护行动提供基础数据与科学依据。与此同时，结合运用远程实时监控手段，将进一步提高有关金斑喙凤蝶的保护管理成效。

关键词：金斑喙凤蝶（*Teinopalpus aureus*）；九连山；发生；监测；山顶行为；节律

＊　基金项目：国家自然科学基金（31760640）；江西省林业科技创新专项（202233）；中央财政国家自然保护区补助资金项目（0323）

＊＊　第一作者：查宇航，硕士研究生，从事昆虫生态保护研究；E-mail:zhayuhang2022@163.com

＊＊＊　通信作者：曾菊平，副教授，主要从事昆虫生态保护与林业害虫防控研究；E-mail:zengjupingjxau@163.com

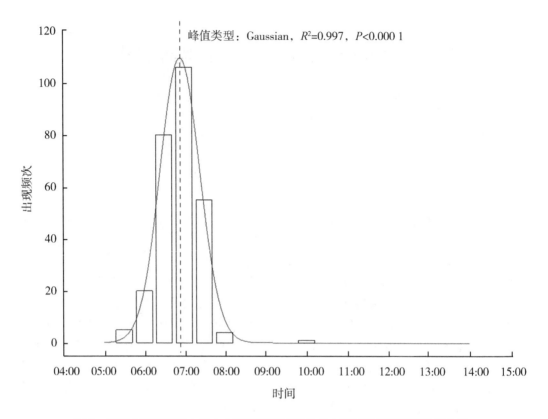

图 1　基于山顶监测的九连山金斑喙凤蝶夏季代成虫日活动节律及其峰值分析，
显示峰值类型（红色拟合曲线）与峰值时刻（06：54）

引种与本土棕榈科植物食料对入侵害虫
红棕象甲种群参数的影响[*]

严　婧[1**]，孙　轲[1]，周晋民[1]，张江涛[1]，刘兴平[1]，曾菊平[1,2***]

（1. 江西农业大学林学院，鄱阳湖流域森林生态系统保护与修复国家林业和草原局重点实验室，南昌　330045；2. 江西庐山森林生态系统定位观测研究站，九江　332900）

摘　要：随着棕榈科植物的广泛引种，入侵害虫红棕象甲［*Rhynchophorus ferrugineus*（Oliver）］已传播扩散到我国长江以北多个省份，严重威胁各地棕榈科植物生存。在江西农业大学周边，前期调查发现红棕象甲已转移到本土棕榈树上进行为害，并定殖建群，导致大量棕榈树死亡。但近期野外调查则遇见的新致死植株变少，推测红棕象甲转移扩散到棕榈树为害后，种群发生可能与原引种的加拿利海枣种群发生不同。为此，本次通过这两种不同寄主食料的室内饲养实验，探究它们对入侵害虫红棕象甲个体发育及种群参数的影响。从野外采集成虫和茧苞，室内羽化后将成虫进行 1 : 1 配对，让其交配、产卵，用新孵化幼虫进行室内饲养实验，分两个处理组，分别用引种的加拿利海枣与本土的棕榈树粉碎食料饲养，定期测量幼虫体重、体长、头壳宽以及羽化后成虫的体长、体宽、喙长等形态指标，记录雌雄性比，并同样地对新羽化成虫按 1 : 1 配对、交配，记录产卵量。用 TWOSEX-MSchart 软件计算生命表参数。结果显示棕榈树食料饲喂后，红棕象甲的个体发育、种群参数大多劣于加拿利海枣组，主要表现为以下情况。①棕榈组平均幼虫期为 82.6 d，较加拿利海枣组 76.67 d 延长，幼虫发育至成虫的平均历期为 118.8 d，也显著较加拿利海枣组 102.52 d 延长。②不同食料组的成虫体重、体长、体宽、喙长，及单雌产卵量等指标差异不显著。③两种不同食料饲养组种群参数均有差异，如内禀增长率、净增长率、周限增长率、平均世代时间加拿利海枣分别为 0.034 5、47.2、1.035、111.592，均优于棕榈组的 0.024 2、23.833、1.024 5、131.137。以上结果说明入侵害虫转移扩散到本土棕榈树为害后，尽管个体发育指标变化不大，但发育历期延长，种群参数较原入侵种群更差。这意味着红棕象甲在本土棕榈发生区定殖后，可能需要经历比预期更长的适应期，才可能建立稳定种群。期间，该入侵害虫需面临种群发生不利、数量下降等代价。

关键词：红棕象甲；棕榈科；寄主食料；个体发育；两性生命表；种群参数

* 基金项目：江西省林业科技创新专项（201815）

** 第一作者：严婧，硕士研究生，主要从事林业害虫防治研究；E-mail：1911198210@qq.com

*** 通信作者：曾菊平，副教授，主要从事昆虫生态保护与林业害虫防治研究；E-mail：zengjupingjxau@163.com

中华虎凤蝶桃红岭种群偏好在杜衡矮株产卵[*]

杨　超[1][**]，吴问国[2]，詹建文[2]，邹　芹[3,4]，胡百强[3,4]，曾菊平[1,3][***]

(1. 江西农业大学林学院，鄱阳湖流域森林生态系统保护与修复
国家林业和草原局重点实验室，南昌　330045；2. 江西桃红岭
梅花鹿国家级自然保护区管理局，九江　332700；3. 江西庐山
森林生态系统定位观测研究站，九江　332900；4. 江西庐山
国家级自然保护区管理局，九江　332900)

摘　要： 中华虎凤蝶（*Luehdorfia chinensis* Leech）为我国特有珍稀物种，在我国秦岭及长江中下游一带等少数区域发生。该蝶食性专一，在长江中下游，蝴蝶幼虫仅取食多年生草本植物杜衡，因而，当地种群发生常受杜衡资源限制。本次以江西唯一残存的桃红岭种群为例，探究当地蝴蝶产卵与杜衡功能性状的关系及其可能的限制作用。采用样线法，沿线记录杜衡产卵、产卵量等信息，并当场测量产卵株及其周边其他株的叶长、叶宽以及株高等形态指标。计算是否产卵、产卵量与杜衡形态指标间的 spearman 秩相关系数（r），分析雌蝶产卵偏好、产卵量与杜衡功能性状的关联性。结果发现，蝴蝶产卵与杜衡株高呈极显著负相关，与叶长则呈显著正相关（图1），而与叶宽、叶面积指标无显著关联。然而，雌蝶产卵量与以上杜衡叶片性状指标均无显著相关性（图2）。这意味着当地中华虎凤蝶雌蝶产卵更偏好于杜衡矮株，而回避选择高株，但产卵量可能直接受蝴蝶片产或聚产行为影响，而与叶片性状无关；除此之外，叶长越长的植株被产卵选择的机会，较叶长短的植株更大。同时，研究也发现杜衡株高与其叶面积指标间无显著关联性（图1、图2）。以上结果预示，中华虎凤蝶桃红岭种群的雌蝶产卵选择行为明显，杜衡矮植株更能吸引蝴蝶产卵，这可能是该珍稀蝴蝶对当地环境压力（如天敌压力等）的一种适应行为，也预示当地种群发生在一定程度上受其专一寄主植物杜衡限制。

关键词： 中华虎凤蝶；寄主植物；产卵行为；关联性；适应性

---

　* 基金项目：江西省林业科技创新专项（202233）

　** 第一作者：杨超，硕士研究生，从事昆虫生态保护研究；E-mail：1602920534@ qq. com

　*** 通信作者：曾菊平，副教授，主要从事昆虫生态保护与林业害虫防控研究；E-mail：zengjupingjxau@ 163. com

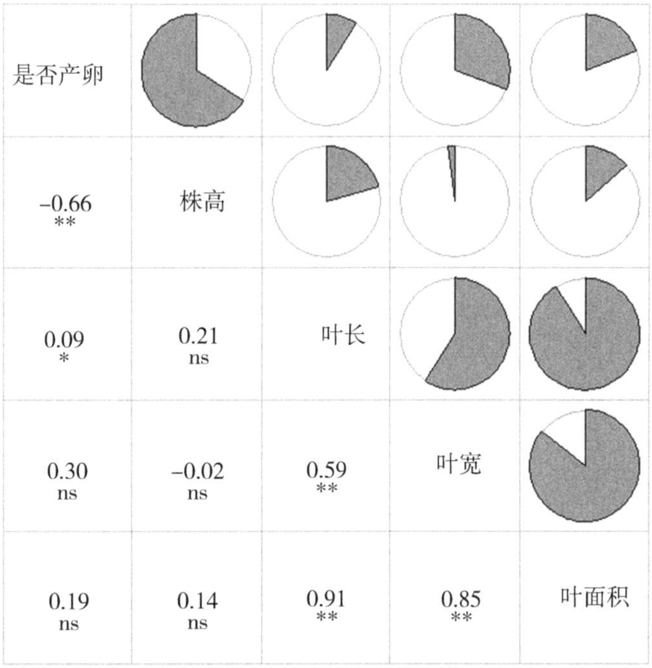

图 1　桃红岭中华虎凤蝶雌蝶产卵与杜衡形态指标的相关矩阵图

注：ns 表示 $P>0.05$ 无显著性，$*P<0.05$，$**P<0.01$，$***P<0.001$。

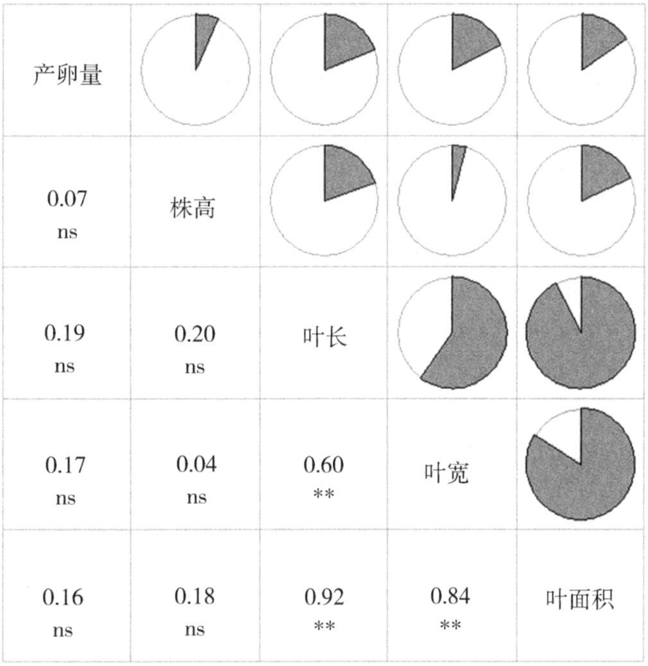

图 2　桃红岭中华虎凤蝶雌蝶产卵量与杜衡形态指标的相关矩阵图

注：ns 表示 $P>0.05$ 无显著性，$*P<0.05$，$**P<0.01$，$***P<0.001$。

桃红岭中华虎凤蝶产卵、幼期存活依赖于杜衡资源与草丛生境[*]

邹鸣豪[1][**]，詹建文[2]，刘武华[2]，章建华[2]，胡百强[3,4]，曾菊平[1,3][***]

（1. 江西农业大学林学院，鄱阳湖流域森林生态系统保护与修复国家林业和草原局重点实验室，南昌　330045；2. 江西桃红岭梅花鹿国家级自然保护区管理局，九江　332700；3. 江西庐山森林生态系统定位观测研究站，九江　332900；4. 江西庐山国家级自然保护区管理局，九江　332900）

摘　要：中华虎凤蝶（*Luehdorfia chinensis* Leech）是我国特有物种，较早列入IUCN红色名录与中国国家重点保护野生动物名录，其幼虫食性专一，且生境要求高，野外被限制在少数特定区域发生。限制作用除受其单一寄主来源驱使外，也受一些关键生境因子驱使，但具体机制仍不清楚。本次以江西唯一残存的桃红岭种群为例，探究蝴蝶产卵地选择及后续卵的孵化、幼虫存活与当地寄主植物杜衡及生境因子间的关系，及其可能的限制或驱使作用。在桃红岭，我们结合采用样线法，沿线以蝴蝶产卵的杜衡植株为中心，设立1m×1m样方，调查记录样方内寄主植物资源（株数、株高等）、植被类型、盖度、凋落物等指标。通过建立Logistic回归模型，应用模型选择和多模型推断（Model selection and multimodel inference）分析影响中华虎凤蝶产卵地选择、卵孵化与幼虫存活的关键因素。结果显示，样方杜衡叶片量对雌蝶产卵地选择表现出显著驱使作用，而灌木盖度、草本盖度及凋落物厚度则不利于产卵地选择，表现出显著负向作用。然而，草本盖度对于卵期发育则至关重要，是影响孵化率的唯一关键因子。不仅如此，除了受可利用寄主植物影响外，蝴蝶幼期发育与个体存活（存活率）也同样显著地受到样方草本盖度正向影响。以上结果说明，桃红岭中华虎凤蝶对产卵地选择严格，不仅要满足一定量的寄主植物资源要求，且对这些寄主资源的发生位置也有要求，偏好在开阔地段产卵。但从产卵期进入幼期（卵、幼虫）后，却要求发生地具备一定的草本覆盖，以提高孵化率、存活率，维持种群大小、存续。因此，桃红岭中华虎凤蝶的有效保护策略，至少需包含两方面内容：一是保护杜衡寄主资源；二是维持蝴蝶赖以生存的草丛生境及其物候变化。

关键词：桃红岭；中华虎凤蝶；多模型推断；产卵地；孵化率；幼期存活率

　＊ 基金项目：江西省林业科技创新专项（202233）；中央财政国家级自然保护区补助资金项目；中央财政林业草原生态保护恢复资金重点野生动植物保护项目

　＊＊ 第一作者：邹鸣豪，硕士研究生，从事昆虫生态保护研究；E-mail：showme1125@ stu. jxau. edu. cn

　＊＊＊ 通信作者：曾菊平，副教授，主要从事昆虫生态保护与林业害虫防控研究；E-mail：zengjupingjxau@ 163. com

金斑喙凤蝶新寄主平伐含笑的发现及其生境现状[*]

曾菊平[1,3][**]，唐乙仟[1]，邹　武[1]，赵彩云[2]，柳晓燕[2]，肖能文[2]

（1. 江西农业大学林学院，鄱阳湖流域森林生态系统保护与修复国家林业和草原局
重点实验室，南昌　330045；2. 中国环境科学研究院，北京　100012；
3. 江西九连山森林生态系统定位观测研究站，龙南　341000）

摘　要：金斑喙凤蝶（*Teinopalpus aureus*）为亚洲特有物种，较早列入 IUCN 红色名录及中国国家重点保护野生动物名录（一级），有关其野外调查、生物学特征与发生现状，备受公众关注。前期野外调查发现该蝶幼虫寡食性，以少数木兰科植物为食，野生木兰科植物大多依赖阔叶林发生。本次在贵州与广西交界的山地（2016 年报道的金斑喙凤蝶发生点）踏查，发现该蝶幼虫以另一种未曾报道的木兰科含笑属常绿植物——平伐含笑（*Michelia cavaleriei*）为食。在新寄主发现点，从山脚至山顶踏查，记录木兰科植物植株少，仅 20 株，分布零散，包括木兰属 1 株、木莲属 5 株、含笑属 14 株，而只在平伐含笑上记录到金斑喙凤蝶幼虫。应用 Fragstats 计算发现点所在山体覆盖区景观指数，结果显示，区内常绿针叶林斑块个数（61 个）、斑块面积、景观占比（56.76%）、平均斑块面积等多项指数，均显著高于常绿阔叶林（景观占比为9.42%）及其他森林景观，但其破碎度指数最低（0.022），常绿阔叶林则为 0.064。通过野外调查与 GBIF 等共享平台，采集到 45 个平伐含笑发生点，结合采集的生物气候、地形等栅格数据，用 MaxEnt 构建物种分布模型（AUC=0.972），预测获知，影响平伐含笑适生分布的贡献率排前五的因子为：最干季均温（bio9）、最冷月均温（bio6）、年降水量（bio12）、温度年范围（bio7）与最干季降水量（bio17），其高适分布区位于云贵川交界区、贵州多数区域与广西西北部。然而，保护空缺分析显示，与低适生区与中适生区相比较，平伐含笑的高适生区保护空缺比重最高，仅 4.18% 高适生区面积受到保护。本次新发现寄主植物平伐含笑，再次证实金斑喙凤蝶幼虫为寡食性，寄主选择的专一性使得该珍稀物种生存脆弱，易受木兰科资源限制。而平伐含笑发现点生境高度破碎化现状、及其高适生区的高比重保护空缺现状，意味着急需专门针对金斑喙凤蝶开展栖息地调查，调查范围应铺开，并重点放在保护空缺区，争取在全面掌握实情的基础上，实施专门的栖息地保护行动计划，抢救性地保护更多的位于保护区外的金斑喙凤蝶残存发生点，为保护网络构建打下基础。

关键词：金斑喙凤蝶（*Teinopalpus aureus*）；寄主植物；新报道；平伐含笑（*Michelia cavaleriei*）；生境破碎化；保护空缺

* 基金项目：国家自然科学基金（31760640）；江西省林业科技创新专项（202233）；中央财政"生物多样性调查与评估"项目（2019HJ2096001006）

** 通信作者：曾菊平，副教授，主要从事昆虫生态保护与林业害虫防控研究；E-mail：zengjupingjxau@163.com

239

金斑喙凤蝶寄主植物木莲的发现：受资源分布驱使[*]

曾菊平^{1,3**}，王　渌¹，陈伏生^{1,3}，赵彩云²，柳晓燕²，肖能文²

（1. 江西农业大学林学院，鄱阳湖流域森林生态系统保护与修复国家林业和草原局
重点实验室，南昌　330045；2. 中国环境科学研究院，北京　100012；
3. 江西九连山森林生态系统定位观测研究站，龙南　341000）

摘　要：金斑喙凤蝶（*Teinopalpus aureus*）为亚洲特有物种，较早列入 IUCN 红色名录及中国国家重点保护野生动物名录（一级），其野外种群发生特征及现状，一直备受关注。前期调查在木兰科含笑属与拟单性木兰属植物上发现该蝴蝶的卵、幼虫，但不同发生地报道的寄主种类不同。本次在江西九连山野外踏查期间，首次在木莲属木莲（*Manglietia fordiana*）上记录到该蝴蝶幼虫，而加上当地前期已知寄主深山含笑（*Michelia maudiae*）与金叶含笑（*Michelia foveolata*），金斑喙凤蝶在九连山选择利用了 3 种木兰科植物，据此推测，金斑喙凤蝶在实际利用木兰科寄主植物时可能受到不同种类的资源分布驱使。我们在结合野外与饲养证据确认新发现寄主木莲的基础上，分别从地方（九连山）与区域（物种分布）尺度，采集蝴蝶与各种木兰科植物数据，试图从蝴蝶与寄主资源分布角度解译金斑喙凤蝶的寄主选择机制。在九连山，通过随机踏查采集蝴蝶个体与木兰科植物种类、植株位点（经纬度、海拔）、株数等数据。同时从网络共享平台（如 GBIF 等）采集蝴蝶与在九连山发生的 6 种木兰科植物的地理发生点。用 10 km×10 km 栅格叠加分析蝴蝶与木兰科植物地理分布关系，结果显示，在区域分布上，寄主金叶含笑与蝴蝶重叠度最高，其次为寄主木莲与深山含笑，而非寄主种类与蝴蝶重叠度均较低，尤其观光木最低。在九连山地方尺度上，将蝴蝶发生位点与木兰科植物核密度分布叠加，同样显示蝴蝶发生区基本被寄主深山含笑、木莲的核密度范围覆盖，发生位置也靠近 3 种寄主的核密度中心。相反地，非寄主观光木（*Michelia odora*）、野含笑（*Michelia skinneriana*）核密度范围仅覆盖少部分蝴蝶发生区，且蝴蝶发生位置远离其核密度中心。不仅如此，在九连山的海拔分布上，蝴蝶生态位也基本被 3 种寄主植物生态位包含，且幼虫生态位中心接近 3 种寄主植物生态位中心，均处在海拔 900 m 左右。而其他非寄主种类生态位中心也明显偏离蝴蝶生态位中心，且生态位仅有少部分重叠。新寄主植物木莲的发现，使金斑喙凤蝶幼虫寄主范围拓宽到木莲属，而比对木莲与已知寄主及非寄主种类生态位结果可知，金斑喙凤蝶选择利用木莲作为寄主植物，可能是受到蝴蝶发生区木莲的高丰富度及其与蝴蝶相似的生态位的驱使作用，符合遇见率假说与资

＊ 基金项目：国家自然科学基金（31760640）；江西省林业科技创新专项（202233）；中央财政"生物多样性调查与评估"项目（2019HJ2096001006）

＊＊ 通信作者：曾菊平，副教授，主要从事昆虫生态保护与林业害虫防控研究；E-mail：zengjupingjxau@163.com

源集中假说，即野外金斑喙凤蝶在木莲面前暴露率高，或木莲易被蝴蝶发现，从而被选择利用作为寄主植物。因此，在金斑喙凤蝶生境保护中，我们必须最大限度地保护蝴蝶发生区的木兰科资源，尤其要注重维持一些种类的高丰富度水平。

关键词：金斑喙凤蝶（*Teinopalpus aureus*）；寄主植物；木莲（*Manglietia fordiana*）；资源分布；丰富度；生态位

基于无创取样法的金斑喙凤蝶线粒体基因组种内系统发育研究：以井冈山种群为例[*]

杨文静[1,2]**，何桂强[3]，邹　武[1,2]，黄超斌[4,5]，

周善义[4]，贾凤海[6]，曾菊平[1,2]***

（1. 鄱阳湖流域森林生态系统保护与修复国家林业和草原局重点实验室，
江西农业大学林学院，南昌　330045；2. 江西九连山森林生态系统定位观测
研究站，龙南　332900；3. 江西井冈山国家级自然保护区管理局，井冈山　343600；
4. 珍稀濒危动植物生态与环境保护教育部重点实验室，广西师范大学生命科学学院，
桂林　541006；5. 南宁市白蚁研究所，南宁　530012；6. 井冈山自然保护区
管理局，井冈山　343600；7. 江西中医药大学，南昌　330004）

摘　要：金斑喙凤蝶（*Teinopalpus aureus*）为国家一级重点保护野生动物，其极高的保育级别与稀少的野外种群数量要求我们必须开发一种无创取样法来获得其遗传信息。为此，本研究依托保护区有关金斑喙凤蝶保育研究，采集了蝴蝶变态发育各阶段遗留的 DNA 材料，如幼虫粪便、末龄虫头壳、末龄幼虫蜕、成虫羽化后的蛹壳、幼虫丝腺分泌物，通过试剂盒提取法，尝试获得其基因组 DNA。根据样品不同的保存时间和保存方式，探究无创取样法提取 DNA 的可行性。①根据多因素方差分析样品来源、保存方法与保存时间对提取的 DNA 浓度均影响显著（$P<0.001$），而且，发现样品来源与保存方法间交互效应明显，其交互作用对 DNA 提取浓度影响显著（$P=0.01$）。②从大多无创样品中，都能提取获得金斑喙凤蝶基因组 DNA，其中，从新鲜粪便获得的 DNA 浓度最高，为（25.9±3.69）ng/μl，但经自然干燥的粪便，长期保存后无法获得 DNA；同样情况下，从幼虫蜕皮中均能获得 DNA，但浓度很低（4.2±2.19）ng/μl。不仅如此，经长期酒精保存后，幼虫蜕皮较蛹壳更易获得 DNA。③从无创材料中提取的线粒体基因组与从幼虫夭折个体提取的线粒体基因组基本一致，且基于无创取样法，得到基于线粒体基因组的发育树，可知金斑喙凤蝶 JGS 种群归属指名亚种（*T. aureus aureus* Mell），其地位清晰，能较好地与来自武夷亚种［*T. aureus wuyiensis* Lee（MHS，PS，WYS）］、广西亚种［*T. aureus guangxiensis* Chou et Zhou（DYS）］地理种群分开。因此，本次建立的金斑喙凤蝶无创取样法，能满足线粒体分子标记法与遗传分析需要，获得稳定、可信结果，适于推广应用于其他珍稀蝶类或其他珍稀昆虫，能有效解决它们线粒体等分子标记法与遗传多样性研究中正面临的取样难问题，拓宽珍稀蝶类的分子生态学研究方法、手段。

关键词：金斑喙凤蝶；非侵入式取样；DNA 提取；线粒体基因组；种内系统发育

---

　* 基金项目：国家自然科学基金项目（31760640）；中央财政"生物多样性调查与评估"项目（2019HJ2096001006）；江西省林业局科技创新专项（202233）

　** 第一作者：杨文静，硕士研究生，主要从事珍稀昆虫保护研究；E-mail：1633505703@qq.com

　*** 通信作者：曾菊平，副教授，博士，主要从事昆虫生态保护与林业害虫防治研究；E-mail：zengjupingjxau@163.com

黄瓜中三个转录因子 CsZFP 基因的克隆及表达分析*

卢　玉**，张妍妍，谢水香，汪赛先，翟　丹，祝超强，雷彩燕***

（河南农业大学植物保护学院，郑州　450002）

摘　要：植物转录因子是植物发育和激素信号转导的重要组成部分，其研究可以为植物育种提供重要参考。转录因子（Transcription factor，TF）是一组转录调控蛋白，通过顺式调控元件结合靶标基因启动子中的特定序列后，可以激活 RNA 聚合酶活性，从而完成目的基因的表达调控并影响生物基因型。锌指蛋白（Zinc finger protein，ZFP）是植物中相对较大的 TF 家族之一，约占植物转录因子总数的 15%，植物锌指蛋白可以分为多种类型，包括 Cys2His2 型、Cys2HisCys 型和 His2 型等，它们的区别在于锌指结构中氨基酸残基的排列顺序和数量不同。笔者实验室前期研究表明，在烟粉虱取食和瓜类褪绿黄化病毒侵染过程中，植物中 ZFP 的表达水平差异显著。本研究以黄瓜博杰 107 为材料，采用同源克隆技术克隆 ZFP 基因，对其进行生物信息学分析，利用实时荧光定量 PCR（qRT-PCR）检测 ZFP 基因在黄瓜不同种不同发育时期的表达特异性，克隆获得的 ZFP1、ZFP2 和 ZFP3 基因编码区（CDS）长度为 1 248 bp、789 bp 和 723 bp，分别编码 415 个、262 个和 240 个氨基酸，均定位于细胞核，且二级结构中无规则卷曲都是主要结构，表明其结构相对不稳定。从表达分析的结果可以看出，ZFP 三个基因在黄瓜的不同部位中都有表达，但表达含量会随植物生长发生变化。幼苗期，在根、茎和叶中都是 ZFP3 表达量最高，其次是 ZFP2，而 ZFP1 的表达量最低；ZFP1 和 ZFP2 在叶中表达量最高，在根中表达量最低，ZFP3 在茎中的表达量最高，在根中表达量最低。成熟期，在根、茎、叶和花中都是 ZFP3 表达量最高，其次是 ZFP2，而 ZFP1 的表达量最低；ZFP2 和 ZFP3 在叶、根和花中表达量最高，在果中表达量最低，ZFP1 在各部位表达量都低，其中在茎中表达量最低。下一步研究拟将克隆获得的 ZFP 基因连接至携带其启动子的 pCAMBIA1301-ZFP 载体上构建植物过表达载体，通过 ZFP 基因在黄瓜中的过表达，分析 ZFP 转录因子对黄瓜抗性的影响。这些结果为日后深入研究黄瓜的基因改良提供了依据。

关键词：转录因子；锌指蛋白；基因克隆；表达分析；表达调控

---

* 基金项目：河南省科技攻关项目：亚精胺诱导植物对瓜类褪绿黄化病毒抗性的机制及应用研究（222102110059）

** 第一作者：卢玉，硕士研究生，研究方向为资源利用与植物保护；E-mail：Ly18656078990@ 163. com

*** 通信作者：雷彩燕；E-mail：leicaiyanlcy@ 126. com

茶银尺蠖触角嗅觉相关基因的筛选与分析[*]

陈明皓[1,2][**]，周新苗[1]，谢婉莹[1]，武孟瑶[1]，李岩松[1]，张方梅[1][***]

（1. 信阳农林学院，信阳　464000；2. 山西农业大学，太原　030801）

摘　要：茶银尺蠖［*Scopula subpunctaria*（Herrich-Schaeffer）］又称白尺蠖、青尺蠖，属鳞翅目（Lepidoptera）尺蛾科（Geometridae），是茶树上一种常见的害虫，主要以幼虫咬食茶叶，严重时会将茶园食成光秃状，导致茶叶的产量和品质的下降，在四川、浙江、江苏、河南等地都有广泛的分布。昆虫对外界的感知主要通过视觉、触觉和嗅觉，其中嗅觉在寻找配偶、定位寄主或产卵地点、识别同类、躲避敌害等方面起到了非常关键的作用。对茶银尺蠖嗅觉识别机制进行深入研究，可为开发新型的嗅觉行为调控剂提供理论基础。本试验基于 Illumina 高通量测序技术对其雌雄触角进行转录组测序、组装和注释，获得的有效 reads 占比达 98.36% 以上，Q20 的碱基占比达 98.65% 以上，Q30 的碱基占比达 95.87% 以上，GC 所占的含量最大的比例为 47.91%。将所有的茶银尺蠖触角样本混合组装，最终获得 Unigenes 数量为 93 335 个，作为后续分析基因。基于其触角转录组数据，共筛选到茶银尺蠖嗅觉相关可溶性蛋白基因 21 个，其中包括 7 个气味结合蛋白 SsubOBPs，2 个信息素结合蛋白 SsubPBPs，12 个化学感受蛋白 SsubCSPs。序列比对结果表明，SsubOBPs 具有保守的 9～10 个以上半胱氨酸 Cys 残基，属于非典型的 OBP；SsubCSPs 具有保守的 4 个半胱氨酸 Cys 残基位点。基于理论表达量 FPKM 分析表明，这些可溶性蛋白基因理论表达量偏向于雄虫触角。此外，共筛选出了茶银尺蠖 27 个嗅觉受体基因，包括 12 个 SsubORs 和 15 个 SsubIRs。多序列比对的结果显示，SsubORs 基因序列有 4 个高度保守的半胱氨酸 Cys 残基位点，SsubIRs 基因序列有高度保守的 3 个半胱氨酸 Cys 残基位点。系统发育树结果表明，SsubORs 和 SsubIRs 基因均与槐尺蠖（*Semiothisa cinerearia*）的亲缘关系比较近。以上结果初步筛选和分析了茶银尺蠖嗅觉相关可溶性蛋白基因和嗅觉受体基因，并对这些基因的序列特征进行了分析，为研究该虫的嗅觉行为机制提供理论支持。

关键词：茶银尺蠖；转录组；嗅觉基因；行为机制

---

　[*] 基金项目：河南省高等学校青年骨干教师培养计划项目（2020GGJS260）；信阳农林学院农学院本科生科研训练项目（SRTP202301）；信阳农林学院科技创新团队建设项目（XNKJTD-007，KJCXTD-202001）

　[**] 第一作者：陈明皓，硕士研究生，主要从事农业昆虫与害虫防治研究；E-mail：1766609839@qq.com

　[***] 通信作者：张方梅，副教授，主要从事昆虫生理与分子生物学研究；E-mail：zhangfm@xyafu.edu.cn

4 种水生昆虫外部形态结构图绘制与雌雄差异比较[*]

李豪雷[1**]，杨　静[1]，姜飞燕[2]，付鑫婷[3]，张　凯[1]，

潘鹏亮[1***]，周　洲[1]，张方梅[1]

（1. 信阳农林学院农学院，信阳　464000；2. 西南大学植物保护学院，重庆　400700；

3. 内蒙古农业大学园艺与植物保护学院，呼和浩特　010018）

摘　要：某一时期或终生生活在水体中的昆虫统称为水生昆虫，有些是水产养殖业中的害虫，有些是经济昆虫，甚至可作为水质监测、生态良好的指示性物种，在生态环境评价中占有重要地位。在昆虫分类学专著中，通常使用点线图结合专业术语来描述种的特征，而彩色图谱类以生态照片为主，受拍摄角度等因素的影响，很难展现全部的典型特征，甚至无法区分其性别。计算机辅助绘图技术与形态测量技术的引入，为全面表达昆虫种的典型特征提供了便利。本研究对圆臀大黾蝽（*Aquarius paludum*）、宽缝斑龙虱（*Hydaticus grammicus*）、小雀斑龙虱（*Rhantus suturalis*）和灰齿缘龙虱（*Eretes griseus*）4 种水生昆虫的成虫外部形态特征进行了详细观察，借助配备有绘图臂的麦克奥迪体视镜（Motic K700L）绘制出 4 种昆虫各部位轮廓线图，通过 SAI 软件进行了电子高清线图的重绘与上色处理。获得 4 种水生昆虫背面观、腹面观和侧面观高清图，较全面地展示出种和种内雌雄间的典型特征。利用 TPSDig 等标记点获取软件，对雌雄成虫各部位几何形态特征进行量化和统计学分析。结果表明，圆臀大黾蝽雌雄可通过复眼间距、头长、前胸背板长与宽、体长、前后翅长与宽、各足长度进行区分。宽缝斑龙虱可通过前胸背板宽、小盾片周长、前翅长与周长、前足与中足长度、腹板长等区分雌雄；小雀斑龙虱可通过前后足长度和腹板长度进行雌雄区分；灰齿缘龙虱可通过复眼间距、触角长度、前翅宽、各足长度进行雌雄区分；三种龙虱雌雄间均可通过前足长度进行区分。研究结果不但明确了 4 种水生昆虫雌雄成虫间外部形态结构上的差异，更重要的是提供了能够较全面反映物种典型特征的彩色图，为其种类正确识别提供了资料。

关键词：黾蝽；龙虱；外部形态；高清图；雌雄区分

---

* 基金项目：河南省高等学校重点科研项目（19A210021）；信阳农林学院作物绿色防控与品质调控科技创新团队建设项目（XNKJTD-007，KJCXTD-202001）

** 第一作者：李豪雷，本科生，主要从事昆虫形态学研究；E-mail:3217764175@ qq. com

*** 通信作者：潘鹏亮，副教授，主要从事昆虫形态学和害虫绿色防控技术研究；E-mail:2014180001@ xya-fu. edu. cn

黏虫成虫对紫云英挥发物的电生理及行为反应

杜星晨*，唐广耀，周劭峰，刘艳敏**，王高平

（河南省害虫绿色防控国际联合实验室/河南省害虫生物防控工程实验室/
河南农业大学植物保护学院，郑州　450002）

摘　要：黏虫是一种典型的季节性远距离迁飞害虫。实验室前期研究发现春季蜜源植物紫云英栽培面积的急剧扩大和地理分布的南北扩展是 1966—1977 年黏虫频繁特大暴发的关键因素。为明确紫云英挥发物的主要组分及其对黏虫成虫的引诱效果，采用气相色谱-质谱联用仪对顶空吸附法获取的紫云英挥发物活性组分进行鉴定，利用触角电位仪、行为选择箱分别测定黏虫对紫云英挥发物组分的触角电位（EAG）、行为反应。结果表明，分离鉴定出紫云英挥发物 19 种（α-法呢烯、D-柠檬烯、β-罗勒烯、甲基庚烯酮、香叶基丙酮、法尼醇、十二烷、十三烷、十四烷、十六烷、壬醛、癸醛、十一醛、辛酸、壬酸、棕榈酸、萘、乙酸苄酯、棕榈酸甲酯）。在供试试剂浓度为 100 μg/μl 时，黏虫雄蛾对香叶基丙酮、壬醛、癸醛、柠檬烯、甲基庚烯酮、十一醛表现出较强的触角电位反应，黏虫雌蛾对壬醛、壬酸、十一醛、甲基庚烯酮、柠檬烯、罗勒烯、乙酸苄酯、香叶基丙酮表现出较强的触角电位反应。当供试药剂浓度不同时，黏虫成虫在甲基庚烯酮、乙酸苄酯、癸醛、香叶基丙酮、柠檬烯、十一醛、壬醛、罗勒烯浓度为 100 μg/μl 时表现出较强的触角电位反应；黏虫成虫在壬酸浓度为 10 μg/μl 时表现出较强的触角电位反应，并且在 0.01~10 μg/μl 时黏虫触角电位反应随浓度的增大而增大，在 10~100 μg/μl 时则表现为减弱。室内行为测定结果表明，法尼醇、十一醛、香叶基丙酮、柠檬烯对黏虫雌蛾有引诱活性，十一醛、香叶基丙酮、乙酸苄酯、罗勒烯对黏虫雄蛾有引诱活性，其中十一醛对黏虫雌雄蛾引诱活性为极显著。

关键词：黏虫；紫云英；植物挥发物；触角电位反应；引诱剂

* 第一作者：杜星晨，硕士研究生；E-mail：duxc2580@163.com

** 通信作者：刘艳敏，讲师，主要从事昆虫生态学研究；E-mail：lym09b1@163.com